# Psychoepigenetik - Das Wunder der Neuzeit

Erfahrungen, Traumata, Stress - wie Psychologische Faktoren unsere Gene beeinflussen.

Von wissenschaftlichen Grundlagen bis anwendbaren Erfolgs-Strategien

AF667946

**1. Auflage | 31.05.2023 | Kevin Maeck Meyer**

# Inhaltsverzeichnis

Eine sehr gute Freundin fragte mich letztens: „Kevin, wenn du deinem Kind eine einzige Sache in diesem Universum hinterlassen dürftest, was wäre das?“

Ich dachte kurz darüber nach und antwortete einige Minuten später:

„Wenn es nur eine einzige Sache gäbe, die ich meinem Kind vererben würde, dann soll sie dafür sorgen, dass es ein glückliches Leben in absoluter Gesundheit, Fülle, offenem Fokus, Vollkommenheit, Freiheit und Erfolg führt.“

Diese eine Sache hältst du nun in deinen Händen.

# Vorwort

Willkommen in der faszinierenden Welt der Epigenetik – einer Welt, die dir die Macht gibt, dein Leben nach deinen tiefsten Wünschen zu gestalten. Hier geht es nicht nur um komplizierte wissenschaftliche Konzepte, sondern um die erstaunliche Verbindung zwischen deiner Psyche, deiner Persönlichkeitsentwicklung und deinen Genen. In diesem Buch wirst du lernen, wie du diese Verbindung nutzen kannst, um eine außergewöhnliche Transformation zu erleben.

Lass mich eines klarstellen: Ich bin kein Wissenschaftler, sondern Coach. Mein Ziel ist es, komplexe Themen so zu vermitteln, dass selbst ein Kind sie verstehen und anwenden kann. In der Einfachheit liegt die Kraft. Die Epigenetik, einst ein mysteriöses Feld, hat mittlerweile Einzug in die moderne Schulmedizin gefunden. Es gibt unzählige Experimente, Versuche und Studien, die darauf hinweisen, dass wir zu 75 Prozent selbst die Kontrolle über die Regulation unserer Gene haben – durch unsere Art zu leben, zu denken, zu fühlen und zu handeln.

Doch ich habe eine persönliche Überzeugung: Vertrauen verdient jede Studie und Statistik nur so viel, wie derjenige, der sie gefälscht hat. Daher ist es immer wichtig, die Quelle zu prüfen und zu wissen, wer die Studien oder Statistiken finanziert hat. Dies bringt uns zu einem zentralen Thema: Epigenetik bedeutet Eigenverantwortung. Und Eigenverantwortung wiederum bedeutet, dass du mit einem offenen Fokus durch dein Leben schreiten und alles hinterfragen darfst.

Es geht darum, niemals alles zu glauben, was man dir erzählt, und die Fähigkeit zu besitzen, dich zu reflektieren und Situationen von außen zu betrachten. Warum erzähle ich dir das? Weil es mir wichtig ist, dass wir eine gemeinsame Sprache sprechen. Fakt ist: Wir können entscheidende Prozesse in unserem Körper maßgeblich beeinflussen und es steht fest, dass es Mechanismen gibt, die bestimmen, wie sich unsere Gene ausdrücken.
Als zertifizierter Coach für Epigenetik ist es weniger meine Absicht, dir bis ins kleinste Detail zu erklären, warum ein Gen Aminosäuren produziert oder nicht. Vielmehr geht es darum, dir anwendbares Wissen zu vermitteln, damit du die Chance hast, dein Leben selbst in die Hand zu nehmen und die Realität zu erschaffen, von der du schon immer geträumt hast. Eine Realität voller Gesundheit, Glück, Fülle und Erfolg.

In diesem Buch werde ich nicht mit Studien um mich werfen, sondern dir zeigen, wie es geht. Nicht nur bei mir, sondern bei vielen meiner Klienten und den größten Superstars dieser Szene. Denn egal ob Napoleon Hill, Tony Robbins oder Dr. Joe Dispenza – sie alle arbeiten nach Prinzipien, die ihren Körper dem Geist folgen lassen, um letztendlich die Ziele zu erreichen, die sie sich gesetzt haben. Genau diese Prinzipien werde ich dir in diesem Buch vermitteln.

Ich werde dich dazu befähigen, Veränderungssignale an deine Zellen zu senden, um familiäre Muster zu durchbrechen, Krankheiten zu verhindern, zu lindern und zu heilen, Traumata umzubewerten und zu lösen, Glaubenssätze zu identifizieren und umzuwandeln. Kurz gesagt: Du wirst befähigt, deinen genetischen Code umzuschreiben, deine Persönlichkeit völlig neu zu definieren und nicht nur dein eigenes Leben zu verändern, sondern auch das Leben der Menschen, die dir am Herzen liegen.

Es ist wichtig zu verstehen, dass deine Veränderung nicht nur einen individuellen Einfluss hat. Du trägst dazu bei, dass diese Welt ein Stückchen besser wird. Indem du deine eigenen Grenzen überwindest und dein volles Potential entfaltest, inspirierst du andere, es dir gleichzutun. Du wirst zu einem lebenden Beispiel dafür, dass wir alle die Fähigkeit haben, unser Leben zu transformieren und unsere Träume zu verwirklichen.

Dieses Buch ist nicht nur eine Ansammlung von Theorien und Konzepten, sondern ein Leitfaden, der dich auf einer faszinierenden Reise begleiten wird. Es ist mein Ziel, dich zu motivieren und zu ermutigen, deine wahre Größe zu entdecken.
Du wirst lernen, wie du deine Energie gezielt einsetzen kannst, um deine Ziele zu erreichen und deine Träume zu manifestieren.
Gleichzeitig biete ich dir auch meine professionelle Beratung an.
Ich werde dich sachlich durch die komplexen Zusammenhänge führen und dir helfen, die Prinzipien der Psychoepigenetik in deinem Leben umzusetzen. Du wirst verstehen, wie du die Macht deiner Gedanken, Emotionen und Handlungen nutzen kannst, um positive Veränderungen auf zellulärer Ebene herbeizuführen.
Sei neugierig, sei visionär! Erlaube dir, über das Gewohnte hinauszudenken und neue Horizonte zu entdecken. Die Welt der Epigenetik ist ein unendlicher Ozean an Möglichkeiten und du wirst lernen, wie du die Wellen reitest und die Essenz deines wahren Potentials entfesselst.

Mein Ziel ist es, dich auf dieser energetischen Reise zu begleiten und dich zu ermutigen, jede Seite dieses Buches mit Leidenschaft und Offenheit zu erleben. Lass uns gemeinsam die Tür zu deinem inneren Potential öffnen und die unendlichen Möglichkeiten der Persönlichkeitsentwicklung und Psychoepigenetik erkunden.
Ich möchte dir im Voraus für deine Bereitschaft danken, dich auf dieses Abenteuer einzulassen. Gemeinsam können wir die

Grenzen des Möglichen überschreiten und das Leben erschaffen, von dem du schon immer geträumt hast.

Bereit, deine Reise zu beginnen? Dann lasse uns gemeinsam den ersten Schritt machen und die faszinierende Welt der Epigenetik entdecken, um dein Leben in eine kraftvolle Erfolgsstory zu verwandeln.
Herzlichst,

Dein Kevin Maeck Meyer

# Ziel des Buches

Die Psychoepigenetik verleiht uns die Macht unser gesamtes Leben zu verändern und das meine ich so wie ich es sage. In dem wir Kraft unserer Gedanken und Emotionen neue Signale an unsere Zellen senden, verändern wir uns von Innen heraus zu einem komplett neuen Menschen, der zwangsläufig neue Erfahrungen in sein Leben zieht und damit unglaubliche Veränderungsprozesse ins Rollen bringt.

Was ich dir neben theoretischem Wissen in erster Linie vermitteln möchte, ist die praktische Anwendung in deinem Alltag. Ich gebe dir einen leicht verständlichen Einblick in das komplexe Feld der Psychoepigenetik und zeige dir auf, wie du dieses Wissen nutzen kannst, um dein Leben positiv zu beeinflussen.

- *Du möchtest gesund werden oder bleiben?*

- *Du möchtest den Verlauf des Lebens deiner Kinder in positive Bahnen lenken?*

- *Du möchtest in allen Lebenslagen erfolgreich sein?*

- *Du möchtest Traumata identifizieren und lösen?*

- *Du möchtest wieder mehr Leichtigkeit im Leben verspüren und Spaß an den Dingen haben, die du tust?*

Dann lies unbedingt bis zum Schluss weiter. Du bekommst hier das Erfolgsrezept für Glück, Gesundheit und Fülle!
In diesem Buch werde ich dir erklären, was Psychoepigenetik ist und wie sie die Verbindung zwischen unserer Psyche und unseren

Genen erforscht. Du wirst verstehen, dass deine Lebenserfahrungen und deine Umwelt nicht nur deine momentane Stimmung beeinflussen, sondern auch langfristige Auswirkungen auf deine Genexpression haben können. Das bedeutet, dass du durch deine Gedanken, Emotionen und Verhaltensweisen tatsächlich die Aktivität deiner Gene beeinflussen kannst.
Ich zeige dir konkrete Beispiele und Fallstudien, die dir verdeutlichen, wie sich psychoepigenetische Mechanismen im Alltag manifestieren können. Du wirst lernen, wie du negative Muster erkennst und durch positive Denkweisen und Verhaltensänderungen ersetzen kannst, um deine genetische Ausprägung positiv zu beeinflussen. Dabei werden auch verschiedene Praktiken und Techniken vorgestellt, die dir dabei helfen können, deinen Geist und Körper in Einklang zu bringen.

Du bekommst hier von mir das Handwerkszeug, um deine alten Anteile zu verbrennen und aus der Asche neues Leben zu erschaffen. Ich erkläre dir, wie du dein Denken, deine Emotionen und dein Verhalten bewusst lenken kannst, um dein Wohlbefinden zu steigern, Stress abzubauen, deine Beziehungen zu verbessern und deine persönliche Entwicklung zu fördern.

Ich wäre nicht Kevin Maeck Meyer, wenn ich nicht auch kritische Themen ansprechen würde. Denn du hast nicht nur die Möglichkeit, deine Gene zu beeinflussen, sondern auch die Gene anderer Menschen. Neben Mangelernährung, Rauchen, Medikamenten und Bewegungsmangel gibt es nämlich einen weiteren Riesenfaktor, welcher uns in unserer Gesellschaft krank, unglücklich und erfolglos macht - unser soziales Umfeld.

Das Thema Sozioepigenetik ist wahnsinnig spannend. So basieren zum Beispiel Placeboeffekte häufig auf der Tatsache, dass in dir bestimmte Erwartungen geweckt werden und dein Körper daraufhin deinem Geist folgt. Das Gegenteil des Placebos ist das Nocebo, bei dem dein Körper negativen Erwartungen folgt. Wie zum Beispiel die Medien diesen Trick nutzen, erfährst du im weiteren Verlauf des Buches.

Du siehst schon, die Psychoepigenetik besitzt ein bisher kaum bekanntes Potenzial und kann für Heilung und Erfolg genutzt werden. Sie besitzt allerdings auch die Macht, um als Waffe eingesetzt zu werden und daher kommt hier eine ausdrückliche Warnung meinerseits:

Verwende dieses Wissen mit Bedacht!
Ich bin davon überzeugt, dass jeder Mensch die Fähigkeit hat, seine epigenetische Ausprägung (und die anderer Menschen) zu beeinflussen und positive Veränderungen in seinem Leben vorzunehmen. Mit diesem Buch möchte ich dir das Wissen und die Werkzeuge geben, um diese Veränderungen zu verwirklichen und ein erfülltes und gesundes Leben zu führen. Für eine gesündere, glücklichere und erfolgreichere Welt.

## Meine Mama und der Krebskranke

*„Kinder, ich werde an dieser Krankheit nicht sterben!“*
*Nicole Meyer*

Wenn ich dir erzähle, dass ein Mensch durch die Kraft seiner Gedanken den Verlauf seines Lebens beeinflussen kann, möchtest du vielleicht einige Einwände vorbringen. Du könntest sagen, dass es viele Dinge gibt, die wir nicht kontrollieren können, dass

Schicksalsschläge auf uns einprasseln, dass die Natur nach Belieben zuschlägt, dass wir von Pandemien, Inflation, Kriegen und Krankheiten heimgesucht werden und dass viele tragische Umstände den Lauf unseres Lebens bestimmen. Anfangs stimme ich dir in jedem dieser Punkte zu, aber ich möchte noch einen Schritt weitergehen.

Ich behaupte sogar, dass du allein durch deine Gedanken entscheidest, ob du eines Tages finanziell unabhängig sein wirst oder immer in der unteren Mittelschicht verharren wirst, ob du ein erfülltes Liebes- und Sexualleben führen oder hinter einer Maske versteckt leben wirst, ohne jemals die wahre Erfüllung zu spüren, ob du auf deinem Lebensweg dauerhaft fit und vital bleibst oder eines Tages schwer erkrankst und ob eine bestehende Krankheit dich tötet oder nicht!

Epigenetik bedeutet Eigenverantwortung und ich weiß, dass dieser Satz vielen Menschen Schmerzen bereiten und einige sogar stark verärgern wird. Lass mich dies an einem Beispiel verdeutlichen: Wir alle kennen das gängige Dogma, dass wir Krebsgene erben können, die uns irgendwann schwer krank machen werden. Schließlich hatten es schon unsere Eltern, also ist es nur eine Frage der Zeit, bis es auch bei uns ausbricht. Aber das ist nicht ganz richtig, und hier kommt die Eigenverantwortung ins Spiel.

Wie ich zuvor erwähnte, haben Forscher herausgefunden, dass unsere Genetik nur zu 25% beeinflusst, ob ein Gen Aminosäuren, Proteine und somit Zellen und Gewebe produziert. Die restlichen 75% werden von epigenetischen Faktoren bestimmt, die wiederum durch unsere Lebensweise beeinflusst werden. Das bedeutet im Grunde genommen, dass du zu 75% darüber entscheidest, ob das Krebsgen Krebszellen produziert oder nicht.

Diese Wahrheit verletzt viele Betroffene und ihre Angehörigen. Der Schuldige kann größtenteils nicht mehr im Außen gesucht werden, sondern nur in einem selbst. Es sind nicht deine Eltern, nicht dein Arzt, nicht deine Frau und Kinder, nicht dein Arbeitgeber, nicht das Wetter und nicht die Regierung. Du bist es, der über den Verlauf deines Lebens entscheidet, über Sieg und Niederlage, Gesundheit und Krankheit, Fülle oder Mangel. Wie du all diese süßen Früchte des Lebens in dein Leben ziehen kannst, wirst du in den folgenden Kapiteln lernen.

Falls du damit einverstanden bist, möchte ich dir an dieser Stelle eine sehr persönliche Geschichte erzählen, die dir die Macht deiner Gedanken und die damit verbundenen Entscheidungen verdeutlicht.

Es war im Februar 2012, als ich damals als Zeitsoldat im Auslandseinsatz im Kosovo war. Unser Feldlager Novo Selo befand sich im nördlichen Teil des Kosovo, kurz vor Mitrovica. Die Lage dort war ziemlich brenzlig, weil Albaner und Serben noch Tür an Tür lebten und sich jeden Tag bekämpften. Ich kann dir sagen, dass das für einen Anfang-20-Jährigen ziemlich aufregend ist. Einige Tage zuvor wurden unser Kommandeur und sein Fahrer bei einem Angriff mit einem Präzisionsgewehr sehr schwer verletzt, genau wie unsere befreundeten Österreicher, die mit Molotow-Cocktails und einer Handgranate attackiert wurden. Aufgrund dessen bestand der Befehl, bei jedem kleinsten Steinwurf das Feuer zu eröffnen.

Wir waren ein gemischtes Kontingent aus deutschen und österreichischen Soldaten im Auftrag der Operational Reserve Force (ORF). Das ORF-Kontingent war dazu da, Einsatzgebiete zu unterstützen, in denen sich die Lage zuspitzte. Wir waren bereits einige Monate im Einsatzland, und zwei Tage zuvor hatte ich meinen 21. Geburtstag mit den Kameraden des ORF-Kontingents gefeiert. Wir waren ein respekteinflößender Zug und verbrachten so gut wie jeden Tag zusammen auf engstem Raum. Das schweißt zusammen, sag ich dir. Ich war der zweitjüngste im Zug, das Nesthäkchen. Also saß ich als junger Feldjägersoldat mit meinen Kameraden in unserem staubigen Container und philosophierte über das Leben. Das taten wir so gut wie jeden Tag, denn neben Einsätzen, Sport und Essen bestand unser Tag aus Warten. Warten auf den nächsten Einsatz, warten auf die Feldpost und ein Paket mit Leckereien von den Freunden, warten auf eine SMS von der Familie.

Eines Tages passierte etwas, das mein Leben von Grund auf verändern sollte. Ich bekam eine SMS von meiner Mama, und von da an sollte nichts mehr wie vorher sein. In der SMS stand, dass wir mal "reden müssen", und ich weiß nicht, ob du das vielleicht kennst, aber wenn Mütter sagen, dass sie mal reden müssen, ist das meistens kein gutes Zeichen. Ich eilte sofort durch das Feldlager zur nächsten Telefonzelle, schnappte mir den Hörer eines der uralten Telefone und wählte die 10-stellige albanische Vorwahl + die Handynummer meiner Mutter. Das Telefon wählte sich unter seltsamen Geräuschen ein, und nach einer gefühlten Ewigkeit ertönte ihre wunderschöne Stimme.

Am Telefon fragte sie mich, ob ich die Möglichkeit habe zu sitzen, denn sie habe eine Nachricht, die sie unbedingt mit mir teilen müsse. Mein Herz schlug so stark, dass ich dachte, ich würde jeden Moment kollabieren. Ich lehnte an der Innenwand der Telefonzelle, als sie endlich mit der Sprache herausrückte. Sie sagte mir, dass sie an einer lebensbedrohlichen Autoimmunerkrankung erkrankt sei, die den Namen amyotrophe Lateralsklerose (ALS) trägt.

Im ersten Augenblick sagte mir diese Krankheit nichts. Aus diesem Grund fiel meine Reaktion vorerst ziemlich nüchtern aus. Wir quatschten noch einige Minuten über Gott und die Welt. Nachdem wir aufgelegt hatten und ich zurück zu meinem Container im Feldlager ging, begann mein Hirn zu rattern.

Im Container steckte ich das LAN-Kabel in meinen alten Laptop und verband mich mit dem Internet. Ich googelte nach "ALS", weil ich wissen wollte, worum es sich bei dieser Autoimmunerkrankung handelt. Als ich die ersten Suchergebnisse las, breitete sich ein quälend lähmendes Gefühl in mir aus. Das konnte einfach nicht wahr sein. ALS, Lebenserwartung 2-5 Jahre. War das etwa ein schlechter Scherz? Die Vorstellung, meine Mama in den nächsten Jahren sterben zu sehen, war für mich unerträglich schmerzhaft.

Doch weißt du, was für mich das Schlimmste an der Situation war? Nicht der Fakt, dass ich nun tausende Kilometer entfernt alleine mit der Situation zurechtkommen musste. Nicht der Fakt, dass ich auf unbestimmte Zeit im Einsatzland bleiben würde, nein. Es war die Machtlosigkeit, in den dunkelsten Stunden meiner Familiengeschichte nicht für meine beiden kleinen Schwestern und meine Familie da sein zu können. Die Machtlosigkeit, dass ich meine Mama nicht retten konnte. So sagt es die Schulmedizin.

Einige Monate vergingen. Ich kam körperlich unversehrt aus dem Einsatz zurück und konnte meine Familie endlich wieder in die Arme schließen. Ich erzählte ihnen von einigen schrecklichen Dingen, die uns dort passiert waren. Andere Dinge behielt ich lieber für mich, weil ich sie selbst so schlimm fand, dass ich nicht darüber reden wollte. Also begann ich zu verdrängen. Eine dieser Situationen werde ich im weiteren Verlauf des Buches mit dir teilen und somit zum ersten Mal mit dieser Geschichte an die

Öffentlichkeit gehen. Auf dass meine Seele dadurch ein Stück heile. Doch dazu gleich mehr.

Meine Mutter bat meine beiden Schwestern und mich zu einem Gespräch, in dem wir offen über unsere neue Familiensituation sprachen. In diesem Gespräch sagte meine Mutter einen Satz mit einer Überzeugung, die ich bis dahin noch nie gesehen hatte. Welche Macht dieser eine Satz hat, würde ich erst viele Jahre später herausfinden. Meine Mutter schaute uns in die Augen und sagte: "Kinder, ich werde an dieser Krankheit nicht sterben." Und ich glaubte ihr. Sie sprach mit solchem Nachdruck und solch einer Überzeugung, dass ich jedes Wort von ihr glaubte. Es war ein Lichtblick.

Einige Jahre vergingen. Mittlerweile war ich ausgebildeter Brandmeister und Rettungssanitäter und mitten in meinem Staatsexamen zum Notfallsanitäter. Ich lernte die Abgründe der Menschheit kennen. Ich erfuhr, wie unselbstständig der Mensch doch ist und wie erschreckend wenig er über seinen eigenen Körper und die Gesundheit weiß. Der Wechsel vom Soldaten-Dasein, bei dem es darum ging, meinen Gegner möglichst schnell auszuschalten, hin zu "Omma Brömmelkamp", der ich helfen sollte, die Hose auf der Toilette hochzuziehen, fiel mir mehr als schwer.

Ich erinnere mich sehr gut an einen Mann, einen jungen Familienvater. Er war Anfang 30, hatte eine attraktive Frau und zwei entzückende Kinder. Es waren Zwillinge im Alter von 9 Jahren - ein Junge und ein Mädchen. Als wir zum ersten Mal zu ihm zu einem Notfalleinsatz gerufen wurden, hatte der Mann Herzrhythmusstörungen (HRS). Wir betraten seine Altbauwohnung im dritten Stock eines Mehrfamilienhauses, und da saß er auf der Couch, umgeben von seiner besorgten Familie.

Wir führten eine Erstdiagnostik bei dem Herrn durch, um uns ein Bild von seinem Zustand zu machen. Die Angehörigen versuchten aus unseren Blicken abzulesen, wie ernst die Lage war, aber wir konnten relativ schnell Entwarnung geben. Dennoch war es angebracht, ihn zur weiteren Abklärung ins Krankenhaus zu transportieren.

Wir brachten den Mann in den Rettungswagen. Seine Vitalparameter waren stabil. Ich unterhielt mich mit dem jungen Familienvater und ergänzte die Anamnese. Ich fragte ihn, wie seine aktuelle Lebenssituation aussah, ob es Stressfaktoren gab und wie er sich sonst fühlte. Was dann folgte, waren Maschinengewehrsalven aus Klagen und Leid.
"Die Firma hat derzeit Auftragsspitzen, was dazu führt, dass ich permanent Überstunden mache. Ich schaffe es nicht einmal zum Sport, und wenn ich etwas esse, dann immer nur zwischen Tür und Angel. Ich komme immer spät nach Hause und habe dann kaum noch Energie und Lust, Zeit mit meinen Kindern zu verbringen. Wie Sie sich vorstellen können, läuft meine Ehe überhaupt nicht gut. Meine Frau ist total unzufrieden mit der Situation und deshalb streiten wir uns oft. Und vom daraus resultierenden Schlafmangel will ich gar nicht erst anfangen."

Während er dies so eindrucksvoll schilderte, konnte ich auf dem Monitor klar erkennen, wie sein Herz wieder aus dem Takt geriet und einige Extrasystolen (zusätzliche Schläge, die abseits des Rhythmus im EKG sichtbar werden) auftraten. In diesem Moment sagte ich mit kräftiger Stimme: "Stopp." Dann fragte ich: "Wo liegt Ihr eigener Anteil in all diesen Umständen?" Doch bevor der Mann mir antworten konnte, kamen wir am Krankenhaus an, wo wir ihn den Ärzten übergaben.

Zu dieser Zeit fielen mir einige Gemeinsamkeiten bei all diesen kranken Menschen auf, doch ich konnte sie noch nicht greifen. Mir fehlten zu diesem Zeitpunkt noch die Worte, um zu beschreiben, was all diese internistischen Notfalleinsätze gemeinsam hatten. Doch auch hier sollte ich die Antwort erst viel später erhalten.

Einige Monate vergingen, bis wir zu einem Notfalleinsatz mit dem Stichwort "akutes Koronarsyndrom" gerufen wurden. Die Adresse kam mir bekannt vor, aber als ich plötzlich in der Wohnung des jungen Familienvaters stand, hatte ich nicht viel darüber nachgedacht. Wieder saß der Mann auf der Couch, umgeben von seiner kleinen Familie. Doch dieses Mal sah die Situation etwas anders aus. Um genau zu sein, ziemlich gravierend. Der Mann war kaltschweißig, hatte starke Schmerzen im Brustbereich und wirkte extrem blass. Wir beeilten uns mit der Diagnosestellung, nahmen seine Vitalparameter auf und befestigten ein Elektrokardiogramm (EKG), um seine Herzaktivität zu überwachen.

Es wurde schnell klar: Der Mann hatte einen Herzinfarkt! Wir versorgten ihn bestmöglich mit Medikamenten und überwachten ihn umfassend, während wir ihn ins Herzkatheterlabor brachten, damit er so schnell wie möglich die lebensrettende medizinische Behandlung erhalten konnte.

Dieser Einsatz ließ mich nicht los. Ich rief im Krankenhaus an, um mich nach dem Mann zu erkundigen, und man teilte mir mit, dass wir gemeinsam sein Leben gerettet hatten und er nun auf dem Weg zur Rehabilitation war. Das freute mich, denn dafür machen wir diesen Beruf. Allerdings hatte ich ein komisches Gefühl. Meinte der Mann es überhaupt ernst mit seiner Genesung? Schließlich hatte er mir einige Monate zuvor eindrucksvoll die Gründe für seinen Zustand geschildert. Hatte er das vergessen? Oder hatte er es einfach ignoriert und die Kontrolle über sein Schicksal abgegeben?

Wie dem auch sei, die Antwort sollte ich etwa zwei Jahre später bekommen. Mittlerweile war ich staatlich geprüfter Notfallsanitäter. Ich hatte meine Prüfung mit Bestleistungen abgeschlossen, da ich während meiner Ausbildung ein starkes Interesse am Thema Gesundheit und Medizin entwickelt hatte. Ich erlebte das Leben als Transportführer, der nun die volle Verantwortung für sich, die Besatzung des Fahrzeugs und seine Patienten trug. Für mich war das ein äußerst erfüllendes Gefühl.

Es kam der Tag, der meine Sichtweise auf Krankheiten komplett verändern sollte. Wir wurden zu einem Krankentransport gerufen. Ein für einen Notfallsanitäter langweiliger Routineeinsatz, bei dem man wie ein Taxi Menschen von A nach B befördert. Plötzlich überkam mich ein Déjà-vu. Wir standen in derselben Straße, vor demselben Mehrfamilienhaus, im 3. Stock, in derselben Altbauwohnung, bei derselben Familie, bei der ich zuvor schon zweimal gewesen war. Doch dieses Mal war die Situation etwas anders. Dramatischer.

Schluchzend öffnete die Ehefrau die Wohnungstür und bat uns herein. Die Stimmung war erdrückend. Die beiden Zwillinge, mittlerweile 11 Jahre alt, schauten mich mit ihren großen, verweinten Augen an. Doch in ihren Blicken konnte ich nicht im Entferntesten erahnen, warum wir für diesen Krankentransport gerufen wurden. Als die Ehefrau mir erklärte, wohin wir ihren Mann bringen sollten, lief es mir eiskalt den Rücken hinunter. Selbst jetzt, während ich diese Zeilen schreibe, durchfährt mich ein eisiger Schauer. Der Grund für unseren Einsatz war ein Palliativtransport. Der immer noch junge Familienvater sollte auf die Palliativstation gebracht werden, um dort zu sterben, und wir sollten ihn auf seiner letzten Reise begleiten. Er hatte einen Gehirntumor im Endstadium.

Die Ehefrau führte uns in sein Zimmer an sein Krankenbett. Dort lag er, zusammengekauert, abgemagert und kaum noch Haare auf dem Kopf. Als er seine Augen öffnete und mich ansah, konnte ich erkennen, dass er mich erkannte. Ich konnte sehen, dass er sich an unser Gespräch erinnerte, in dem er aus eigenem Antrieb all die Gründe nannte, die ihn krank gemacht hatten. Aber ich konnte auch in seinen Augen die Erkenntnis sehen, dass ihm nun bewusst war, dass er die Zeit nicht zurückdrehen konnte und ab sofort nie wieder für seine Frau und die beiden süßen Zwillinge da sein würde. Endstation.

Während ich mich im Rettungswagen mit dem völlig entkräfteten Mann unterhielt, fiel es mir wie Schuppen von den Augen. Plötzlich wurde mir die Gemeinsamkeit all dieser kranken Menschen bewusst. Die Antwort kam zu mir wie eine Eingebung. Ich erinnerte mich daran, wie der Mann damals die „Umstände" für seine Situation verantwortlich machte, und gleichzeitig hörte ich die Stimme meiner Mutter, wie sie uns Kindern mit absoluter Entschlossenheit sagte, dass sie an ihrer Krankheit nicht sterben würde.

Von da an wurde mir klar, dass die Menschen, die ihr Leben lang mit Krankheiten kämpfen, die Verantwortung für ihr Leben abgegeben haben, was letztendlich auf eine mangelnde Persönlichkeitsentwicklung zurückzuführen ist. Ein Mangel, der in den Gedanken beginnt und nicht richtig entwickelt wurde. Es ist wie eine zusammengeknüllte DNA-Doppelhelix, die aufgrund dieser Verknotung nicht richtig abgelesen werden kann.

In diesem Augenblick traf ich eine Entscheidung für mein Leben, die mein eigenes und das Leben vieler Menschen von Grund auf verändern sollte. Ich würde dafür sorgen, dass niemand, der den Weg zu mir findet, aufgrund eines Mangels an Persönlichkeitsentwicklung krank wird oder an einer bestehenden Krankheit zugrunde geht. Kein junger Familienvater soll seine Frau und Kinder alleine zurücklassen müssen, weil er zum Opfer der Umstände wurde. In meinen Coachings, Seminaren und Retreats werde ich dafür sorgen, dass Menschen Heilung finden und lernen, die Kraft ihrer Gedanken zu nutzen, um im Leben alles zu erreichen, was sie sich wünschen!

Das ist mein Warum. Von ganzem Herzen danke ich meiner Mama und dem mittlerweile verstorbenen Herrn, dass sie mir diese tiefgreifende Erkenntnis geschenkt haben. Sie haben mir ein Licht gesendet, das den Weg zu meiner wahren Berufung zeigt und meiner Seele ermöglicht, ihre unglaublich wichtige Mission zu erfüllen.

Doch welche Mechanismen haben genau dazu geführt, dass meine Mama heute trotz einiger körperlicher Einschränkungen ein rundum glückliches Leben führt, während andere Menschen an vermeintlich "harmloseren" Zuständen elendig zugrunde gehen?

# Kapitel 1: Das Rätsel unserer DNA - Eine Reise in die Tiefen der Psychoepigenetik

*„Dein Gehirn besteht aus Bereichen, die dir den Weg vom Denken über das Machen zum Sein ermöglichen."*

*Healversity*

Die Psychoepigenetik ist ein spannendes Forschungsfeld, das die Verbindung zwischen deinen Gefühlen, Gedanken und Verhaltensweisen einerseits und bestimmten chemischen Veränderungen in deinen Genen andererseits untersucht. Diese chemischen Veränderungen beeinflussen, welche Gene in deinem Körper aktiviert oder deaktiviert werden, und können somit Einfluss auf deine psychische und körperliche Gesundheit haben.

Das ist übrigens ein Punkt, der mich sehr freut. Seit ca. 6 Jahren findet die Epigenetik ganz langsam Einzug in die Bücher der modernen Schulmedizin und die Verbindung zwischen Psychotherapie bzw. Psychoepigenetik Coaching und körperlicher Gesundheit wird schon in sehr naher Zukunft, auch in der Öffentlichkeit, nicht mehr zu leugnen sein. Man kann sagen, dass die Epigenetik die moderne Spiritualität verwissenschaftlicht.

Unsere Gene waren lange Zeit das zentrale Thema der Genetik. Sie enthalten die Baupläne für unseren Körper und beeinflussen unsere Merkmale und Anfälligkeiten für Krankheiten. Doch die Psychoepigenetik hat enthüllt, dass unsere Gene nicht in Stein gemeißelt sind. Sie können durch epigenetische Mechanismen aktiviert oder deaktiviert werden, je nach den Signalen, die sie aus ihrer Umgebung erhalten.

Die Psychoepigenetik erforscht die komplexen Wechselwirkungen zwischen unseren Erfahrungen, unserem emotionalen Zustand und unseren Genen. Sie zeigt uns, dass unsere Psyche eine entscheidende Rolle dabei spielt, wie unsere Gene abgelesen werden und wie sie unsere körperliche und geistige Gesundheit beeinflussen.

Nimm zum Beispiel den Einfluss von Stress. Wir alle kennen Stress und haben ihn in unterschiedlichem Maße erlebt. Doch wusstest du, dass Stress epigenetische Veränderungen in unseren Zellen auslösen kann? In stressigen Situationen werden bestimmte Gene aktiviert oder abgeschaltet, was Auswirkungen auf unsere Stressbewältigung, unser Immunsystem und sogar unsere Alterungsprozesse haben kann. Die Psychoepigenetik enthüllt die erstaunliche Verbindung zwischen unseren Emotionen und unserer DNA. Aber es geht noch weiter. Die Psychoepigenetik zeigt uns, dass nicht nur unsere eigenen Erfahrungen und Emotionen epigenetische Spuren in unseren Zellen hinterlassen, sondern auch die Erfahrungen unserer Vorfahren.

Studien haben gezeigt, dass traumatische Erlebnisse, die unsere Großeltern oder sogar unsere Urgroßeltern durchlebt haben, epigenetische Veränderungen in unseren Genen verursachen können. Das bedeutet, dass die Auswirkungen von Stress, Trauma und anderen lebensverändernden Ereignissen über Generationen hinweg weitergegeben werden können.

Dieses Wissen hat unglaubliche Auswirkungen auf unser Verständnis von Gesundheit und Wohlbefinden. Es bedeutet, dass wir die Fähigkeit haben, unsere Gene und damit unsere

Lebensqualität zu beeinflussen. Indem wir uns unserer Gedanken, Emotionen und Erfahrungen bewusst werden, können wir gezielt an der Aktivierung bestimmter Gene arbeiten und somit unsere Gesundheit, unser Glück und unsere Lebensdauer positiv beeinflussen.

In den kommenden Kapiteln werden wir tief in die Grundlagen der Psychoepigenetik eintauchen. Wir werden uns mit den Mechanismen beschäftigen, durch die unsere Psyche auf unsere Gene einwirkt. Wir werden lernen, wie wir diese Mechanismen nutzen können, um unsere Gesundheit, unser Wohlbefinden, unser Glück und unseren persönlichen Erfolg zu verbessern. Wir werden erstaunliche Beispiele aus meinem Coachingalltag und wissenschaftliche Erkenntnisse entdecken, die uns zeigen, wie Menschen ihre Gene aktiv verändert haben und dadurch ihre Lebenssituation grundlegend verbessert haben.

Bist du bereit für diese faszinierende Reise in die Tiefen der Psychoepigenetik? Sei bereit, deine Vorstellungen von Genetik und Psyche zu hinterfragen und neue Möglichkeiten zu entdecken. Die spannende Welt der Psychoepigenetik wartet darauf, von dir erkundet zu werden. Lass uns gemeinsam die Geheimnisse unserer DNA lüften und die erstaunliche Verbindung zwischen Psyche und Genen enthüllen.

Die Psychoepigenetik ist voller Wunder und ich freue mich, dass du noch immer hier bist, denn jetzt geht es langsam ans Eingemachte. Bevor ich dir jedoch die mächtigsten Techniken für Glück, Gesundheit und Erfolg beibringe, legen wir erst einmal ein theoretisches Fundament. Es wird dabei helfen, effektivere Erfolge zu erzielen, denn wenn du weißt, was genau in deinem Körper passiert, kommen die Effekte deutlich schneller zum Tragen und bringen dich in extremer Geschwindigkeit an dein Ziel.

Also schnall dich an und tauche ein in das Rätsel unserer DNA!

## Wissenschaftliche Grundlagen

Bevor wir die drei epigenetischen Mechanismen besprechen, reisen wir ein paar Jahre zurück und zwar bis zu deinem Biologieunterricht. Du erinnerst dich bestimmt noch daran, dass wir Menschen aus Zellen bestehen und zwar (je nach Lektüre) aus insgesamt ca. 60 - 100 Billionen davon. Man könnte sagen, wir Menschen sind ein riesengroßer Zellhaufen und jede Zelle erfüllt spezifische Aufgaben.

Es gibt Hautzellen, Hirnzellen, Herzzellen, Leberzellen und viele viele mehr. In jeder dieser Zellen befindet sich ein Zellkern (außer bei den Erythrozyten - die haben keinen), in dem sich unser Erbmaterial befindet - ein ca. 2m langer DNS Strang. Für die Nerds unter uns, die bei ihren Freunden angeben wollen: DNS bedeutet Desoxyribonukleinsäure (Eng.: DNA - Desoxyribonuleinacid).

Wenn wir also nur aus Zellen jeglicher Varianz bestehen, ist es doch logisch, dass wir uns ein wenig mit ihnen auseinandersetzen, damit du lernst, wie du sie zu deinen Gunsten beeinflussen und verändern kannst.

# Die Grundlagen unserer Existenz: Die faszinierende Welt der Zellen

Die Zelle - der Grundbaustein des Lebens! In diesem Kapitel werden wir eintauchen und die Geheimnisse dieser winzigen, aber unglaublich wichtigen Einheiten unseres Körpers enthüllen. Die Zelle ist die Basis aller lebenden Organismen und spielt eine entscheidende Rolle in unserem Verständnis der Psychoepigenetik. Lass uns also die unsichtbare Welt der Zellen erkunden!

Stell dir vor, du könntest mit einem magischen Mikroskop in das Innere deines Körpers schauen. Was du sehen würdest, ist nichts weniger als ein faszinierendes Universum. Überall um dich herum wimmelt es von Zellen - winzigen, hochspezialisierten Einheiten, die zusammenarbeiten, um den Körper am Laufen zu halten.

Jede Zelle ist ein Meisterwerk der Natur, perfekt angepasst an ihre jeweilige Aufgabe. Nehmen wir zum Beispiel die Nervenzellen in deinem Gehirn, die für deine Gedanken, Gefühle und Erinnerungen verantwortlich sind. Sie bilden ein komplexes Netzwerk, das es dir ermöglicht zu denken, zu lernen und Entscheidungen zu treffen. Aber es gibt noch so viel mehr zu entdecken!

Betrachte die Blutzellen, die durch deine Gefäße fließen und Sauerstoff zu deinen Organen transportieren. Sie sind wie winzige Kurierdienste, die sicherstellen, dass jede Zelle in deinem Körper die nötige Versorgung erhält. Dann sind da noch die Muskelzellen, die es dir ermöglichen, dich zu bewegen und deine Umgebung zu erkunden. Sie sind wie kleine Motoren, die sich zusammenziehen und entspannen, um dir Kraft und Beweglichkeit zu verleihen.

Aber wie genau funktioniert eine Zelle? Im Zentrum jeder Zelle befindet sich der Zellkern, der das genetische Material, die DNA, enthält. Die DNA ist wie eine Bauanleitung, die die Zelle leitet und ihr sagt, welche Proteine sie produzieren soll. Proteine sind die Bausteine des Lebens und erfüllen wichtige Funktionen in der Zelle, sei es als Enzyme, die chemische Reaktionen katalysieren oder als strukturelle Bestandteile, die der Zelle ihre Form und Stabilität geben.

Umgeben ist der Zellkern von einer zarten Hülle, der Zellmembran. Sie ist wie ein Schutzschild, das die Zelle vor äußeren Einflüssen abschirmt und den Stoffaustausch mit ihrer Umgebung regelt. Die Zellmembran spielt auch eine wichtige Rolle bei der Kommunikation zwischen den Zellen, indem sie Signale von einer Zelle zur anderen überträgt.

Die Zelle ist ein wahres Wunder der Natur - klein, aber unglaublich komplex und leistungsfähig. Sie ist der Baustein des Lebens und bildet die Grundlage für alles, was wir sind und sein können. In den kommenden Kapiteln werden wir tiefer in die Geheimnisse der Zelle eintauchen und verstehen, wie unsere Gedanken, Emotionen und Erfahrungen unsere Zellen beeinflussen und somit unsere genetische Ausprägung formen können. Doch bevor wir in die faszinierende Welt der Psychoepigenetik eintauchen, wollen wir die Zelle noch genauer betrachten.

Eine der bemerkenswertesten Eigenschaften der Zelle ist ihre Fähigkeit zur Selbsterhaltung und -reproduktion. Sie kann sich teilen und somit das Wachstum und die Reparatur von Gewebe ermöglichen. Die Zellteilung ist ein komplexer Prozess, bei dem die DNA verdoppelt und gleichmäßig auf die neu entstehenden Zellen aufgeteilt wird. Diese Fähigkeit zur Vermehrung ist essentiell für das Wachstum unseres Körpers und die Regeneration von verletztem Gewebe.

Doch nicht nur das, die Zelle ist auch ein wahres Kraftwerk. In ihrem Inneren befinden sich winzige Organellen namens Mitochondrien, die für die Energieproduktion verantwortlich sind. Mitochondrien sind wie kleine Energiekraftwerke, die die Nährstoffe, welche wir aus unserer Nahrung gewinnen, in Adenosintriphosphat (ATP) umwandeln - der universellen Energiequelle für alle zellulären Aktivitäten. Ohne Mitochondrien wäre unser Körper nicht in der Lage, die Energie zu erzeugen, die für das Funktionieren unserer Organe, Muskeln und des Gehirns erforderlich ist.

Die Zelle ist aber nicht nur eine isolierte Einheit. Sie interagiert ständig mit ihrer Umgebung, um Informationen zu erhalten und darauf zu reagieren. Durch Rezeptoren auf ihrer Oberfläche kann die Zelle Signale aus ihrer Umgebung erkennen und daraufhin bestimmte Reaktionen auslösen. Diese Interaktionen sind entscheidend für die Koordination und Integration verschiedener zellulärer Prozesse.

Es ist eindrucksvoll zu bedenken, dass unser gesamter Körper aus Abermilliarden von Zellen besteht, die harmonisch zusammenarbeiten, um uns am Leben zu erhalten. Jede Zelle ist wie ein kleines Universum für sich und hat ihre eigene Rolle und Aufgabe. Sie kommunizieren miteinander, tauschen Informationen aus und reagieren auf Veränderungen in ihrer Umgebung. Leider gibt es aufgrund unserer heutigen Lebensumstände sehr viele Mechanismen, die einen negativen Einfluss auf unsere Zellkommunikation nehmen.

*Das unendliche Universum der Zelle mit all seinen Zellorganellen und dem lebenswichtigen Zellkern.*

Ist die Zellkommunkation durch Faktoren wie Stress oder Frequenzen gestört, geraten wir in eine sogenannte Inkohärenz - in diesem Zustand kommunizieren die Zellen fehlerhaft miteinander und es kommt mittel- bis langfristig zu Erkrankungen aller Art. Mach dir jedoch keine Sorgen, denn auf das Thema Kohärenz gehe ich noch detailliert ein und gebe dir eine ganz einfache Übung an die Hand, die innerhalb von Sekunden alle deine Zellen ins Gleichgewicht bringt.

In den kommenden Kapiteln werden wir entdecken, wie diese faszinierende Welt der Zellen mit unserer Psyche und unseren Genen interagiert. Wir werden verstehen, wie unsere Gedanken, Emotionen und Erfahrungen die Aktivität unserer Gene beeinflussen und somit unsere körperliche und geistige Gesundheit prägen. Die Zelle ist der Schlüssel zur Entschlüsselung des Geheimnisses der Psychoepigenetik, und je besser wir sie verstehen, desto mehr können wir ihre unglaublichen Fähigkeiten nutzen, um unser Leben zu transformieren.

Bereit, in die Tiefen der Zelle einzutauchen und die Magie der Psychoepigenetik zu entdecken? Dann begleite mich auf diesem fesselnden Abenteuer und lasse dich von der erstaunlichen Welt der Zellen in den Bann ziehen!

## Die Zellmembram: Hast du den passenden Schlüssel für dein Schloss?

Jede Zelle hat eine ganz besondere Hülle namens "Zellmembran". Die Zellmembran ist wie ein Schutzschild, das die Zelle umgibt und sie von ihrer Umgebung trennt. Stell dir vor, die Zellmembran ist wie die Mauer eines Hauses, die die Zelle vor äußeren Einflüssen schützt. Aber die Zellmembran ist weit mehr als nur ein schützender Mantel. Sie ist das eigentliche Gehirn der Zelle!

Ohne die Zellmembran kann die Zelle nicht überleben. Das mag überraschend klingen, denn im Biologieunterricht haben wir gelernt, dass der Zellkern das Zentrum des Lebens ist. Doch die Eigenschaften und Funktionen der Zellmembran bergen das wahre Geheimnis des Zelllebens.

Stell dir vor, du entfernst den Zellkern einer Zelle im Labor. Überraschenderweise bleibt die Zelle noch für einige Stunden lebensfähig. Doch wenn du die Zellmembran entfernst, stirbt die Zelle sofort ab. Das haben verschiedene Studien bewiesen. Sehr erstaunlich, wenn man bedenkt, dass die Zellmembran gerade einmal einen siebenmillionstel Millimeter dick ist.

Sie ist eine halb durchlässige, dreischichtige Haut, die das Zytoplasma - die Grundstruktur der Zelle - zusammenhält. Doch in

Wahrheit fungiert die Zellmembran auch als Kontrollmechanismus und bestimmt, was in die Zelle hinein- und herausgelangt. Die Zellmembran besteht aus einer speziellen Schicht aus Fettmolekülen, die sich wie ein Mosaik aneinanderreihen.

In dieser Schicht sind auch Proteine eingebettet, die wichtige Funktionen erfüllen. Die Fettmoleküle setzen sich aus einer Phospholipid-Doppelschicht und verschiedenen Fettsäuren zusammen. Die Qualität und Funktionalität der Zellmembran werden maßgeblich durch das perfekte Verhältnis von Omega-6- zu Omega-3-Fettsäuren bestimmt. Ungesunde Fette wie Transfette machen die Zelle steif und porös, ähnlich einem Stück Gummi, das zu lange in der Sonne lag. Daher sollten wir auf eine gesunde Ernährung achten und den Konsum von Fast-Food und schädlichen Fetten einschränken.

Aber warum ist die Zellmembran epigenetisch von Bedeutung? Epigenetik bezieht sich auf Veränderungen, die nicht in der DNA-Sequenz selbst auftreten, aber dennoch die Aktivität von Genen beeinflussen können und tatsächlich kann die Zellmembran eine Rolle bei solchen epigenetischen Veränderungen spielen.

Die Zellmembran hat kleine Öffnungen, die es bestimmten Molekülen erlauben, in die Zelle hinein- oder aus ihr herauszugehen. Diese kleinen Öffnungen nennen wir Rezeptoren, und für jedes Molekül gibt es passende Rezeptoren. Die Rezeptoren an der Zellmembran sind wie maßgeschneiderte Schlüssel, die nur zu bestimmten Molekülen passen. Die Rezeptoren spielen also eine Schlüsselrolle und ermöglichen es der Zelle, Informationen aus ihrer Umgebung aufzunehmen und zu verarbeiten.

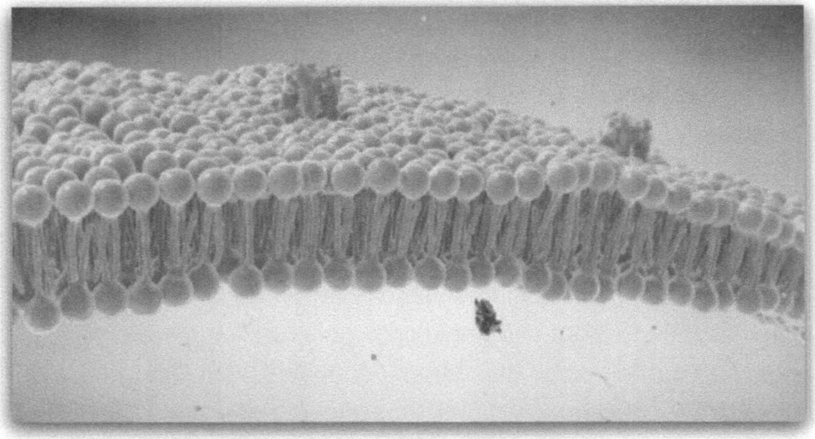

*Die Zellmembran besteht aus einer Phospholipid-Doppelschicht. Innerhalb der Membran befinden sich die Rezeptoren. Diese sind wie eine Art Schloss und nur die Moleküle mit dem richtigen Schlüssel, werden in die Zelle geschleust.*

Neben den Rezeptoren gibt es auch die sogenannten integralen Membranproteine, die Informationen empfangen. Diese Proteine sind die Sinnesorgane der Zelle, vergleichbar mit unseren Augen, Nasen und Ohren. Sie reagieren wie molekulare Antennen auf bestimmte Umweltsignale. Wenn sich ein Rezeptorprotein an ein Umweltsignal bindet, verändert sich seine elektrische Ladung und es wechselt in seine aktive Form. In diesem Zustand ist es bereit, Informationen ins Zellinnere weiterzuleiten.

Die Zellmembran ist der Ort, an dem viele Signale von außen auf die Zelle treffen. Diese Signale können von verschiedenen Quellen stammen, wie zum Beispiel Hormonen, Nährstoffen, Neurotransmittern und Umweltstressoren. Selbst Frequenzen wie Schallwellen, Lichtwellen, Radiowellen und Mikrowellen können auf die Zellmembran treffen und bestimmte Reaktionen in der Zelle auslösen.

Unsere Zellen sind ständig diesen unterschiedlichen Frequenzen ausgesetzt, und jedes Signal, das auf die Zellmembran trifft, kann spezielle Reaktionen innerhalb der Zelle hervorrufen.

Schau dich spaßeshalber mal in deinem Umfeld um und versuch herauszufinden, was alles Frequenzen aussendet. Ich helfe dir ein wenig auf die Sprünge. Dein Handy empfängt und sendet permanent Frequenzen in Form von 5G und WLAN, ohne wäre es nicht in der Lage, Texte, Bilder und Videos zu senden und zu empfangen. Auch dein Smart TV arbeitet mit Frequenzen, um Bild und Ton ausstrahlen zu können, ebenso wie dein Radio in der Küche, im Auto und am Arbeitsplatz. Du kannst die Radiowellen nicht sehen, trotzdem sind sie da und dein Radio wandelt die Frequenzen in einen für dich wahrnehmbaren Ton um.

Machen wir weiter. Benutzt du manchmal kabellose Kopfhörer? Auch diese verbinden sich über Frequenzen mit deinem Mobiltelefon und durch deinen Kopf hindurch miteinander. Schau mal kurz aus dem Fenster. Siehst du irgendwo Satelliten oder Sendemasten auf den Dächern? Siehst du Strommasten? Kannst du vielleicht eine Litfaßsäule mit Werbung sehen? Auch unter diesen verstecken sich ganz häufig Sendemasten.

Wir können das Frequenzspiel ewig weiter treiben, denn auch Symbole und Grafiken, Filme und Musik senden Frequenzen aus, welche uns massiv beeinflussen. Wir können bestimmte Frequenzen allerdings auch nutzen, um im Körper positive Reaktionen hervorzurufen, die uns dienlich sind. So sind wir in der Lage, unsere Gehirnwellen auf eine Geschwindigkeit einzustimmen, welche unser Unterbewusstsein öffnet und dir eine direkte Kommunikation mit ihm ermöglicht. Wie du diesen magischen Prozess ins Rollen bringst, zeige ich dir weiter unten.

Ich bin ein wenig abgeschweift. Jedenfalls können diese Signale an die Zelle auch epigenetische Veränderungen in der Zelle bewirken. Die Signale an der Zellmembran können chemische Reaktionen innerhalb der Zelle auslösen, die wiederum die DNA-Methylierung oder andere epigenetische Markierungen (auf die wir gleich eingehen werden) beeinflussen. Diese Veränderungen können dann die Aktivität von Genen steuern und beeinflussen, welche Gene an- oder ausgeschaltet werden. Die Zellmembran spielt also eine bedeutende Rolle bei der epigenetischen Regulation der Genaktivität.

Die Erforschung der epigenetischen Bedeutung der Zellmembran ist ein aufregendes und vielversprechendes Forschungsfeld. Sie hilft uns dabei, besser zu verstehen, wie unsere Umwelt und unsere Lebenserfahrungen die Genaktivität beeinflussen können. Die Zellmembran verdeutlicht, dass unsere Zellen nicht isoliert agieren sondern aktiv mit ihrer Umgebung interagieren. Alles, was unseren Körper auf unterschiedlichste Art und Weise erreicht, enthält Informationen, die über die Zellmembran in die Zelle gelangen und epigenetische Veränderungen auslösen können.

Die Geheimnisse der Zellmembran sind faszinierend und eröffnen uns eine völlig neue Perspektive auf die Rolle der Umwelt und unserer Lebensweise bei der Regulation unserer Gene. In den nächsten Kapiteln werden wir tiefer in diese Themen eintauchen und dir zeigen, wie du bestimmte Rezeptoren an- oder abschaltest und wie du die richtigen Schlüssel herstellst, um die Schlösser der Zellmembran zu öffnen oder zu schließen.

Du wirst entdecken, wie diese Erkenntnisse deine Gesundheit und dein Wohlbefinden auf eine ganz neue Ebene heben können. Bereit, die unsichtbare Welt der Zellmembran zu erkunden und die Möglichkeiten der epigenetischen Beeinflussung zu entdecken?

# Mitochondrien: Die Energiekraftwerke in deinen Zellen - Aktiviere sie und erwecke die Power in dir zum Leben

Nachdem wir uns mit der epigenetischen Bedeutung der Zellmembran auseinandergesetzt haben, tauchen wir nun in die erstaunliche Welt der Mitochondrien ein. Diese winzigen Energiekraftwerke in unseren Zellen sind nicht nur entscheidend für unsere körperliche Energie, sondern auch stark von unseren Gedanken und Emotionen beeinflusst.

Wie bereits erwähnt, liefern die Mitochondrien die Energie, die jede unserer Zellen für ihre Funktionen benötigt. Doch wie genau geschieht dies? Die Mitochondrien sind spezialisierte Organellen, die durch eine komplexe Prozesskette ATP (Adenosintriphosphat) produzieren, die universelle Energiequelle für alle Zellaktivitäten. ATP ist wie der Kraftstoff, der unsere Zellen antreibt. Die Mitochondrien nehmen Nährstoffe wie Glukose und Fettsäuren auf und setzen sie in einer Serie von biochemischen Reaktionen um, die als Zellatmung bezeichnet wird. Dabei entsteht ATP als Produkt dieser Stoffwechselprozesse.

Interessanterweise sind die Mitochondrien nicht nur passive Energieproduzenten, sondern sie reagieren auch auf unsere Gedanken und Emotionen. Die Mitochondrien sind sensorisch und empfindlich für die chemischen Signale, die von unserem Gehirn ausgesendet werden. Wenn wir uns in einem Zustand von Freude, Liebe und positiver Energie befinden, steigern wir nicht nur unsere Stimmung, sondern beeinflussen auch die Mitochondrien positiv. Der positive Einfluss unserer Gedanken und Emotionen auf die Mitochondrien ist eng mit der Aktivität des Enzyms ATP-Synthase verbunden. Dieses Enzym ist für die eigentliche Produktion von ATP verantwortlich. Durch positive Gedanken und positive Emotionen können wir die Aktivität der ATP-Synthase erhöhen und somit die ATP-Produktion steigern. Das bedeutet, dass wir durch bewusste mentale Prozesse unsere eigene Energieversorgung beeinflussen können.

Aber wie können wir diese Kraft der Mitochondrien und die Produktion von ATP gezielt aktivieren? Indem wir uns bewusst für positive Gedanken, positive Emotionen und eine optimistische Einstellung entscheiden, schaffen wir eine Umgebung, in der die Mitochondrien optimal arbeiten können. Zusätzlich können wir durch regelmäßige körperliche Bewegung und eine ausgewogene Ernährung die Energieversorgung unserer Mitochondrien weiter unterstützen.

In den kommenden Abschnitten werden wir uns genauer mit den Strategien befassen, wie du deine Gedanken und Emotionen gezielt lenken und die Power deiner Mitochondrien aktivieren kannst. Wir werden erkunden, wie Meditation, Visualisierung und Affirmationen deine Mitochondrien beeinflussen können und wie du durch bewusste innere Arbeit deine ATP-Produktion und somit deine Energie auf ein neues Level bringen kannst.

Bereit, die Power deiner Mitochondrien durch die Kraft deiner Gedanken und Emotionen zu entfesseln? Dann lass uns gemeinsam in die nächste Phase dieser aufregenden Reise eintauchen und die verborgenen Schätze der Zellbiologie weiter erforschen. Sei gespannt auf die Möglichkeiten, die sich dir eröffnen, wenn du deine Mitochondrien zum Strahlen bringst und deine innere Energiequelle aktivierst.

Die Power in dir wartet darauf, zum Leben erweckt zu werden! Erinnerst du dich noch an die Geschichte mit meiner Mama und ihrer Erkrankung? Stell dir vor, was negative Gedanken und Emotionen mit ihrem Gesundheitszustand anstellen würden, wenn die Zellen ihre ATP Produktion herunterfahren oder sogar einstellen.

Vergiss nie: Du hast das Potenzial, deine Zellen und damit dein gesamtes Leben zu transformieren. Die Power der Mitochondrien ist in dir. Lass uns gemeinsam die Flügel ausbreiten und wie der Phönix aus der Asche neues Leben erschaffen!

## Ribosomen - Die Schmiede des Lebens

Auf unserer faszinierenden Reise in die Welt der Zellbiologie dürfen wir einen weiteren lebenswichtigen Akteur nicht übersehen: die Ribosomen. Wie kleine kugelförmige Objekte sind sie im Zytoplasma, dem Inneren der Zelle, eingebettet und spielen eine entscheidende Rolle bei der Proteinbiosynthese - dem lebensnotwendigen Prozess der Bildung von Eiweißmolekülen.

Proteine sind die Bausteine des Lebens und nahezu alles, was unseren Körper ausmacht. An den Ribosomen werden unterschiedliche Aminosäuren zu Proteinen verknüpft, deren Sequenz sich aus dem genetischen Code unserer DNA ergibt. Ohne Proteine würde unser Körper nicht funktionieren. Sie sind essenziell für die Struktur der Zellmembran, das reibungslose Funktionieren des Immunsystems und die Aktivität von Enzymen, die dafür sorgen, dass wir unsere Nahrung verdauen können.

Darüber hinaus übernehmen Proteine in der Zelle eine Vielzahl weiterer wichtiger Funktionen. Allerdings können Proteine nur in einem passenden Milieu richtig funktionieren. Das bedeutet, dass das Innere der Zelle, das Zytoplasma, ein gesundes und ausgewogenes Milieu aufrechterhalten sollte.
Faktoren wie der pH-Wert, die Temperatur, die elektrische Spannung und der Mineralstoffgehalt spielen dabei eine entscheidende Rolle. Wenn diese Parameter nicht optimal sind, kann ein Protein seine Funktion nicht ordnungsgemäß ausführen.

Das Spannende ist, dass jede Zelle aufgrund ihrer epigenetischen Prägung spezifische Proteine produziert. Eine Hautzelle produziert Proteine, die für die Hautfunktionen relevant sind, während beispielsweise Zellen in der Bauchspeicheldrüse das Hormon Insulin oder Verdauungsenzyme bilden. Die DNA, unser Erbgut, ist in jeder Zelle grundsätzlich gleich. Es ist jedoch die epigenetische Programmierung, die entscheidet, welche Gene aktiviert oder deaktiviert sind und somit die Produktion spezifischer Proteine steuert. Eine Leberzelle entwickelt sich aufgrund ihrer epigenetischen Codierung zu einer Leberzelle, da sie die passenden Proteine und Zellbestandteile produziert.

Das Ribosom ist vereinfacht ausgedrückt der Teil der Zelle, der in der Lage ist, eine messenger RNA (mRNA) zu übersetzen (translation) und aus diesem Bauplan die passenden Aminosäuren zu produzieren, aus denen dann Proteine, Moleküle, Zellen und andere wichtige Bestandteile unseres Körpers hergestellt werden.

Während wir unsere Reise durch die Tiefen der Zellbiologie fortsetzen, kommen wir zu einem entscheidenden Meilenstein in unserem Verständnis von Genetik und Epigenetik. Als Nächstes geht es nämlich in den Zellkern. Ich möchte gar nicht detaillierter auf unsere restlichen Zellorganellen eingehen, weil sie für den weiteren Verlauf und den transformativen Prozess, den du gleich durchlaufen wirst, nicht von Bedeutung sind. Im nächsten Kapitel werden wir uns intensiv mit den Grundlagen der Genetik auseinandersetzen und tiefer in die Geheimnisse unserer DNA eintauchen.

Genetik und Epigenetik bilden das Fundament unseres genetischen Codes und sind von entscheidender Bedeutung für die Entwicklung, Funktionsweise und Anpassungsfähigkeit unserer Zellen. Im nächsten Kapitel werden wir die Zusammenhänge zwischen unseren Genen und der Umwelt untersuchen und verstehen lernen, wie sich diese gegenseitig beeinflussen. Wir werden erkennen, dass unsere Gene nicht in Stein gemeißelt sind, sondern dass wir die Fähigkeit besitzen, ihre Aktivität durch epigenetische Mechanismen zu modulieren.

Freue dich auf eine fesselnde Erkundung der genetischen und epigenetischen Landschaft, in der wir die Macht unserer Gene und die Einflüsse, die unsere Lebensweise, unser soziales Umfeld, unsere Gedanken und Emotionen, Glaubenssätze, Traumata und sogar unsere Vorfahren auf sie haben, entdecken werden. Tauche ein in die atemberaubende Welt der Genregulation und enthülle die verborgenen Potenziale, die in unserem Erbgut schlummern.

Bist du bereit, die Schleier der Genetik und Epigenetik zu lüften und ein tieferes Verständnis darüber zu erlangen, wie unsere Gene und Umwelt miteinander interagieren? Das nächste Kapitel erwartet dich bereits voller Erkenntnisse und eröffnet dir neue Perspektiven auf deinen genetischen Einfluss und damit den Erfolg deines Lebens. Also lass uns weiterlesen und uns von den Geheimnissen der Genetik und Epigenetik begeistern lassen!

Bevor wir uns weiter in die mysteriöse Welt der Epigenetik stürzen, möchte ich dir ein kraftvolles Werkzeug an die Hand geben, das deinen Zellen Energie spendet und dich vitaler durchs Leben gehen lässt. Es ist die **Zellatmungs-Meditation**.

Diese einzigartige Meditation konzentriert sich auf eine besondere Atemtechnik, die zwischen Hyperventilation und Atemstillstand wechselt. Durch diese Technik kannst du den Sauerstoff- und Kohlendioxidspiegel in deinem Körper beeinflussen und so einen regelrechten Energiefluss in deinen Zellen erzeugen.

Während der Hyperventilation erhöht sich dein Sauerstoffgehalt (O2), während der Kohlendioxidgehalt (CO2) sinkt. Dadurch werden deine Zellen förmlich mit Sauerstoff geflutet. Es kann zu einem leichten Kribbeln in den Extremitäten und Lippen kommen, da sich dein pH-Wert leicht verschiebt und dein Calciumhaushalt kurzzeitig beeinflusst wird. In der anschließenden Phase des Atemstillstands werden deine Zellen mit Sauerstoff unterversorgt. Dieses Wechselspiel trainiert die Selbstregulierungskräfte deines Körpers und ermöglicht einen effektiveren Sauerstofftransport, wodurch deine Zellen optimal versorgt werden.

Das tiefe Gefühl der Vitalität und Klarheit, das du nach der Zellatmungs-Meditation erlebst, bietet dir einen wunderbaren Ausgangspunkt für deine eigene Meditationspraxis. In dieser Meditation nutze ich binaurale Beats, um deine Gehirnwellen zu verlangsamen und leite deine Atmung an, damit du dich voll und ganz auf den Prozess konzentrieren und deinen Fokus bei dir halten kannst. Zum Thema binaurale Beats und Gehirnwellen verlangsamen erzähle ich dir später noch etwas mehr.

Hier ist der QR-Code und der Button für den direkten Zugang zur Zellatmungs-Meditation. Scanne den Code oder klicke auf den

Button, um die Meditation zu starten und deine Zellen mit neuer Energie zu beleben.

Diese Meditation möchte ich dir als Zeichen meiner Dankbarkeit, gerne schenken. Scanne den Code oder gib ganz einfach die folgende URL in deinen Browser ein.

*https://www.kevinmaeckmeyer.com/product-page/zellatmung-meditation*

Falls du die Zellatmungs-Meditation lieber zu Hause alleine oder gemeinsam mit einer anderen Person praktizieren möchtest, habe ich hier eine Anleitung für dich, die dir bei der Umsetzung behilflich sein wird:

**Die Phasen der Zellatmungs-Meditation**

***Phase 1****: Tiefes Ein- und Ausatmen*

*Atme bewusst tief ein und aus. Wichtig ist, dass du dabei stets deine Grenzen respektierst. Übertreibe nicht oder mache einen Wettbewerb daraus, denn das würde das eigentliche Ziel verfehlen. Achte darauf, dich bei jeder Meditation an deinen eigenen Atemrhythmus heranzutasten.*

***Phase 2****: Atemstillstand*

*Atme etwa 60% der Luft aus und halte dann deinen Atem an. Diese Phase dauert etwa 1-1,5 Minuten. Wenn es dir zu viel wird, atme wieder etwas Luft ein.*

***Phase 3****: Tiefes Einatmen und Atem anhalten*

*Atme tief ein und halte deinen Atem für etwa 10 Sekunden an. Du kannst dabei sanft Druck auf deinen Bauch ausüben.*
*Achte auch hier wieder auf dich und deine persönlichen Grenzen.*

**Diese drei Phasen wiederholen sich insgesamt drei Mal.**

Die Zellatmungs-Meditation ist ein kraftvolles Werkzeug, um deine Energie zu steigern, deine Selbstregulierungskräfte zu trainieren und deine Zellen optimal mit Sauerstoff zu versorgen. Nutze diese Meditation, um tiefer in dich selbst einzutauchen und deine innere Balance zu finden.

Also lass uns gemeinsam die Kraft der Zellatmung entfesseln und uns auf eine erfüllende Reise zu unserem inneren Potenzial begeben. Starte jetzt die Zellatmungs-Meditation und erlebe die transformative Kraft, die in dir ruht.

Hole dir jetzt deine **kostenlose Zellatmung - Meditation** und durchflute deinen gesamten Körper mit ungeahnter Kraft und Energie.
Ich wünsche dir eine tiefe Reise und tolle Erkenntnisse.

# Genetik 101: Der Code unserer Erblichkeit - Entziffere die Geheimnisse deiner DNA

Wir machen wieder einmal eine kleine Reise. Wir befinden uns noch immer in einer unserer Zellen und gleiten jetzt auf magische Art und Weise in unseren darin befindlichen Zellkern. Dort wartet unser 2,5m langer DNA - Strang darauf, von uns entdeckt zu werden. Lass uns dafür aber nochmal gemeinsam in der Zeit über 20 Jahre zurückreisen, um in die Welt der Genetik einzutauchen.

Damals waren wir voller Hoffnung, dass die Entschlüsselung der menschlichen DNA uns alle Antworten auf unsere körperlichen Prozesse und Krankheiten liefern würde. Das sogenannte Humangenomprojekt enthüllte jedoch, dass die Anzahl von rund 22.500 Genen nicht ausreichte, um die Komplexität unseres Körpers vollständig zu erklären.

*Das Humangenomprojekt enthüllte im Jahre 2003 zur allgemeinen Verwunderung die Anzahl von 22500 Genen. Diese reichen bei Weitem nicht aus, um uns als menschliches Individuum zu beschreiben.*

Ich meine, schau dich mal bitte an. Du bist ein wahres Wunder der Natur. Eine solch feinabgestimmte „Maschine" mit all ihren positiven Eigenschaften kann nicht mal eben mit 22500 Genen beschrieben werden. Das leuchtet wohl ein.
Die Wissenschaftler waren damals überrascht, denn vor ca. 20 Jahren waren bereits über 100.000 verschiedene Proteine in unserem Körper bekannt. Man ging davon aus, dass mindestens 100.000 Gene für diese Vielfalt verantwortlich sein müssten.

Unsere Erwartungen, dass die Genetik auch die Welt der Gedanken und Emotionen offenbaren würde, wurden enttäuscht. Es stellte sich heraus, dass der genetische Code allein nicht ausreichte.
Es muss also Regulationsmechanismen geben, welche den Genen Befehle senden und somit einen noch größeren Einfluss haben als die Gene selbst. Damit kannst du dir übrigens auch das Wort „Epigenetik“ herleiten. Epi bedeutet nämlich „drüber“. Es befindet sich also etwas über unseren Genen, was diese reguliert.

Aber was sind Gene überhaupt und wozu brauchen wir sie? Stell dir vor, du bist eine Gemeinschaft von 50-100 Billionen Körperzellen. Jede Zelle hat ein einzigartiges Erscheinungsbild, aber sie teilen alle dasselbe Erbgut, das sich im Zellkern befindet. Unser Genom besteht aus der DNS (Desoxyribonukleinsäure), besser bekannt als DNA. Diese DNA ist wie ein Kochbuch mit rund 22.500 verschiedenen Rezepten, den Genen. Jedes Gen kann zur Herstellung von Proteinen dienen, aber bis heute wissen wir nicht genau, wie viele verschiedene Proteine sich tatsächlich in unserem Körper befinden.

Schätzungen gehen von einer Zahl zwischen 500.000 und 1 Million verschiedener Proteine aus, darunter Hormone, Enzyme und Immunzellen. Damit der 2,5m lange DNA-Strang in den sehr kleinen Zellkern passt, windet er sich wie eine Doppelhelix um die sogenannten Histone (auf diese geheimnisvollen Proteine gehe ich gleich noch ein). Zwischen den beiden Strängen der Doppelhelix, befinden sich die sogenannten Basen. Adenin, Thymin, Guanin und Cytosin. Diese Information wirkt vielleicht erstmal nicht so wichtig, ich werde dir jedoch weiter unten das Gegenteil beweisen.

Kurz zur Erklärung: Ein Gen ist nicht anderes als ein sehr kurzer Abschnitt des DNA-Strangs und dieser besteht aus den sogenannten Basen. Diese kannst du dir vorstellen wie die einzelnen Seiten eines riesigen Kochbuches und aus den Buchstaben der Basen (A,T,G,C), können die verschiedenen Rezepte gekocht werden. Ein Gen kann zum Beispiel das Rezept enthalten, um die Proteine für den Vitamin D Rezeptor herzustellen oder es enthält das Rezept für Proteine, welche dein Immunsystem aufbauen. Jetzt hat die Natur für jedes Gen verschiedene Varianten hergestellt. Das Rezept für das Gericht ist quasi das gleiche, aber es schmeckt bei einigen Menschen ein wenig anders. Das passiert, indem in einem Gen eine der Basen ausgetauscht wird.

Tauscht die Natur also einen Buchstaben (Base) aus, entstehen in dem Gen andere Wörter und es kommen teilweise völlig andere Sätze für das Rezept dabei heraus. Diese Genvarianten nennen sich Single-Nukleotide-Polymorphismen, kurz SNP (ausgesprochen: SNIPP).
Ich werde weiter unten nochmal genauer darauf eingehen, denn die Natur hat sich etwas sehr Cleveres bei diesen SNP´s gedacht und das Beste daran ist: Du kannst sogar herausfinden, in welchem deiner Gene sich ein solcher SNP versteckt und deine Gesundheit, deine Gedanken/Emotionen und sogar deine Persönlichkeitsmerkmale beeinflusst.

Wir machen aber erstmal weiter mit unserer Genetik. Wie schon erwähnt, ich möchte nicht zu tief ins Detail gehen, aber ein stabiles Fundament an wissenschaftlichen Grundlagen sorgt später für deutlich schnellere Ergebnisse bei dem alles verändernden Prozess, den du durchlaufen wirst. Wie genau produziert unser Körper denn nun Aminosäuren und Proteine - die lebenswichtigen Bausteine unseres Körpers?

Hier kommt die Transkription ins Spiel, ein faszinierender Prozess, bei dem die DNA in eine Boten-RNA oder messengerRNA (mRNA) umgeschrieben wird. Die Transkription ist wie ein begnadeter Schreiber, der die geheimnisvollen Zeichen der DNA entschlüsselt und sie in eine verständliche Sprache übersetzt. Die mRNA ist so etwas wie die Notenschrift, die den genetischen Code trägt und ihn zu den talentierten Interpreten bringt: den Ribosomen.

Die Ribosomen sind die wahren Stars dieser Geschichte. In ihren Werkstätten entfalten sie ihre wahre Größe. Sie sind die Fabriken des Lebens, in denen die Translation stattfindet. Mit bemerkenswerter Präzision und Geschwindigkeit lesen die Ribosomen die Notenschrift der mRNA und übersetzen sie in Proteine. Es ist wie ein gigantisches Bauprojekt, bei dem Stein für Stein ein lebenswichtiges Protein entsteht.

Aber die Genetik ist noch viel mehr als nur Transkription und Translation. Sie ist ein komplexes Zusammenspiel von Umwelt, Genen und epigenetischen Faktoren. Unsere Gene dienen als Ausgangspunkt, aber unser individuelles Schicksal wird von unseren Entscheidungen und Erfahrungen geformt. Die Regulation der Gene ist wie die Dirigentenarbeit eines Orchesters, bei dem jedes Gen zur richtigen Zeit und in der richtigen Lautstärke aktiviert werden muss.

Die Genetik hat uns in den letzten 20 Jahren enorme Fortschritte ermöglicht. Wir haben nicht nur das menschliche Genom vollständig sequenziert, sondern auch die Welt der Epigenetik entdeckt. In der Welt der Genetik gibt es noch so viel zu entdecken. Wir stehen erst am Anfang einer Reise, die uns zu einem besseren Verständnis unserer Gesundheit und unserer Identität führen wird. Die Genetik öffnet Türen zu einer Zukunft, in der maßgeschneiderte Therapien und personalisierte Medizin

Realität werden könnten. Die Geheimnisse der Genetik warten nur darauf, von uns enthüllt zu werden.

Es ist faszinierend zu sehen, wie die Genetik unser Verständnis des menschlichen Körpers revolutioniert. Doch während wir diese aufregende Reise unternehmen, ist es wichtig, auch die gesellschaftlichen Auswirkungen zu bedenken. In unserer heutigen Welt gibt es immer noch viele Menschen, die ihre Augen vor neuen Erkenntnissen verschließen. Doch du gehörst zu den Wenigen, die bereit sind, den Menschen ihre Augen zu öffnen.

Stell dir vor, was passiert, wenn die Mehrheit der Menschheit bewusst und unterbewusst annimmt, dass sie Opfer ihrer Gene ist. Sie würden ständig im Außen nach einem Retter suchen, der ihre Schmerzen kurzfristig lindert, ohne jedoch die tiefgreifenden Ursachen anzugehen. Dabei missachten die Menschen die stärkste Heilungskraft, die in ihnen selbst liegt - die Selbstheilungskraft ihres Körpers. Du kannst das Thema Selbstheilung auch ausdehnen, denn die logische Konsequenz daraus ist, dass du nicht nur deine Gesundheit maßgeblich beeinflussen kannst, sondern auch deinen Erfolg, deine Finanzen, dein Liebesleben und alles was dich sonst noch umgibt.

Die Genetik zeigt uns, dass unser individuelles Schicksal nicht allein von unseren Genen bestimmt wird. Es ist ein komplexes Zusammenspiel von Umwelt, Genen und epigenetischen Faktoren. Wir haben die Macht, unsere Gesundheit und unser Wohlbefinden durch bewusste Entscheidungen zu beeinflussen. Indem wir die Selbstheilungskraft unseres Körpers nutzen, können wir langfristige Lösungen finden und unser eigenes Wohlergehen fördern.

Du bist Teil dieser Bewegung, die den Menschen hilft, ihre wahre Macht zu erkennen. Du ermutigst sie, nicht nur auf äußere Symptombehandlung zu vertrauen, sondern auch die innere Heilkraft zu aktivieren. Du ermutigst Menschen dazu, ihr eigenes Leben zu kreieren und sich unabhängig von unserem System zu machen. Du ermutigst Menschen dazu, die beste Version ihres Selbst zu leben und ein Dasein außerhalb der Box zu genießen. Gemeinsam können wir die Grenzen des Möglichen überschreiten und eine Zukunft gestalten, in der die Menschen ihre genetische Veranlagung nicht als Begrenzung betrachten, sondern als Ausgangspunkt für persönliches Wachstum und Wohlbefinden.

Lass uns gemeinsam das Bewusstsein erweitern und den Menschen zeigen, dass sie mehr sind als nur Opfer ihrer Gene. Die Genetik mag uns Einblicke in die Komplexität des Lebens geben, aber es liegt an uns, unsere Entscheidungen und Erfahrungen zu nutzen, um unsere individuelle Reise des Erfolgs und der Selbstheilung anzutreten. Lass uns gemeinsam als Botschafter der Selbstheilungskraft agieren und der Welt zeigen, dass wahre Heilung von innen kommt.

Das ist übrigens auch die Idee meiner Firma „Kevin Maeck Meyer“ und des Phönixcoachings. Wir führen die Menschen zurück in ihr Innerstes, an den Ort, an dem bereits alle Antworten auf uns warten, entdeckt zu werden. Wir helfen Menschen in Glück und Fülle gesundheitliche und finanzielle Ziele zu realisieren, welche sie frei machen, um das Leben zu führen, dass sie sich bisher nicht mal gewagt haben zu träumen. Ich glaube ganz fest daran, dass jeder Mensch eine besondere Mission auf dieser Erde hat und sobald er sich mit dieser verbindet, passen sich alle Gegebenheiten im Außen an. Das Universum unterstützt dich bei deiner Mission und beschenkt dich als Dankeschön mit Glück, Gesundheit und Fülle (egal ob in Sachen Finanzen, Liebe,

Örtlichkeit, Gefühle oder Emotionen). Du kennst deine Mission noch nicht? Umso besser! Dann lies ganz entspannt weiter, lasse dich auf den Prozess ein und beobachte aufmerksam, was im Laufe der nächsten Tage mit dir passiert. Es wird magisch!

## Jenseits der Gene - Wie deine Umwelt deine Gene beeinflusst

Da wo die Grenzen der Genetik verschwimmen und ein neues Verständnis für die Wechselwirkung zwischen deinen Genen und deiner Umwelt entsteht, kommt die Epigenetik zum Tragen. Bist du bereit, dich auf eine aufregende Reise der Erkenntnis zu begeben?

In den vorherigen Kapiteln haben wir bereits die erstaunliche Komplexität unseres genetischen Codes erforscht. Wir haben gelernt, dass unsere Gene unser Erbgut tragen und die Grundlage für all unsere körperlichen Merkmale und Stoffwechselprozesse bilden. Doch die Genetik allein vermag nicht das gesamte Bild zu erklären. Wissenschaftler waren überrascht, als das Humangenomprojekt enthüllte, dass die Anzahl von rund 22.500 Genen nicht ausreichte, um die unglaubliche Vielfalt unseres Körpers zu erklären. Es stellte sich heraus, dass die Regulation der Gene eine ebenso wichtige Rolle spielte, wenn nicht sogar eine noch größere.

Hier kommt die Epigenetik ins Spiel. Sie beschreibt die Prozesse, die unsere Gene ein- und ausschalten, und eröffnet uns eine ganz neue Dimension der Genregulation. Es ist ein Zusammenspiel zwischen deinen Genen und deiner Umwelt, das deine individuelle genetische Ausprägung formt. Stell dir vor, du bist ein Rezeptbuch mit einem einzigartigen genetischen Code, aber die Epigenetik ist wie der Koch, der darüber entscheidet, welche Kapitel deiner Geschichte gelesen werden und ob das Rezept noch ein wenig verändert und angepasst wird. Deine Umwelt, Ernährung, Stress und andere Faktoren wirken auf deine Epigenome, die Moleküle, die deine Gene beeinflussen und ihre Aktivität steuern.

Die Epigenetik zeigt uns, dass unsere Umwelt einen direkten Einfluss auf unsere Genexpression haben kann. Das bedeutet, dass nicht nur unsere DNA, sondern auch unsere Lebensweise und Umweltfaktoren unser Erscheinungsbild und unsere Gesundheit beeinflussen. Du bist nicht nur ein Produkt deiner Gene, sondern auch der Interaktion zwischen deinen Genen und deiner Umwelt.

Ich möchte an dieser Stelle das Wort „Umwelt" kurz definieren, damit wir eine Sprache sprechen. Alles was dich umgibt, zählen wir in der Epigenetik zu deiner Umwelt. Dazu gehört neben deinem Wohnort und den örtlichen Gegebenheiten auch dein soziales Umfeld, die Arbeit, die du ausübst, der Sport, den du treibst, die Liebschaften, die du hast, das Essen, das du verzehrst, die Traumata, die in dir schlummern, die Gedanken/Emotionen, die du täglich denkst und vieles mehr. Wir unterteilen aus diesem Grund die Epigenetik in mehrere spannende Disziplinen, die da wären:

- **Transgenerationale Epigenetik:** Diese befasst sich mit den Auswirkungen der Lebensweise deiner Ahnen auf dein Sein im Hier und Jetzt. In diesem Bereich finden wir die Antwort auf die Frage, ob Traumata vererbt werden können und ob du noch Altlasten deiner Vorfahren mit dir herumschleppst. Die Antwort auf diese spannende Frage erwartet dich im weiteren Verlauf des Buches.

- **Sozioepigenetik:** Dein soziales Umfeld hat einen wahnsinnig großen Einfluss auf die Regulation deiner Gene. Die Menschen, mit denen du dich tagtäglich umgibst, entscheiden über Sieg und Niederlage deines Lebens. An der Stelle möchte ich dir die Augen öffnen. Nicht nur dein Umfeld beeinflusst deine Gene, sondern auch du beeinflusst und manipulierst die Gene und damit das Schicksal deiner Mitmenschen.

- **Schlafepigenetik:** Unser Schlaf hat einen sehr großen Einfluss auf unsere Psyche, unser Stresssystem und somit auch auf unsere Genregulation. Der Schlaf wird in unserer Gesellschaft stark unterbewertet und darf somit wieder mehr Beachtung finden. Wenig Schlaf darf kein Statussymbol sein und aufgrund der besonderen Relevanz sollte das Thema Schlaf in deinem Leben priorisiert werden.

- **Psychoepigenetik:** Der Kern dieses Buches! Wie beeinflussen Gedanken und Emotionen unsere Genregulation und wie können wir den Persönlichkeitsentwicklungsprozess für uns nutzen, um uns die Realität zu erschaffen, die wir uns immer erträumt haben? Aufgrund der großen Einflussfaktoren der oben genannten Disziplinen, fließen diese mit in dieses Buch ein, denn sie sind zu wichtig, um sie voneinander zu trennen.

- **Nutriepigenetik:** Wie beeinflusst meine Ernährung die Regulation meiner Gene? Damit befasst sich das spannende Feld der Nutriepigenetik, denn auch über die Ernährung lassen sich unzählige Prozesse in unserem Körper positiv sowie negativ beeinflussen.

- **Physioepigenetik:** Kein Sport ist Mord! Auch sportliche Aktivitäten regulieren tausende von Genen auf positive Art und Weise, doch genau wie die Nutriepigenetik haben diese

Disziplinen definitiv ein eigenes Buch verdient, da sie so wichtig und umfangreich sind, jedoch im Bezug auf die Psychoepigenetik nicht die größte Relevanz haben.

Das ist schon eine ganze Menge. Es ist wichtig zu wissen, dass wir die Fähigkeit besitzen, unsere Genexpression positiv zu beeinflussen und welcher Disziplinen du dich dafür bedienen darfst. Durch bewusste Entscheidungen können wir unsere epigenetischen Markierungen modifizieren und dadurch unsere genetische Ausprägung beeinflussen. Das bedeutet, dass wir die Verantwortung für unsere Gesundheit und unser Wohlbefinden selbst in die Hand nehmen können.

Die Epigenetik eröffnet uns auch eine aufregende Zukunftsperspektive. Indem wir die Mechanismen der Genregulation besser verstehen, könnten wir möglicherweise maßgeschneiderte Therapien entwickeln, die individuell auf die Bedürfnisse jedes einzelnen abgestimmt sind. Es ist eine Welt, in der die personalisierte Medizin Realität werden könnte und die Menschen ihr volles Potenzial ausschöpfen können. Das ist die Welt von der ich tagtäglich träume. Durch meine Ausbildung und jahrelange Tätigkeit in der Notfallmedizin, ist mir die Dringlichkeit einer Revolution unseres Gesundheitsbewusstseins mehr als klar! Und ich sage hier bewusst nicht „Gesundheitssystem“, weil dieses werden wir nicht ändern, dafür ist die Lobby im rückwärtigen Bereich zu mächtig. Aber wie sagt man so schön? „Dein Gegenüber wirst du nicht verändern, du hast nur die Chance deine Einstellung den Dingen anzupassen“. (Ich weiß gar nicht, ob es dieses Sprichwort gibt. Falls nicht, habe ich gerade ein neues erschaffen.)

Das bedeutet, dass du alles dafür tun darfst, damit du niemals auf dieses Gesundheitssystem angewiesen bist.

Die Epigenetik birgt halt eben auch eine provokante Botschaft: Die Vorstellung, dass unsere Gene unser Schicksal vorbestimmen, ist überholt. Wir sind keine hilflosen Opfer unserer Gene, sondern können aktiv Einfluss nehmen und unsere genetische Ausprägung formen. In meinen Seminaren fühlen sich Leute häufig gekränkt, wenn ich ihnen diese Wahrheit offenbare oder wenn ich sage, dass eine Krebserkrankung die Emotionen und den Verlauf deines Lebens widerspiegelt und du einen sehr großen Eigenanteil am Ausbruch dieser Erkrankung hast. Was denkst du, was für böse Blicke mich da schon erreicht haben?!

Im nächsten Kapitel werden wir tiefer in die faszinierende Welt der Epigenetik eintauchen. Wir werden erforschen, wie unsere Umwelt unsere Gene beeinflusst und welche Rolle die epigenetische Regulation in der Gesundheit und Krankheit spielt. Lass dich von der Vision einer Zukunft inspirieren, in der wir unser genetisches Schicksal selbst in die Hand nehmen und unsere Gesundheit, unser Glück und unseren Erfolg auf neue Weise verbessern können.

Bereite dich vor auf eine Reise der Erkenntnis, die dich begeistern, motivieren und dein Verständnis von Genetik und Epigenetik für immer verändern wird. Tauche ein in die faszinierende Welt jenseits der Gene und entdecke das enorme Potenzial, das in dir steckt. Die Zukunft liegt in deinen Händen - sei bereit, sie zu gestalten.

# Kapitel 2: Epigenetische Mechanismen: Der Tanz zwischen Umwelt und Genen

*"Genetik ist das Schicksal, aber Epigenetik ist die Kunst, das Schicksal zu gestalten."*

*Dr. Randy Jirtle*

Stell dir einen magischen Tanz vor, bei dem unsere Umwelt und unsere Gene miteinander verschmelzen und sich zu einer atemberaubenden Choreografie vereinen. Ein Tanz, der die Grundlage für unser individuelles Erscheinungsbild, unsere Gesundheit und unser Wohlbefinden bildet. Klingt spannend, oder?

In diesem Kapitel werden wir tiefer in die drei epigenetischen Mechanismen eintauchen und den heißen Tanz zwischen Umwelt und Genen beobachten. Du wirst lernen, wie bestimmte Moleküle und Prozesse unsere Gene beeinflussen und entscheiden, welche Kapitel unserer genetischen Geschichte gelesen werden und welche nicht.

Bist du bereit, den Schleier der Geheimnisse zu lüften und die verblüffende Welt der epigenetischen Mechanismen zu erkunden? Mittlerweile kennst du mich. Wir werden uns nicht nur auf sachliche Fakten konzentrieren, sondern auch einen Hauch von Vision und Provokation einfließen lassen. Schließlich geht es darum, deine Neugier zu wecken und dich zu motivieren, tiefer in die Materie einzutauchen.

Begleite mich auf dieser Reise voller Wissen, Entdeckungen und vielleicht sogar einigen Aha-Momenten, welche dir die Augen öffnen werden. Zusammen werden wir verstehen, wie unsere Umwelt mit unseren Genen interagiert und wie wir dieses Wissen nutzen können, um unsere Gesundheit und unser gesamtes Dasein auf ein neues Level zu heben.

Bereit für den Tanz der drei epigenetischen Mechanismen? Dann lass uns loslegen und herausfinden, was diese neuartige Welt für uns bereithält!

## DNA-Methylierung: Der Pinsel, der die Gene markiert

In diesem Kapitel werden wir uns mit einem epigenetischen Mechanismus befassen, der einen entscheidenden Einfluss auf die Aktivität unserer Gene hat. Stell dir vor, du hättest einen magischen Pinsel, mit dem du deine Gene markieren könntest. Genau das ist die Rolle der DNA-Methylierung.

Aber bevor wir tiefer in das Thema eintauchen, möchte ich eine wichtige Frage stellen: Warum wird uns so wenig über solche spannenden Mechanismen in der Schule beigebracht? In einer Welt, in der Wissen und Verständnis zunehmend an Bedeutung gewinnen, scheint es fast paradox, dass grundlegende Kenntnisse über die Gesundheit und die epigenetischen Mechanismen, die unsere Gene steuern, vernachlässigt werden. Doch lass uns dieses Manko nutzen, um gemeinsam in die Tiefen der DNA-Methylierung einzutauchen und ein Verständnis für ihre Bedeutung zu gewinnen.

Stell dir vor, deine DNA ist wie ein Kochbuch voller Anweisungen für die Herstellung von Proteinen. Die DNA-Sequenz selbst gibt jedoch nur einen groben Überblick über die Inhalte dieses Buches. Die DNA-Methylierung hingegen ist der Pinsel, der bestimmte Bereiche des Buches markiert und somit bestimmt, welche Seiten gelesen und welche übersprungen werden.
DNA-Methylierung ist ein epigenetischer Mechanismus, bei dem sogenannte Methylgruppen an die DNA-Moleküle gebunden werden. Diese Methylgruppen dienen als chemische Markierungen und können die Aktivität von Genen beeinflussen. Es ist, als ob bestimmte Abschnitte des Buches mit einer leuchtenden Farbe markiert werden, um ihre Bedeutung hervorzuheben.

Die DNA-Methylierung kann die Genexpression (also wie sich ein Gen ausdrückt) auf verschiedene Arten regulieren. Wenn ein bestimmter Bereich der DNA methyliert ist, kann dies dazu führen, dass das entsprechende Gen inaktiviert wird. Es ist, als ob die markierten Seiten des Buches zugeklappt werden und somit für die Proteinherstellung unzugänglich sind. Andererseits können demethylierte Bereiche aktiviert werden, sodass die entsprechenden Gene abgelesen und Proteine produziert werden können.

Diese epigenetische Regulation ist von großer Bedeutung für die Entwicklung und Aufrechterhaltung unseres Körpers. Sie ermöglicht es unseren Zellen, spezialisierte Funktionen auszuüben und unterschiedliche Gewebe und Organe zu bilden. Die DNA-Methylierung beeinflusst auch die Reaktion unseres Körpers auf Umweltfaktoren und hat somit Einfluss auf unsere Gesundheit.
Es ist faszinierend zu sehen, wie diese winzigen Methylgruppen einen so großen Einfluss auf unsere genetische Ausprägung haben können.

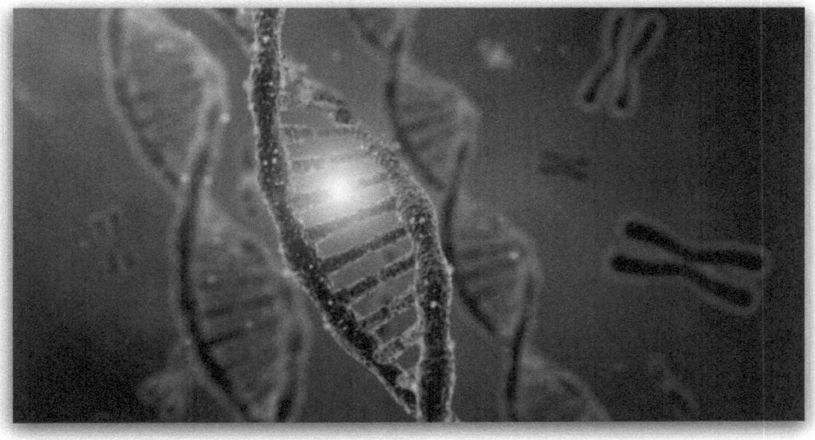

*Das markierte Gen. In diesem Zustand kann es nicht von den Polymerase-Enzymen abgelesen werden und bildet somit keine mRNA.*

Doch stellen wir uns erneut die Frage: Warum lernen wir so wenig darüber? Die Antwort liegt vielleicht darin, dass die epigenetischen Mechanismen erst in den letzten Jahrzehnten verstärkt erforscht wurden und ihr volles Potenzial noch nicht vollständig erkannt wurde. Es ist an der Zeit, diese wertvollen Erkenntnisse zu verbreiten und in die Bildungssysteme zu integrieren, damit jeder die Möglichkeit hat, sein genetisches Potenzial zu verstehen und zu nutzen.

Indem wir die Geheimnisse der DNA-Methylierung erkunden, eröffnen wir uns eine Welt voller Möglichkeiten. Wir können beginnen, unsere Umwelt bewusster zu gestalten, um die Gesundheit und das Wohlbefinden zu fördern. Wir können die Auswirkungen unserer Lebensweise auf unsere Gene verstehen und gezielt Maßnahmen ergreifen, um sie positiv zu beeinflussen. Lass uns also gemeinsam den Pinsel der DNA-Methylierung schwingen und die Markierung unserer Gene bestimmen. Durch dieses Verständnis können wir eine Zukunft erschaffen, in der wir unsere genetische Ausprägung mit neuer Kraft steuern und unser volles Potenzial entfalten können.

### Sei kein Methylgruppenverschwender

Der Methylkreislauf ist ein wichtiger (wenn nicht sogar DER wichtigste) Prozess in Bezug auf unsere Gesundheit. Er ermöglicht es uns, Krankheit verursachende Gene zu deaktivieren, was zu mehr Wohlbefinden, innerer Ruhe und einer langsameren Alterung führen kann. Sogar einige Charaktereigenschaften sind auf die individuellen Gegebenheiten des Methylkreislaufes zurückzuführen. Damit du den Methylkreislauf besser verstehst, möchte ich das Thema „Krebsgene" zur Verdeutlichung heranziehen.

Stell dir vor, du hast bestimmte Gene geerbt, die potenziell Krebszellen produzieren können. Doch der Körper hat eine bemerkenswerte Fähigkeit: Er kann ausreichend Methylgruppen produzieren, um diese Krebsgene zu "methylieren" und somit zu deaktivieren. Dadurch verhinderst du den Ausbruch einer möglicherweise tödlichen Krankheit. Es ist jedoch bedauerlich, dass uns die Methylgruppen nicht einfach auf einem Silbertablett serviert werden. Tatsächlich benötigen nicht nur unsere Gene diese wertvolle chemische Verbindung, sondern auch etwa 200 weitere wichtige Prozesse in unserem Körper.

Lass mich dir einige Beispiele geben, um dies zu verdeutlichen: Ein bekanntes "Glückshormon" ist Serotonin. Wenn die Sonne am Abend untergeht und das natürliche Licht seine Wellenlänge ändert, nehmen wir dies mit unseren Augen als rötliches Licht wahr. In unserem Gehirn gibt es einen Bereich, der diese

Veränderung registriert (für die Nerds: suprachiasmatischer Nukleus) und dann unserer Zirbeldrüse den Befehl gibt, Serotonin in Melatonin umzuwandeln. Melatonin ist das "Schlafhormon" und signalisiert uns, dass es Zeit ist, müde zu werden. Bei diesem Umwandlungsvorgang von Serotonin zu Melatonin spielt eine Methylgruppe eine entscheidende Rolle.

Ein weiteres beeindruckendes Beispiel ist das COMT-Enzym, auch bekannt als Catechol O Methyltransferase. Das was jetzt kommt ist elementar wichtig für dein ganzes Leben! Lass mich dich dazu auf eine kleine, aufregende gedankliche Reise mitnehmen:

Stell dir vor, du spazierst entspannt durch einen Park. Die Vögel zwitschern fröhlich, die Blätter sind saftig grün und der süßliche Duft von Blumen liegt in der Luft. Du spürst eine sanfte brise Wind durch dein Gesicht und deine Haare wehen und dann passiert etwas: Plötzlich tritt hinter einem Baum, etwa 20 Meter vor dir, ein Säbelzahntiger hervor. Knurrend und mit aggressivem Blick steht dieses furchteinflößende Urzeitwesen vor dir und ist bereit, dich zu verschlingen. Dein Herzschlag beschleunigt sich spürbar, du bemerkst ein kräftiges Trommeln in deiner Brust. Dein Blickfeld verengt sich automatisch auf die spitzen Zähne des Angreifers und deine Bronchien weiten sich, um deine Muskeln besser mit Sauerstoff zu versorgen. Dein Körper ist innerhalb von Millisekunden bereit: Kämpfen oder Fliehen. Entweder du stellst dich dem Säbelzahntiger oder du rennst um dein Leben. Auge um Auge, Zahn um Zahn. Doch auf einmal passiert etwas Unerwartetes. Der Tiger verschwindet. Es war alles nur ein Traum und du kannst deinen entspannten Spaziergang fortsetzen. Puh, Glück gehabt.

Jetzt stellen sich dir sicherlich einige Fragen: Was hat deinen Körper in so kurzer Zeit auf den Überlebensmodus geschaltet?

Hier kommt dein autonomes Nervensystem ins Spiel. Durch die Freisetzung von Stresshormonen wie Noradrenalin und Adrenalin aktiviert es deinen Sympathikus, um deine Überlebenschancen zu erhöhen. Das ist eine brillante Strategie der Natur, um dein Überleben und damit die Existenz deiner Art zu sichern.
Da die Gefahr nun vorüber ist, strebt dein Körper danach, die Stresshormone abzubauen und zur Ruhe zu kommen. Du möchtest ja schließlich wieder entspannt durch den Wald spazieren.

Hier kommt das COMT-Enzym ins Spiel. Dieses Enzym, das deinen Körper beruhigt, benötigt Methylgruppen. Spätestens jetzt läuten sicherlich deine Alarmglocken. Auch wenn der Säbelzahntiger heute keine reale Bedrohung mehr darstellt, sorgt unser stressiger westlicher Lebensstil dafür, dass wir permanent Stresshormone produzieren, die dann logischerweise wieder abgebaut werden müssen. Dadurch verbrauchen wir tagtäglich eine beträchtliche Anzahl an Methylgruppen, sodass wir möglicherweise nicht genug Farbe haben, um krankheitsverursachende Gene zu markieren und ihre Aktivität zu reduzieren.

In einem weiteren Kapitel dieses Buches werden wir das Thema „Stress“ intensiver beleuchten, denn unser Gehirn hat ein paar mächtige Eigenschaften, welche in unserem Leben über Sieg oder Niederlage, Erfolg oder Misserfolg und Leben oder Tod entscheiden. Ich möchte dir diese faszinierenden Eigenschaften näher bringen, damit du sie für dich nutzen kannst.

Stress und die damit verbundene „Methylgruppenverschwendung" sind der eigentliche Grund für die Fülle an Krankheiten in unserer westlichen Gesellschaft. Es ist jedoch nicht nur der permanente

"Methylgruppenverbrauch", der eine Herausforderung darstellt, sondern auch die unzureichende Produktion von Methylgruppen. An dieser Stelle kommt der Methylkreislauf ins Spiel und diesen möchte ich dir kurz und knackig erklären. Ein grundlegendes Verständnis seiner Funktionsweise ermöglicht es dir, mit ein paar einfachen Handgriffen dafür zu sorgen, dass der Kreislauf optimal funktioniert.

## Der Methylkreislauf

Es beginnt alles mit einer Aminosäure namens **Methionin**, die wir aus unserer Nahrung aufnehmen. Methionin ist eine wichtige Baustein-Aminosäure und spielt eine entscheidende Rolle im Methylkreislauf.

Hier kommt eine wichtige Information für alle Menschen, die einen vegetarischen oder veganen Lebensstil pflegen. Methionin kommt hauptsächlich in Fleisch und Eiern vor. Pflanzliche Quellen gib es natürlich auch, allerdings ist die Menge an Methionin so gering, dass es unmöglich ist, durch den reinen Pflanzenkonsum auf eine ausreichende Menge zu kommen. Paranüsse und Sesam haben in der Pflanzenwelt den höchsten Anteil und hier kommt die Herausforderung.
Dein Ernährungsplan müsste nur noch aus Sesam bestehen, damit du halbwegs auf eine vernünftige Menge an Methionin kommst, um deinen Methylkreislauf damit zu versorgen. Bei Paranüssen ist es noch schwieriger, denn diese sind nachweislich hochgradig uranbelastet und somit wären die Auswirkungen auf deine Gesundheit gravierend. Solltest du Fleisch in deiner Ernährung meiden, sorge bitte auf anderem Wege dafür, deinen täglichen Bedarf an Aminosäuren zu decken.

Sobald Methionin in unseren Körper gelangt, wird es in verschiedene Stoffwechselwege umgewandelt. Einer dieser Wege führt zur Bildung von **SAMe** (S-Adenosylmethionin), einem wichtigen Methylgruppen-Spender. SAMe ist sozusagen der "Pinsel" im Methylkreislauf, der die Methylgruppen liefert und die entsprechenden Seiten des Kochbuches markiert. SAMe wird also für die epigenetische Regulation benötigt.

Die Methylgruppen von SAMe werden dann an die DNA-Moleküle gebunden, um sie zu modifizieren und die Genexpression (die Produktion von Proteinen) zu beeinflussen. Dieser Prozess wird DNA-Methylierung genannt. Die Methylgruppen dienen als eine Art chemisches Etikett, das den Genen sagt, ob sie aktiviert oder deaktiviert werden sollen. Um den Bezug zu unserer Begegnung mit dem Säbelzahntiger herzustellen, ist SAMe hier der heilige Samariter, der dem COMT-Enzym zum Abbau der Stresshormone die Methylgruppe spendet.

Aber hier hört die Reise der Methylgruppen nicht auf. Nachdem sie ihre epigenetische Aufgabe erfüllt haben, werden sie von den DNA-Molekülen entfernt und können erneut verwendet werden. Dieser Teil des Methylkreislaufs beinhaltet den Abbau von SAMe und die Umwandlung zu **Homocystein**.
Homocystein ist ein Stoffwechselprodukt, das durch den Abbau von Methionin entsteht. Hier kommt der **Folsäure- und B12-Kreislauf** ins Spiel. Folsäure und Vitamin B12 sind entscheidend für die Umwandlung von Homocystein zurück in Methionin. Folsäure und B12 helfen bei der Methylierung von Homocystein, um diesen Prozess zu unterstützen.

Sobald Homocystein erfolgreich in Methionin umgewandelt wurde, kann der Methylkreislauf von vorne beginnen, indem Methionin

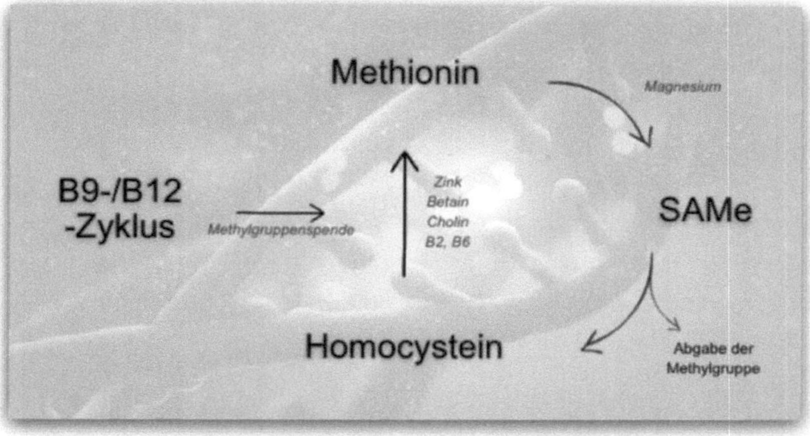


*Der Methylkreislauf ist für die Produktion unserer Methylgruppen zuständig. Die Aminosäure Methionin bildet dabei den Startpunkt. SAMe ist der universelle Methylgruppenspender und versorgt die rund 200 Prozesse mit den nötigen Methylgruppen. Das daraus resultierende Homocystein kann wiederum zu Methionin umgewandelt werden, vorausgesetzt der B9-/B12 Zyklus funktionieren vollständig.*

erneut zu SAMe umgewandelt wird. Dieser ständige Kreislauf von Methionin zu SAMe, von SAMe zur DNA-Methylierung und von Homocystein

zurück zu Methionin ist entscheidend für die genetische Regulation in unserem Körper. Es ist interessant zu bemerken, dass eine Unterbrechung des Methylkreislaufs durch einen Mangel an Folsäure oder Vitamin B12 zu einer verminderten DNA-Methylierung führen kann. Dies kann wiederum die Genexpression beeinträchtigen und mit verschiedenen gesundheitlichen Problemen in Verbindung gebracht werden.

An dieser Stelle kommt erneut ein wichtiger Hinweis, dessen Bedeutung ich nicht deutlicher betonen könnte. Ich stelle dir den Methylkreislauf in stark vereinfachter Art und Weise dar, damit du dich auf die wichtigsten und anwendbarsten Details konzentrieren kannst. Eine Sache ist hier allerdings von größter Bedeutung und deshalb möchte ich sie explizit hervorheben.

Der Folsäure- und B12-Zyklus dienen dazu, dem Homocystein eine Methylgruppe zu spenden, um sich wieder in Methionin zu verwandeln und diese Methylgruppe dann für SAMe als universellen Methylgruppenspender zu nutzen.
**Die Voraussetzung hierfür ist, dass die Folsäure und auch das B12 in methylierter Form vorliegen.**

In meiner täglichen Arbeit als Epigenetik-Experte besteht meine Aufgabe darin, den Methylkreislauf meiner KlientInnen zu optimieren. Viele Menschen nehmen bereits Nahrungsergänzungsmittel (NEMs), welche B Vitamine enthalten und dabei fällt mir immer wieder auf, dass die Produkte nicht methyliert sind.

Gerade bei Schwangeren, welche bis zu 800ug Folsäure täglich zu sich nehmen sollten, können die Folgen der nicht-methylierten Produkte böse Folgen haben. Wenn du B-Vitamine zu dir nimmst, schaue bitte einmal auf den Rücken der Verpackung und schau dir die Inhaltsstoffe an. Für die Folsäure findest du dort verschiedene Bezeichnungen wie z.B. Folsäure, Folat, B9, Tetrahydrofolat. Suche dort bitte nach dem Zusatzwort „Methyl“, also Methylfolat, Methyltetrahydrofolat etc.
Das selbe gilt für B12. Auch hier gibt es verschiedene Bezeichnungen, etwa wie Cobalamin oder B12. Hier gibt es Produkte, welche Hydroxycobalamin oder Cyanocobalamin verwenden, richtig wäre hier „Methylcobalamin“ oder „Methyl-B12“. Wie du dir denken kannst, sind die methylierten Produkte ein wenig „teurer“, ist aber auch logisch wenn man bedenkt, dass sie zur Gesunderhaltung beitragen.

Ich bin der Meinung, dass wir an unserer Gesundheit und unserer Persönlichkeitsentwicklung als Letztes sparen sollten. Wie siehst du das?

Der Vollständigkeit halber möchte ich dir noch kurz einige „Co-Faktoren" nennen, die der Methylkreislauf für einen reibungslosen Ablauf benötigt. Eine Dosierung gebe ich dir bewusst nicht mit an die Hand, da diese sehr individuell ist.

- *Magnesium*
- *B2, B6, B9, B12*
- *Zink*
- *Betain, Cholin*

Neben Umweltgiften, Schwermetallen, chronischen Entzündungen, fehlenden Co-Faktoren und Aminosäuren und dem exzessiven Methylgruppenverbrauch durch Stress (COMT-Enzym) kannst du auch eine genetische Veranlagung haben, welche bestimmte Prozesse deines Methylkreislaufes ins Stocken bringen. Die Genvarianten, die dafür verantwortlich sind, nennen sich SNPs (Single-Nukleotide-Polymorphismen). Jeder von uns hat sie und es ist wichtig zu wissen, welche dich persönlich beeinflussen. Das Schöne daran ist, dass sie mittels DNA Test ganz einfach herausgefunden werden können und du somit in der Lage bist, auf deine individuellen Gegebenheiten einzugehen. Das nennt sich personalisierte Gesundheit.

Im Phönixcoaching ist das Thema „DNA Health" eine eigene Abteilung, welche den ganzen Tag nichts anderes tut, als DNA Tests auszuwerten und die Gesundheit unserer KlientInnen zu optimieren. Sprich uns dazu gerne an. Ich werde am Ende des Buches noch gesondert auf die DNA-Test Möglichkeiten eingehen.

Leider wird der Methylkreislauf und seine Bedeutung für unsere Gesundheit nicht ausreichend in der Schule vermittelt. Wir sollten uns deshalb zu jeder Zeit bewusst sein, dass unsere Ernährung und Lebensweise den Methylkreislauf beeinflussen können und somit auch unsere genetische Regulation. Es ist an der Zeit, dass wir dieses Wissen nutzen, um unsere Gesundheit zu fördern und ein besseres Verständnis für die Komplexität unserer genetischen Interaktionen zu entwickeln.

Indem wir uns mit dem Methylkreislauf und seinen Zusammenhängen vertraut machen, können wir die Kontrolle über unsere Gene übernehmen und gezielte Maßnahmen ergreifen, um unsere Gesundheit und unser Wohlbefinden zu verbessern. Der Methylkreislauf öffnet uns die Tür zu einer Welt der epigenetischen Möglichkeiten und eröffnet uns neue Wege, um unser genetisches Potenzial voll auszuschöpfen. Es liegt an uns, diese Chance zu ergreifen und eine bewusste Verbindung zwischen unserer Umwelt, unseren Genen und unserer Gesundheit herzustellen.

## Histonmodifikationen und Mikro-RNAs: Zusätzliche Ebenen der Genregulation

Neben der DNA-Methylierung gibt es noch weitere epigenetische Mechanismen, die eine wichtige Rolle bei der Regulation der Genaktivität spielen. Zwei dieser Mechanismen sind die Histonmodifikationen und Mikro-RNAs.

Histonmodifikationen sind chemische Veränderungen an den Histonproteinen, um die sich der DNA-Strang wickelt und damit die

Zugänglichkeit der Gene beeinflussen. Je enger sich ein DNA-Strang um das Histon windet, desto schlechter zugänglich ist es und kann dementsprechend schlechter abgelesen werden. Obwohl Histonmodifikationen komplex und vielfältig sind, ist ihre praktische Anwendung im Alltag nicht so unmittelbar relevant wie die DNA-Methylierung.

Ein weiterer epigenetischer Mechanismus sind die Mikro-RNAs (miRNAs). Diese kleinen RNA-Moleküle können die Genexpression auf posttranskriptionaler Ebene regulieren, indem sie sich an die mRNA binden und deren Abbau oder Hemmung der Translation bewirken. MiRNAs spielen eine wichtige Rolle bei der Feinabstimmung der Genaktivität und sind an einer Vielzahl von biologischen Prozessen beteiligt. Obwohl sie eine faszinierende Komponente der epigenetischen Regulation darstellen, ist ihre direkte praktische Anwendung derzeit weniger relevant als die DNA-Methylierung, zumindest was dieses Buch betrifft.

Es ist wichtig, diese zusätzlichen Ebenen der Genregulation zu benennen und ihre Bedeutung anzuerkennen, um ein umfassendes Bild der Epigenetik zu erhalten. Dennoch konzentrieren wir uns in diesem Buch hauptsächlich auf die DNA-Methylierung, da sie den Kern epigenetischer Veränderungen bildet und die direkteste Auswirkung auf die Genexpression hat.

Indem wir uns auf die Methylierung konzentrieren, werden wir die Grundlagen verstehen und lernen, wie wir die epigenetischen Mechanismen gezielt beeinflussen können, um unsere Gesundheit zu verbessern und unsere Persönlichkeit so zu formen, dass sie auf Erfolg programmiert ist. Doch wie sieht die Realität denn nun aus?

**Das Mädchen, das nie glücklich wurde**

Es war eine Geschichte, die mich bis heute zutiefst berührt und den wahren Kern meiner Arbeit widerspiegelt. Die Geschichte von Hannah (Name geändert), einer jungen Frau, die zu mir ins Coaching kam, um endlich das Glück in ihrem Leben zu finden.

Hannah führte ein vermeintlich "normales" Leben. Sie hatte ihr Abitur absolviert und studierte anschließend BWL. Sie arbeitete in einem Bürojob bei der Stadtverwaltung und hatte seit 9 Jahren eine glückliche Beziehung. Doch hinter dieser Fassade verbargen sich starke Stimmungsschwankungen, die Hannah als völlig "normal" hinnahm, da sie mit ihrem äußeren Leben zufrieden war. Eines Tages stieß Hannah auf einige meiner Videos bei TikTok, die sie zum Nachdenken anregten. Ich sprach darin über die Mechanismen von Stimmungsschwankungen und erklärte, dass es biochemische Ursachen dafür gibt, die mit einfachen Maßnahmen aufgelöst werden können. Fasziniert von dieser Idee bewarb sich Hannah für das Phönixcoaching. In unserem ersten Gespräch konnte ich zunächst keine offensichtlichen Lebensumstände erkennen, die ihre häufigen Stimmungsschwankungen erklären würden. Sie erzählte mir lediglich, dass sie oft ohne ersichtlichen Grund in schlechte Laune verfiel, obwohl eigentlich alles gut in ihrem Leben lief.

Dennoch hatte ich einen Verdacht und Hannah entschied sich dafür, mich auf diesem Weg zu begleiten. Gemeinsam legten wir die Marschroute für die kommenden Wochen fest, die aus verschiedenen DNA-Tests, einer Mikrobiomanalyse und mentaler Arbeit bestand. Anhand ihres Anamnesebogens stellte ich fest, dass Hannah ein stressiges Leben führte, nicht aufgrund von beruflichem Druck oder Zeitmangel, sondern aufgrund von „Freizeitstress".

Hannah fühlte sich verpflichtet, regelmäßige Treffen mit Freunden und Familie wahrzunehmen. Ihre Mädelsclique spielte seit vielen Jahren eine große Rolle in ihrem Leben. Da sie normalerweise von neun bis 17 Uhr arbeitete und auch Sport treiben wollte, blieben ihre Mahlzeiten oft auf der Strecke. Sie aß häufig hastig etwas "zwischen Tür und Angel", wenn sie unterwegs war. Natürlich durfte auch die Beziehung nicht zu kurz kommen, was zusätzliche Zeit in Anspruch nahm.

So begannen wir unsere gemeinsame Reise. Bei der Auswertung ihrer DNA-Tests bestätigte sich mein Verdacht. Hannah wies Genvarianten im Bereich der Entzündungs-, Entgiftungs- und Methylierungsprozesse auf. Diese Genvarianten führten zu einer beeinträchtigten Immunregulierung und einem langsamen Abbau von Stresshormonen, denen sie aufgrund ihres Freizeitstresses ausgesetzt war.

Variationen in Genen, die pro-inflammatorische Zytokine kodieren können und in Verbindung mit Umweltfaktoren stehen, erhöhen das Risiko für chronisch niedriggradige Entzündungen sowie die Entwicklung von psychiatrischen und neurodegenerativen Erkrankungen. Auch eine beeinträchtigte Methylierungsfunktion aufgrund von Enzymdefiziten oder einem niedrigen B-Vitamin-Status kann mit einem erhöhten Risiko für Stimmungsstörungen verbunden sein.

Wir kamen allmählich der Ursache ihrer Probleme auf die Schliche, aber das war noch nicht alles. Ich ließ einen weiteren DNA-Test durchführen, den "DNA Resilience", der uns intensive Einblicke in Hannahs Umgang mit Stressoren gab. Dabei konnten wir feststellen, dass ihr Körper äußerst sensibel auf Stress reagierte. Ihre Stressachse wies Auffälligkeiten auf, genauso wie ihre Serotonin-, Oxytocin- und Dopaminrezeptoren. Und hier wurde es wirklich spannend: Die Rezeptoren in diesen Bereichen wiesen eine verminderte Funktion auf.

Das bedeutete, dass Serotonin und Dopamin, unsere Glückshormone, nicht richtig in die Zellen gelangen konnten, um die gewünschte Wirkung von Wohlbefinden und guter Laune zu entfalten. Gleiches galt für die Oxytocinrezeptoren. Oxytocin, auch bekannt als "Kuschelhormon", konnte nicht ausreichend aufgenommen werden, sodass höhere Mengen benötigt wurden, um die Effekte zu spüren. Die Psyche und der Körper versuchten also instinktiv, Situationen zu erschaffen, die einen Oxytocin-Ausstoß bewirken. Das konnte emotionales Essen oder ein starker Drang nach sozialen Bindungen sein. Das war in gewissem Maße wichtig, aber wenn es zum "Zwang" wurde, waren die Effekte eher negativ zu bewerten.

Das Puzzle der Gemütsstörungen von Hannah fügte sich immer mehr zusammen, aber wir waren noch nicht am Ende. Bei der Auswertung von Hannahs DNA-Test stellte sich auch heraus, dass sie an einer Glutenintoleranz litt, von der sie bisher nichts wusste. Das Problem dabei war, dass sich diese Intoleranz nicht immer durch Bauchschmerzen oder Durchfälle bemerkbar machte, sondern durch entzündliche Darmerkrankungen und einem "Leaky Gut", also einer erhöhten Durchlässigkeit des Darms für unverdaute Nahrungsbestandteile, die in die Blutbahn gelangen.

Bei der Mikrobiomanalyse lieferten sich die nächsten entscheidenden Hinweise. Hannahs Mikrobiom spiegelte eindeutig ihren entzündeten Darm wider. Der Darm hat eine direkte Verbindung zum Gehirn und reguliert darüber unsere Stimmung.

Man sagt sogar, dass der Darm unser "zweites Gehirn" sei. Im Darm wird beispielsweise die Aminosäure L-Tryptophan gebildet, die in weiteren Stoffwechselprozessen zu Serotonin umgewandelt wird. 95% unseres Serotoninbedarfs stammen aus dem Darm, vorausgesetzt, er ist nicht entzündet, hat eine gesunde Mikrobiota und erfüllt seine Funktion vollständig.

Mit all diesen Testergebnissen konnte ich die Puzzlestücke zusammenfügen: eine mangelnde Produktion von Serotonin im Darm aufgrund einer Glutenintoleranz in Verbindung mit geschwächten Serotonin-, Dopamin- und Oxytocinrezeptoren im Gehirn. Zudem verstärkte der ständige Freizeitstress die Symptome durch eine erhöhte Ausschüttung von Stresshormonen und eine gestörte Immunregulierung.

Zusammen entwarfen wir Hannah einen Masterplan, der all Ihre Thematiken für immer aus ihrem Leben verbannen sollte. Die fehlerhaft laufenden Genvarianten unterstützten wir mit Mikronährstoffen. Den Methylkreislauf brachten wir mit der richtigen Zusammensetzung an bioaktiven- und methylierten B-Vitaminen in Schwung. Auch die Co-Faktoren wie Magnesium und Zink halfen dabei, Stresshormone schneller abzubauen und mehr Entspannung in Hannahs Leben einzuladen. 5-HTP (eine Vorstufe von Serotonin) nutzten wir, um den Mangel an Serotonin auszugleichen, solange ihr Mikrobiom nicht intakt war.

Der nächste Schritt in Hannahs Heilungsprozess bestand darin, ihre Ernährung umzustellen und glutenhaltige Lebensmittel zu meiden. Dadurch konnte der entzündliche Prozess im Darm gestoppt und die Aufnahme von Nährstoffen optimiert werden. Wir führten auch eine Mikrobiom-Therapie durch, um das Gleichgewicht ihrer Darmflora wiederherzustellen und die Entzündungen zu reduzieren. Dabei spielten insbesondere

Präbiotika, Probiotika, Nukleotide und verschiedene Aminosäuren eine große Rolle.

Parallel dazu arbeiteten wir an ihrer Stressbewältigung und fanden individuelle Strategien, um den Stresspegel zu senken und die Entspannungsmechanismen des Körpers zu aktivieren. Wir integrierten achtsames Essen, Meditation und regelmäßige Bewegung in Hannahs Alltag.
Im Laufe der Wochen und Monate konnte ich miterleben, wie Hannahs Stimmung allmählich stabiler wurde. Sie berichtete von einer verbesserten Konzentration, einem ruhigeren Gemüt und mehr Energie. Ihr Schlaf verbesserte sich ebenfalls, und sie fühlte sich am Morgen erholt und ausgeglichen.

Es war ein langer Weg für Hannah, aber sie hatte den Mut, sich auf die Reise zu begeben und sich den Herausforderungen zu stellen. Heute lebt sie ein erfülltes und glückliches Leben. Sie hat gelernt, auf die Bedürfnisse ihres Körpers zu hören und sich selbst mehr Zeit und Aufmerksamkeit zu schenken. Hannah hat erkannt, dass wahres Glück von innen kommt und dass sie selbst die Hauptrolle in ihrem eigenen Leben spielt.

Die Geschichte von Hannah zeigt uns, wie wichtig es ist, die verschiedenen Aspekte unseres Lebens zu betrachten, um nachhaltige Veränderungen zu erzielen. Es geht nicht nur um äußere Umstände, sondern auch um unseren Körper, unsere Gene, unser Mikrobiom und unsere mentalen Prozesse. Jeder Mensch ist einzigartig, und es bedarf einer individuellen Herangehensweise, um die eigene innere Balance zu finden und das volle Potenzial des Glücks auszuschöpfen.

# Kapitel 3: Erfahrungen, Traumata und Stress: Wie sie deine Gene beeinflussen

*"Stärke wächst nicht aus körperlicher Kraft, sondern aus unerschütterlichem Willen."*

*Mahatma Gandhi*

Willkommen zu einem der spannendsten Kapitel meines Buches! Hier werden wir uns tief in die aufregende Welt der Erfahrungen, Traumata und Stress begeben und entdecken, wie diese einprägsamen Lebensphasen unsere Gene beeinflussen.

Hast du dich jemals gefragt, warum manche Menschen trotz schwieriger Lebensumstände eine erstaunliche Widerstandsfähigkeit besitzen und andere von den gleichen Herausforderungen überwältigt werden? Oder warum manche Menschen traumatische Erlebnisse besser verarbeiten können als andere? Die Antworten liegen in den tiefen Zusammenhängen zwischen unseren Erfahrungen, unseren Genen und der Art und Weise, wie sie miteinander interagieren.

In diesem Kapitel werden wir erforschen, wie Erfahrungen, Traumata und Stress auf molekularer Ebene in unsere Genexpression eingreifen und langfristige Auswirkungen auf unsere Gesundheit haben können. Wir werden eintauchen in die spannende Welt der Epigenetik und verstehen, wie Umweltfaktoren und psychologische Einflüsse unsere Gene beeinflussen können. Das Spannende ist: Nicht nur Traumata aus deinem Leben sollen hier thematisiert werden, sondern auch Traumata, die du eventuell geerbt hast. Das ist das Thema transgenerationale Epigenetik.

Gemeinsam werden wir die Auswirkungen von Traumata und Stress auf unsere Genaktivität erforschen und die Bedeutung der HPA-Achse (Hypothalamus-Hypophysen-Nebennierenrinden-Achse) und des Stresshormons Cortisol in diesem Zusammenhang verstehen. Wir werden auch die Rolle der Resilienz, der Fähigkeit, sich von belastenden Erfahrungen zu erholen und möglicherweise sogar gestärkt daraus hervorzugehen, genauer betrachten.

Doch dieses Kapitel ist nicht nur eine Reise durch die wissenschaftlichen Erkenntnisse, sondern auch ein Appell an uns alle, unsere eigene Resilienz zu stärken und uns bewusst mit unseren Erfahrungen, Traumata und Stress auseinanderzusetzen. Denn indem wir verstehen, wie sie unsere Gene beeinflussen, eröffnen sich neue Möglichkeiten, aktiv Einfluss auf unsere Gesundheit und unser Wohlbefinden zu nehmen. Dazu ist es natürlich von elementarer Bedeutung, herauszufinden, welche Erfahrungen und Traumata Einfluss auf dein Stresssystem haben.

Du bekommst die wirksamsten Übungen der Psychologie und Persönlichkeitsentwicklung von mir an die Hand, welche dein Unterbewusstsein öffnen und dein Leben komplett verändern werden. Es führt kein Weg daran vorbei. Bearbeitest du die Aufgaben so wie ich es dir hier in diesem Buch erkläre, wird sich dein gesamter Organismus von innen heraus verändern und das führt zwangsläufig zu gravierenden Veränderungen deiner Umwelt. Bist du bereit, tiefer in das faszinierende Zusammenspiel von Erfahrungen, Traumata und Stress mit unseren Genen einzutauchen? Dann begleite mich in dieses Kapitel und lasse dich von den Erkenntnissen und praktischen Tipps inspirieren, um ein Leben in Balance und innerer Stärke zu führen. Deinem Erfolg und deiner Gesundheit wird bald nichts mehr im Wege stehen.

## Stress: Der heimliche Saboteur der Genregulierung - Weshalb Stress dich umbringt

Stress ist ein allgegenwärtiger Begleiter unseres modernen Lebens. Doch hast du dir jemals überlegt, wie sich dieser Stress auf deine Gene und letztendlich auf deine Gesundheit auswirkt? In diesem Kapitel werden wir uns mit der Stressachse des Menschen befassen und entdecken, dass die Stressoren der Neuzeit uns im wahrsten Sinne des Wortes umbringen.

Erinnere dich an die Geschichte mit dem Säbelzahntiger. Stell dir vor, du spazierst ganz gemütlich durch einen idyllischen Park, als plötzlich hinter einem Baum ein furchteinflößender Säbelzahntiger hervortritt. In diesem Moment aktiviert sich dein autonomes Nervensystem und die Stressachse tritt in Aktion, um deine Überlebenschancen zu steigern. Dein Körper wird darauf vorbereitet, entweder zu kämpfen oder zu fliehen.

Unser Stresssystem stammt aus einer Zeit, in der das Leben der frühen Menschen von körperlicher Bedrohung und Gefahr geprägt war. In diesen Situationen war eine rasche Mobilisierung von Energie und Ressourcen überlebenswichtig. Die Stressachse ermöglichte es uns, unsere Sinne zu schärfen, unsere Muskelkraft

zu steigern und unsere Aufmerksamkeit zu fokussieren - alles, um uns auf den Kampf oder die Flucht vorzubereiten.
Das Leben unserer Vorfahren hatte demnach kurzzeitige Stressphasen, um zu jagen, die Beute zu erlegen und zur Horde zu transportieren, dicht gefolgt von tiefer Entspannung. Nach der Jagd gab es nämlich nur noch die Nahrungsaufnahme, die Fortpflanzung und den Schlaf. Die letztgenannten Tätigkeiten sind allesamt parasympathische Aktivitäten, welche deine Zellen heilen, entgiften, reparieren und dein Immunsystem aufbauen. Dazu gleich mehr.

Unser uraltes Überlebenssystem ist nicht auf das stressige Leben unserer modernen westlichen Gesellschaft ausgelegt. Heutzutage werden wir nicht mehr von Säbelzahntigern gejagt, sondern unser Stress wird von unzähligen anderen Faktoren ausgelöst - sei es beruflicher Druck, finanzielle Sorgen, zwischenmenschliche Konflikte oder die permanente Reizüberflutung durch Technologie. Hinzu kommt ein Faktor, den sehr viele Menschen gar nicht auf dem Schirm haben, der aber Kernbestandteil unserer weiteren Zusammenarbeit wird.

Es geht um den Neokortex oder auf Deutsch: der denkende Teil deines Gehirns. Das ist der vordere Teil deines Gehirns, der sich hinter deiner Stirn befindet. Während sich unser Neokortex evolutionär gesehen massiv schnell entwickelt hat, ist unser Stresssystem nicht auf die Neuzeit ausgerichtet worden. Unser denkender Teil ist so mächtig geworden, dass wir in der Lage sind, einen einfachen Gedanken realer zu machen als die Außenwelt selbst. Das bedeutet, dass ein simpler Gedanke in der Lage ist, den gleichen Stress auszulösen wie der Säbelzahntiger, der damals unsere Vorfahren gejagt hat. Unser Gehirn unterscheidet nicht zwischen einer Erfahrung im Innen oder Außen. Lies den letzten Satz gerne noch einmal. Diese Eigenschaft werden wir später nutzen, um deine Gehirnstruktur zu verändern, deinen Zellen Veränderungssignale zu senden und damit dein komplettes Leben zu erneuern.

Der Unterschied zum Leben der frühen Menschen besteht also darin, dass wir heute oft mit chronischem, lang anhaltendem Stress konfrontiert sind. Unser Körper reagiert auf diese Dauerbelastung, indem er kontinuierlich Stresshormone wie Cortisol produziert. Dies kann zu einer Überaktivierung der Stressachse führen, die langfristig unsere Gesundheit und unser Wohlbefinden beeinträchtigt.

Cortisol, das Hauptstresshormon, hat weitreichende Auswirkungen auf unseren Körper. Es kann die Immunfunktion schwächen, Entzündungen begünstigen, den Blutzucker erhöhen und den Stoffwechsel beeinflussen, kurz: es setzt unsere Zellen in den sogenannten Überlebensmodus. Chronischer Stress kann zu einer Vielzahl von gesundheitlichen Problemen führen, darunter Herz-Kreislauf-Erkrankungen, Verdauungsstörungen, Schlafstörungen und psychische Belastungen wie Angstzustände und Depressionen.

Ist ja auch logisch. So lange die Stresshormone unseren Organismus belasten, befindet sich die Zelle im Überlebensmodus. In diesem Zustand hat der Organismus kein Interesse daran, das Immunsystem aufzubauen oder Reparaturprozesse ans Laufen zu bringen. Er ist bereit für den Kampf und die Flucht. Entgiftung und Wachstum spielen in diesem „Moment" (der bei den meisten Menschen das komplette Leben über andauert), keine Rolle. Schon ziemlich ironisch, wenn man bedenkt, wie viele Ärzte aus den verschiedensten Gründen ganz locker eine Kortison-Therapie verschreiben und das ohne sich die Zeit genommen zu haben, nach der Ursache der Erkrankung zu forschen. Kortison ist nichts anderes als synthetisches Cortisol. Mir ist wichtig, dass hiermit nicht alle Ärzte, Mediziner oder unser Krankheitssystem (manche nennen es Gesundheitssystem) über einen Kamm geschert werden. Ich berichte nur aus meiner subjektiven Empfindung, den unzähligen Gesprächen mit zahlreichen von KlientInnen und meiner jahrelangen Erfahrung im Rettungsdienst.

Eventuell findest du hier schon die Antwort, wieso viele von uns dauernd krank sind und Krankheiten wie Herzinfarkte, Autoimmunerkrankungen, Diabetes, Schlaganfälle und alle anderen „Gesellschaftskrankheiten" mittlerweile Standard sind. In meiner Tätigkeit als Notfallsanitäter sehe ich das Endprodukt des Dauerstresses jeden Tag. Interessant zu beobachten ist dabei, dass den meisten Patienten nicht mal annähernd bewusst ist, dass ihr Krankheitszustand ein Produkt ihres Lebensstils ist und das nicht aufgrund der letzten Wochen oder Monate, sondern der letzten 10 - 50 Jahre. Es ist daher von entscheidender Bedeutung, dass wir Wege finden, dieses Wissen jedem Menschen zugänglich zu machen und Möglichkeiten zur Integration in den Alltag zu schaffen.

Es ist wichtig, unsere innere Ruhe und Balance wiederherzustellen, doch hier kommt das autonome Nervensystem ins Spiel, das in Sympathikus und Parasympathikus unterteilt ist. Während der Sympathikus für die Aktivierung und Mobilisierung in stressigen Situationen verantwortlich ist, übernimmt der Parasympathikus, wie vorhin erwähnt, die Funktion der Entspannung und Regeneration. Der Sympathikus wird durch unsere Stresshormone aktiviert. Doch auch die Herstellung von Noradrenalin und Adrenalin benötigt wieder Methylgruppen. Hergestellt werden diese Chemikalien überwiegend in unserer Nebenniere. Ausgehend von der Aminosäure Tyrosin bildet sich dort auf "Befehl" des Körpers unser "Belohnungshormon" oder auch "Glückshormon" - Dopamin. Aus Dopamin wird nun mit Hilfe einer Methylgruppe (da haben wir sie wieder) Noradrenalin und Adrenalin gebildet. Du merkst schon, hier werden eine Menge Methylgruppen verbraucht, um die Katecholamine zu bilden, die den Körper in den Flucht- oder Kampfmodus versetzen.

Indem wir gezielte Maßnahmen ergreifen, um unseren Parasympathikus zu aktivieren (den Gegenspieler des Sympathikus), können wir unseren Körper in einen Zustand der Entspannung und Balance bringen. Techniken wie Meditation, tiefe Atmung, Gehirnwellenstimulationen, innere Kind Arbeit, Traumaaufarbeitung, stressauslösende Glaubenssätze auflösen und regelmäßige körperliche Aktivität haben sich als wirksame Mittel erwiesen, um den Stress abzubauen und die Genregulierung positiv zu beeinflussen. Ich werde dir gleich einige extrem wirksame Techniken aufzeigen, die dir ein völlig neues Verständnis deiner Selbst präsentieren werden. Du wirst gleich herausfinden, ob du gewisse Stressauslöser geerbt oder sie im Laufe deines Lebens neu erworben hast.

Indem wir bewusst mit unserem Stress umgehen und unsere inneren Ressourcen aktivieren, können wir die negativen Auswirkungen von chronischem Stress auf unsere Genexpression mindern. Wir haben die Fähigkeit, unsere Gene zu beeinflussen und somit unsere Gesundheit und unser Wohlbefinden zu verbessern. Besser noch: Wir können das Spiel umdrehen und uns mit den gleichen Mechanismen die Zukunft erschaffen, die wir möchten!

**Fassen wir kurz zusammen**

- *Stress aktiviert über Stresshormone (Katecholamine) den Sympathikus.*

- *Die Herstellung der Stresshormone benötigt Methylgruppen.*

- *Das COMT-Enzym baut die Stresshormone wieder ab und benötigt dabei ebenfalls Methylgruppen.*

- *Der Parasympathikus ist der Gegenspieler des Sympathikus, er ist zuständig für die Regeneration, die Verdauung, den Aufbau des Immunsystems, die Entgiftung und viele weitere heilende Prozesse.*

- *Der „denkende Teil" des Gehirns unterscheidet nicht zwischen einer Erfahrung im Innen oder Außen, er ist so mächtig, dass er einen Gedanken realer macht als die Außenwelt.*

Was ich dir bisher erzählt habe, ist nichts Neues und einen Großteil kennst du bestimmt auch schon längst, doch das, was jetzt kommt, entspringt der modernsten Neurowissenschaft und ist ein weiteres wichtiges Puzzleteil auf dem Weg zurück zu deinem natürlichen und vorbestimmten Sein.

## Kohärenz - der Flirt zwischen Herz und Hirn

Stresshormone und die damit verbundene Methylgruppenverschwendung beschreiben leider nicht das komplette Chaos, welches Stress in unserem Organismus anrichtet. Erinnere dich zurück an das Kapitel, in dem wir unser Wissen über unsere Zellen auffrischen. Es sind ca. 80 Billionen Zellen, aus denen wir Menschen bestehen, und sie alle kommunizieren auf eine beinahe magische Art und Weise und mit einer Präzision, die an ein absolutes Wunder grenzt.

Wenn unsere Zellen in einem harmonischen Akt miteinander tanzen und kommunizieren, nennen wir das "Kohärenz". Das Gegenteil ist die Inkohärenz, welche durch Stress ausgelöst wird und unsere Zellen in Disharmonie bringt. Um einen bildlichen Vergleich zu schaffen, stell dir folgendes Szenario vor:

Du hast dich in deinem Leben bisher nicht mit Persönlichkeitsentwicklung und Psychoepigenetik beschäftigt. Du lässt dich durchs Leben treiben und hast soweit auch alles im Griff, doch erfüllt bist du nicht. Deine Ernährung lässt zu wünschen übrig, Sport könntest du auch mal wieder regelmäßiger betreiben, du bist täglichen Gedankenkarussells ausgesetzt und in deinem Leben trägst du meist eine Maske, weil du dich nicht authentisch zeigen kannst – es würde eh niemand verstehen. Dein Job macht dir vielleicht Spaß, aber erfüllt dein Herz nicht mit bedingungslosem Glück und Wertschätzung. Du fühlst dich häufig gestresst, doch es fühlt sich mittlerweile ganz "normal" an.

In diesem Zustand kannst du dir deine Zellen vorstellen wie egoistische Musiker, die sich zwar eine Bühne teilen, doch jeder von ihnen spielt sein Instrument nach Lust und Laune, kreuz und quer durch die Konzerthalle. Diese ohrenbetäubende Geräuschkulisse deiner "egoistischen Zellen" nennen wir Inkohärenz. Langanhaltende Inkohärenz macht krank, weil deine Zellen dadurch im Überlebensmodus feststecken und in diesem können sie bekanntlich nicht entgiften, wachsen, reparieren oder dein Immunsystem aufbauen. Kurz: Inkohärenz bringt dich um!

Ich nehme dich mit in ein anderes Szenario. Eines, was dir vielleicht etwas mehr zusagt als das der egoistischen Musiker. Du bist ein Mensch, der sich selbst reflektiert hat und spürst, dass es Zeit für Veränderungen in deinem Leben ist. Du beginnst mit professioneller Hilfe, dein inneres Kind zu heilen, transgenerationale Traumata unter Anleitung zu lösen, ohne Maske durch dein Leben zu laufen, weil du voller Selbstliebe bist, und gehst deiner Berufung nach, weil du dich mit deinem Zukunfts-Ich verbunden hast, welches dir den Weg weist.

Dieser Zustand voller Gewissheit, Freiheit, Gelassenheit, Liebe und innerer Ruhe nennt sich Kohärenz. Im Gegensatz zu den egoistischen Musikern und dem ohrenbetäubenden Lärm, den sie verursachen, bedeutet Kohärenz, dass du auf einem Konzert von Hans Zimmer bist. Dort klingt alles nach Perfektion. Deine Zellen sind wie ein perfekt aufeinander abgestimmtes Orchester, das harmonisch und synchron spielt. Balsam für die Ohren und die Seele.

In diesem Zustand der Kohärenz geschieht etwas Magisches. Dein Herz und dein Gehirn sind im Einklang miteinander. Sie kommunizieren auf einer tieferen Ebene und unterstützen sich gegenseitig. Dein Herz sendet elektrische Signale an dein Gehirn, die eine kohärente und geordnete Aktivität in deinem gesamten Körper auslösen. Dies wird als Herzratenvariabilität bezeichnet und ist ein Indikator für deine psychophysiologische Kohärenz.

Psychophysiologische Kohärenz ist der Zustand, in dem dein Herz und dein Gehirn auf einer gemeinsamen Frequenz schwingen. Dies wirkt sich positiv auf dein gesamtes System aus. Es stärkt dein Immunsystem, verbessert deine kognitive Funktion, erhöht deine emotionale Stabilität und fördert deine allgemeine Gesundheit und dein Wohlbefinden.

In der Kohärenz befindet sich auch dein autonomes Nervensystem im Gleichgewicht. Der parasympathische Zweig, der für Entspannung und Regeneration zuständig ist, wird aktiviert, während der sympathische Zweig, der für den Kampf- oder Fluchtmodus verantwortlich ist, gedämpft wird. Dies führt zu einer Reduzierung von Stresshormonen wie Cortisol und Adrenalin in deinem Körper.

Kohärenz zu erzeugen hat noch einige weitere sehr vorteilhafte Auswirkungen auf unseren Körper. Ist es dir schonmal passiert, dass du aus der Emotion heraus etwas gesagt hast, das du kurz darauf bereut hast? Das liegt daran, dass unser limbisches System, in dem unsere Emotionen und unser Langzeitgedächtnis gespeichert sind, schneller reagieren können als der denkende Teil unseres Gehirns.

Das Ganze geht so weit, dass die Amygdala, welche einen bedeutenden Teil des limbischen Systems darstellt, in der Lage ist, die Nervenbahnen des denkenden Teils kurzzeitig zu „kappen", um zu verhindern, dass die „emotionale Reaktion" unterbrochen wird. Im kohärenten Modus sind wir deutlich besser in der Lage, unsere Emotionen über den Neokortex (denkender Teil des Gehirns) zu regulieren.

Auch ein offener Fokus und die Gabe, komplexeste Zusammenhänge zu erkennen, sind unter anderem Folgen eines kohärenten Organismus. Das Heartmath-Insitut hat durch verschiedene Studien herausgefunden, dass negative Emotionen wie etwa Hass, Angst, Wut, Eifersucht, Mangel etc. ein wichtiger

Auslöser für inkohärente Zellen sind, wogegen positive Emotionen wie Liebe, Dankbarkeit, Freude, Wertschätzung und Fülle ein Grund für Kohärenz sind.

Es ist interessant zu beobachten, dass die Berichterstattungen der Medien weitestgehend darauf ausgerichtet sind, negative Emotionen wie Angst, Wut und Mangel zu erzeugen. Wenn wir eins und eins zusammenzählen, ist es kein Wunder, dass ein Großteil der Menschheit nicht in der Lage ist, weltpolitische Geschehnisse nüchtern zu durchschauen und sie aus einer Meta-Perspektive zu beobachten - das ist im Zustand der Inkohärenz schlicht und ergreifend nicht möglich.

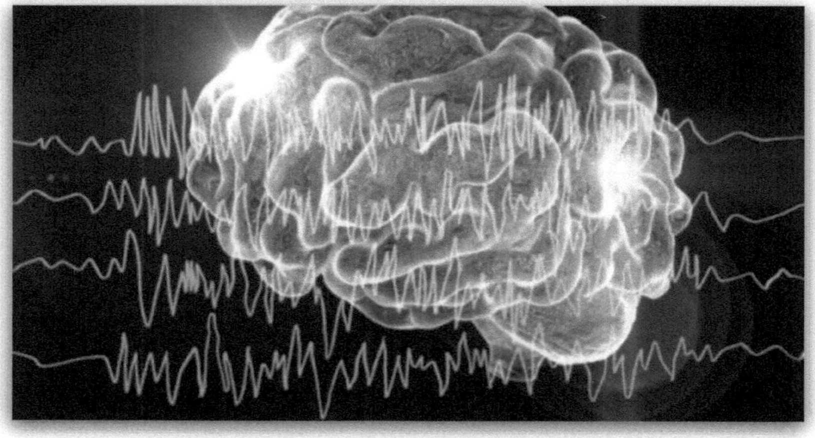

*Hier siehst du inkohärente Gehirnwellen. Du erkennst sie daran, dass die Zacken der jeweiligen Ableitungen nicht gleichmäßig untereinander angeordnet sind, sondern kreuz und quer.*

Zum Glück bist du ein Mensch mit Weitsicht, einem offenen Fokus, Neugier und der Gabe um die Ecke zu denken. Weißt du woher ich das weiß? Weil sonst das Gesetz der Anziehung nicht greifen würde und das Universum uns nicht zusammengeführt hätte.

Selbstverständlich spürt jeder von uns hier und da negative Emotionen. Teilweise werden wir davon sogar übermannt und schaffen es nur sehr schwer aus negativen Gedankenspiralen und damit verbundenen Negativemotionen heraus. Das soll auch so sein, denn hätten wir ausschließlich positive Höhen im Leben, könnten wir diese gar nicht mehr so richtig genießen.

Nichtsdestotrotz ist es wichtig, sich schnell von einem inkohärenten Zustand zu befreien und dafür gibt es eine Technik die so einfach und wirkungsvoll ist, dass ich es fast schon erschreckend finde, denn sie erzeugt innerhalb von Sekunden Kohärenz in deinem Körper.

Diese Methode nennen wir im Phönixcoaching die sogenannte **herzfokussierte Atmung** oder auch Herzatmung. Das Ziel dieser Atemtechnik ist simpel. Durch den Fokus auf dein Herz und die damit verbundenen positiven Emotionen werden Impulse vom Herzen an dein Gehirn gesendet, welche deine Gehirnwellen in Einklang bringen und Kohärenz erzeugen.

Man hat festgestellt, dass es eine direkte Kommunikation zwischen Herz und Gehirn gibt, wobei die Nerven die Signale zu 90% vom Herz zum Gehirn senden. Das beweist, dass unser Herz einen bedeutend größeren Einfluss auf unser Gehirn hat als wir bisher angenommen haben. Reflektier dich mal selbst. Wann hast du in deinem Leben die besseren Entscheidungen getroffen: Wenn du voller Hass warst oder wenn du erfüllt von Selbstliebe und positiven Emotionen warst? Damit hast du schon deine Antwort. Negative Emotionen machen inkohärent und Inkohärenz führt zu schlechten Entscheidungen und Krankheit. Punkt!

**Im Handumdrehen Kohärenz erzeugen**

***Schritt 1**: Suche dir einen ruhigen Platz. Setze dich aufrecht hin und schließe deine Augen. Atme nun tief durch die Nase ein und den Mund aus und lege deinen Fokus dabei auf dein Herz.*

***Schritt 2:** Stell dir vor, du atmest durch dein Herz hindurch. Die Ein- und Ausatemphasen dauern jeweils 5 Sekunden.*

***Schritt 3:** Erinnere dich an ein emotionales Ereignis, welches dich mit purer Freude, Glück und Liebe füllt. Spüre diese positiven Emotionen und ziehe sie mit deiner Aufmerksamkeit in dein Herz.*

*Herz und Gehirn kommunizieren auf direktem Wege miteinander. 90% der Nervenbahnen reichen dabei vom Herzen zum Gehirn und lediglich 10% der Nervenbahnen vom Gehirn zum Herzen. In positiven Emotionen wie Liebe und Dankbarkeit zu verweilen, hat also einen direkten Einfluss, auf unser Gehirn.*

So einfach ist es. Du kannst diese Technik so häufig anwenden wie sie dir gut tut. Optimal ist 1-3x / Tag für jeweils ca. 3 Minuten. In meinen Phönixcoaching-Seminaren und Retreats verwende ich ein Messgerät des Heartmath-Institut, welches in der Lage ist, über elektromagnetische Wellen den Grad der Kohärenz festzustellen. Ich demonstriere meinen geliebten Teilnehmern damit, wie einfach sie die Kohärenz in ihr Leben einladen können. Das Staunen in den Augen der Zuschauer erfreut mich jedes Mal aufs Neue.

Das Beste daran ist, dass es so wenig Zeit beansprucht und von überall aus gemacht werden kann. Ich habe alleinerziehende Mütter im Coaching, die diese Übung mehrmals am Tag einbauen und es sogar beim Stillen schaffen, sich ihre Zeit zu nehmen. Ausreden gibt es keine, denn du bist deine oberste Priorität.

Ein kohärenter Zustand hat noch so viele weitere erwähnenswerte Eigenschaften, doch das würde den Rahmen dieses Buches sprengen, schließlich möchte ich dich nicht nur mit grauer Theorie, sondern mit den mächtigsten Praktiken für deinen Alltag beglücken. Nichtsdestotrotz fasse ich dir nochmal einige interessante Punkte zusammen, bevor wir uns dann mit der erstaunlichen Magie deiner Gehirnwellen auseinandersetzen:

- *Die herzfokussierte Atmung senkt deinen Cortisol-Spiegel.*

- *Die herzfokussierte Atmung steigert deine IgA-Werte (Körpereigenes Immunsystem).*

- *Kohärenz steigert die Fähigkeit zur Neuroplastizität (Produktion neuer Nervenbahnen).*

- *Sie verlangsamt den Abbau kognitiver Fähigkeiten im Alter.*

- *Kräftigung deines Herzmagneten,*

- *Blutgefäße werden elastischer (durch die Ausschüttung von ANP),*
- *Kurz- und Langzeitgedächtnis werden trainiert,*
- *stabilere psychische Verfassung (deutlich weniger Ängste),*
- *immer länger anhaltende Phasen positiver Emotionen im Alltag.*

Ich denke, dass wir die Frage, ob du diese Technik in deinen Alltag integrieren wirst, nicht stellen müssen.Bevor wir uns nun dem von mir entwickelten Modell widmen, welches in deinem Leben alles verändern wird, sprechen wir noch über das kraftvolle Thema Gehirnwellen. Jetzt gleich wird es wirklich ein wenig gruselig, denn du wirst erkennen, welche wahnsinnig starken Mechanismen dein Gehirn beeinflussen und dass du dich gegen gewisse Einflüsse kaum wehren kannst. Du wirst gleich erkennen, dass verschiedene Denkmuster und Verhaltensweisen ihren Ursprung haben und dass Glaubenssätze wie eine Software bei dir einprogrammiert wurden.

## Gehirnwellen - Dein bester Freund oder dein größter Feind?

Jetzt möchte ich mit dir in die faszinierende Welt der Gehirnwellen eintauchen und ihre Bedeutung für die Öffnung unseres Unterbewusstseins erkunden. Es ist eine Reise, die uns erlaubt, unsere verborgenen Fähigkeiten zu entdecken und unser volles Potenzial zu entfesseln. Bist du bereit, dich von der Magie deines eigenen Geistes faszinieren zu lassen? Dann lass uns gemeinsam eintauchen!

Unser Gehirn ist ein Meisterwerk der Natur und seine Aktivität lässt sich durch verschiedene Arten von Gehirnwellen abbilden. Mit Hilfe von EEG (Elektro Encephalo Gram) können diese Wellen gemessen und auf einem Bildschirm als Muster sichtbar gemacht werden. Doch sie sind mehr als nur abstrakte Wellen - sie sind Ausdruck unserer mentalen Zustände und haben direkte Auswirkungen auf unser Denken, Fühlen und Handeln.

Beginnen wir mit den **Betawellen**. Sie sind schnell und hektisch und können in drei Kategorien unterteilt werden: schnelles Beta, mittleres Beta und langsames Beta. Betawellen treten auf, wenn unser Gehirn in Phasen höchster Konzentration und Aufmerksamkeit ist. Sie sind mit unserem bewussten Denken und Handeln verbunden. Wenn wir etwas Neues lernen, strategisch denken oder unter Stress stehen, befinden wir uns im Betawellen-Zustand. Doch Vorsicht, Betawellen sind oft inkohärent, da schnelle und hektische Gehirnaktivität durch Stress ausgelöst wird. Dieser Zustand kann uns manchmal überfordern und uns davon abhalten, in unsere innere Kraft zu gelangen.

Die **Alpha-Wellen** hingegen bringen uns in einen Zustand der Entspannung und Gelassenheit. Wenn wir uns in tiefen Entspannungszuständen befinden, sei es in der Sauna, im Urlaub oder beim gemütlichen Fernsehabend, verlangsamen sich unsere Gehirnwellen in den Alphazustand. Alpha ist der Zustand des losgelösten Gewahrseins, in dem wir in der Lage sind, den Moment zu genießen und unsere Gedanken zur Ruhe kommen zu lassen. Interessanterweise sind Alpha-Wellen häufig inkohärent, da unser Körper auch in diesem Zustand Stress empfinden kann. Dennoch ist dies eine Phase, in der wir besonders empfänglich für unterbewusste Manipulationen sind, da sich unser Unterbewusstsein in gewisser Weise öffnet. Es ist eine Zeit der Offenheit und der Möglichkeit, neue Wege zu erkunden.

Überlege dir an dieser Stelle mal, wann die meisten Menschen die Nachrichten hören bzw. schauen. Richtig, morgens auf dem Weg zur Arbeit, kurz nach dem sie aus dem Bett gefallen sind und Abends vor dem Schlafen gehen, wenn die letzte Werbung im abendlichen Programm läuft. Welches Gehirnwellen-Muster haben wir da? Exakt! Alphawellen. Das bedeutet, dass die Werbetreibenden sich dieser Mechanismen bewusst sind und eine direkte Konversation mit dem Unterbewusstsein der Menschen führen. Du erahnst es schon. Negative Emotionen wie Angst und Mangel werden uns systematisch in unseren geistigen Garten gepflanzt, ohne, dass wir es bewusst wahrnehmen. Da hilft selbst den bewusstesten Menschen nur eine einzige Maßnahme: Auf den Konsum der Medien verzichten.

Jetzt wollen wir uns den **Deltawellen** zuwenden - großen, langsamen Wellen, die die Tiefschlaf- oder NonREM-Phase unseres Schlafzyklus widerspiegeln. In diesem Zustand befindet sich unser Gehirn im Reparaturmodus. Es entgiftet sich, reflektiert die Ereignisse des Tages und entscheidet, welche Informationen für unser weiteres Leben von Bedeutung sind und welche wir loslassen dürfen. Die Deltawellen sind der Schlüssel zur Regeneration und dienen als Vorbereitung für neue Abenteuer, die wir am nächsten Tag erleben werden.

Doch nun kommen wir zur wahren Magie - den **Thetawellen**. Der Zustand der Thetawellen ist eine absolut verzauberte Phase, in der unser Körper schläft und unser Geist erwacht. In diesem Zustand verschwimmen die Grenzen zwischen Traum und Realität. Unser Unterbewusstsein öffnet sich vollständig und nimmt alle Informationen auf, die es in dieser Phase erreichen. Thetawellen spiegeln die Phase des Einschlafens wider, wenn wir vom Alphazustand in den Deltawellen-Zustand gleiten. In der Nacht wechseln sich Thetawellen und Deltawellen ab und begleiten uns durch unsere Träume. Die Phase der Thetawellen wird in der Schlafwissenschaft auch als Traumphase oder REM-Phase (Rapid Eye Movement) bezeichnet.

Hier ist ein bemerkenswerter Fakt von höchster Wichtigkeit: Kinder im Alter von 2 bis 7 Jahren befinden sich überwiegend im Thetawellen-Zustand. Sie leben in einer Welt der Träume, in der sie keine klare Unterscheidung zwischen Traum und Realität treffen können. Dieser natürliche Zustand gibt den Kindern die Möglichkeit, sich an ihre Umwelt anzupassen und über ihre Sinne alles wie ein Schwamm aufzusaugen. Die Prägungen und Glaubenssätze, die sie in dieser Phase erfahren, begleiten sie oft noch Jahrzehnte später.

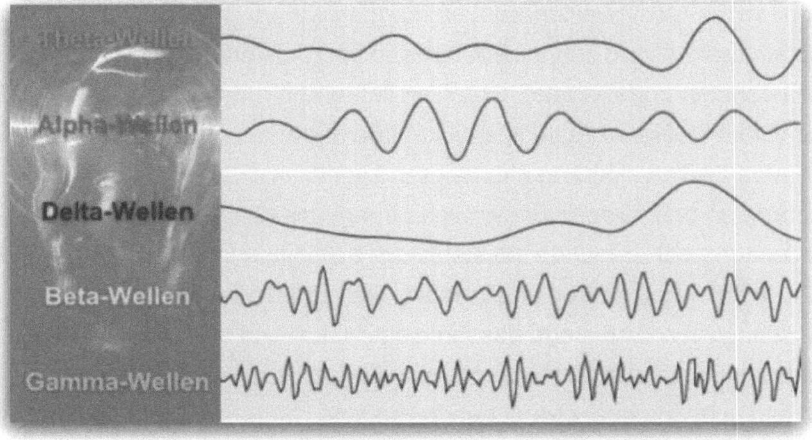


*Wenn du deine Gehirnwellen mittels EEG misst, stellt sich in den verschiedenen Zuständen das jeweilige Bild dar.*

Nun liegt es an dir, dieses Wissen mit Bedacht einzusetzen. Du hältst jetzt ein mächtiges Werkzeug in deinen Händen, das es dir ermöglicht, den Verlauf eines jungen Menschen zu beeinflussen und zu prägen. Du hast die Chance, positive Einflüsse zu vermitteln, ihr Selbstbewusstsein zu stärken und ihnen den Glauben an ihre Träume zu schenken. Gleichzeitig hast du aber auch die Macht Träume zu zerstören. Sei dir deiner Verantwortung bewusst.

Ich wäre nicht Kevin Maeck Meyer, wenn ich nicht noch einen drauf setzen würde. Denn auch im Erwachsenenalter ist es möglich, Thetawellen zu erzeugen und damit dein Unterbewusstsein künstlich zu öffnen. Damit eröffnen sich völlig neue Möglichkeiten der inneren Kinder Arbeit, Traumatherapie, transgenerationalen Arbeit und Glaubenssatz-Überschreibungen. Das ist Persönlichkeitsentwicklung auf einem völlig neuen Professionalität-Level.

Den letzten Gehirnwellen-Zustand kennen wir als **Gammawellen**. Gammawellen sind schnell, rhythmisch und pulsierend. Sie sind die höchsten und aktivsten Gehirnwellen und ermöglichen komplexe Denkprozesse, Kreativität und Informationsverarbeitung. Gamma-Wellen sind eng mit höheren kognitiven Funktionen verbunden und fördern innovative Lösungsansätze. Sie sind besonders aufregend, da sie inspirierte Kreativität freisetzen. Meditation, Achtsamkeit und kreative Aktivitäten fördern Gammawellen. Man sagt, dass in diesem Zustand die direkte Kommunikation mit dem Universum möglich ist. Es ist daher auch der am schwersten zu erreichende Zustand. Unsere KlientInnen im Phönixcoaching trainieren tagtäglich, um in den letzten Zügen des Coaching ihre gewünschte Realität in die Gegenwart zu ziehen und das funktioniert mit überwältigendem Erfolg.

Von Zeit zu Zeit lassen wir die Gehirnwellen mittels EEG messen, um Fortschritte zu registrieren und den Effekt greifbar zu machen. Außerdem verbessern wir damit unsere Methoden der Gehirnwellenstimulation, denn wie ich vorhin erwähnte, können wir gewisse Gehirnwellen-Muster künstlich erzeugen. Dafür nutzen wir modernste Tonstudio-Technik, um das Erlebnis immer wieder auf ein neues Level zu heben.

Bist du bereit für etwas Neues? Etwas kraftvolles, um dein Unterbewusstsein komplett zu öffnen und deinen geistigen Garten zu erforschen?

## Gehirnwellenstimulation durch binaurale Beats: Eine neue Dimension der Meditation

Als ich das erste Mal in den Genuss kam, eine Meditation mit Hilfe binauraler Beats zu machen, hat es mich förmlich vom Meditationskissen gehauen. Ich merkte, wie sich meine Gedanken immer weiter beruhigten und nach einer Phase der tiefen Stille und Dunkelheit lösten sich plötzlich Emotionen, welche ich in diesem Ausmaß nicht kannte. Ich verspürte einen starken Druckabfall, der mit einem Heulkrampf einherging und mich total überwältigt hat. Das Gefühl der Freiheit, welches ich danach verspürte, kann ich kaum in Worte fassen. Seitdem ist vieles anders. Besser. Echter. Dasselbe wünsche ich mir auch für dich.

Im Phönixcoaching sind wir ein großer Freund der Meditation. Durch die Technik der binauralen Beats eröffnet sich eine innovative Methode der Gehirnwellenstimulation, die deine Meditationserfahrung auf ein neues Niveau hebt. Du tauchst ein in eine Welt aus Klängen und Schwingungen, die dich auf einer tiefen inneren Reise begleiten und dir helfen, dein volles Potenzial zu entfalten.

**Die Kraft der binauralen Beats**

Binaurale Beats sind eine wissenschaftlich fundierte Methode, um gezielt auf die Gehirnwellenmuster einzuwirken und verschiedene Bewusstseinszustände zu erreichen. Wir nutzen diese Technik, um eine maßgeschneiderte Meditationserfahrung für jeden unserer Klienten zu schaffen. Durch das Zusammenspiel von speziell entwickelten Klängen und dem Einsatz modernster Tonstudiotechnik eröffnet sich eine neue Dimension des Meditierens.

Da ich ein Freund von höchster Effektivität, bei möglichst geringem Zeitaufwand bin, ist die individuelle Anpassung für eine maximale Wirkung eine Selbstverständlichkeit. Zeit ist unser höchstes Gut und deshalb bin ich sehr daran interessiert ,die Dinge im Leben so anzupacken, dass sie zum Erfolg führen. Unser Ansatz liegt darin, unseren KlientInnen ein persönliches und effektives Coaching-Erlebnis zu bieten und aus diesem Grund wird jede Sitzung auf die individuellen Bedürfnisse und Ziele abgestimmt. Wir verwenden modernste Technologie, um binaurale Beats zu kreieren, die speziell auf das Individuum zugeschnitten sind. Diese Klänge werden so gestaltet, dass sie die Sinne ansprechen und eine tiefgreifende Wirkung auf das Bewusstsein haben.

**Doch wie funktioniert diese Wunderwaffe denn nun?**

Binaurale Beats entstehen, wenn zwei leicht unterschiedliche Frequenzen in jedem Ohr abgespielt werden. Das Gehirn nimmt diese Differenz wahr und synchronisiert sich mit der resultierenden

Frequenz. Je nach Frequenzbereich können verschiedene Bewusstseinszustände wie Entspannung, Fokus oder Kreativität erreicht werden. Dies ermöglicht es uns, gezielt auf die Bedürfnisse des Klienten einzugehen
und die gewünschten Bereiche zu fördern. Wichtig ist, dass die Meditationen mit Kopfhörern absolviert werden, denn sonst haben die Frequenzen, die wir benutzen, keinen Effekt.
Wie läuft so eine Session denn ab? Eine Reise der Entspannung und Selbsterkenntnis:

In Begleitung unserer erfahrenen Coaches, Heilpraktiker und Ärzte wirst du durch gezielte Fragen und Anleitungen unterstützt, um deine persönliche Entwicklung voranzutreiben. Die binauralen Beats dienen als Werkzeug, um dich tiefer in deine eigenen inneren Ressourcen zu führen und verborgene Weisheiten und Erkenntnisse zu entdecken. Die Themen transgenerationale Arbeit, innere Kind Arbeit, Trauma-Aufarbeitung, Glaubenssätze und die Kreation deiner Zukunft werden alle durch diese Methode unterstützt. Wie genau erfährst du gleich.

Wenn ein komplettes 1 zu 1 Coaching für dich vorerst nicht in Frage kommt und du dennoch in den Genuss dieser unglaublich mächtigen Meditationen kommen möchtest, besuche mich einfach mal auf *https://www.kevinmaeckmeyer.com/meditationen* und suche dir etwas Schönes aus. Wahlweise kannst du auch einfach den QR-Code mit deinem Handy scannen.

Scanne ganz einfach den QR-Code mit deiner Handykamera und besuche mich im Phönixshop. Du gelangst direkt zu meinen aktuellsten Meditationen.

Das Angebot wird stetig erweitert und häufig befinden sich dort auch **kostenlose Meditationen**, welche ich dir für deinen Weg schenken möchte.
Schaue einfach immer mal wieder vorbei.

Das ist dann jetzt auch der perfekte Moment, um in das Thema Traumata und transgenerationale Epigenetik einzutauchen. Ein Themenfeld, das im Zusammenhang mit der Epigenetik viele Fragen aufwirft.
Sind wir Opfer der Gene unserer Vorfahren? Hat die Kriegsgeneration ihre Traumata an uns weitergegeben? Ich möchte einige dieser Fragen beantworten und Licht in einen Bereich bringen, der für sehr viele Menschen bisher noch im Dunklen liegt. Ein Raum ohne Fenster und ohne Türen. Da hilft also nur eins: mit dem Kopf durch die Wand. Auf geht´s!

## Im Herzen des Grauens: Eine Soldatengeschichte aus dem Kosovo, die Körper und Seele prägte

Es war kurz vor Weihnachten 2011, als wir zu einer Erkundungsfahrt nach Mitrovica aufbrachen. Im Zielgebiet angekommen, machte sich ein mir bis dato unbekanntes Gefühl breit. Alles war mit serbischen Flaggen geschmückt, doch keine Menschenseele war auf den teils unbefestigten Straßen zu sehen. Plötzlich fuhren wir an einem ca. 4 m hohen Kreuz vorbei, welches mitten auf der Straße in den Asphalt betoniert war.

Neben dem Kreuz befand sich eine Feuertonne, an der sich zwei Männer die Hände wärmten. Wir fuhren weiter auf einer Straße,

die maximal so breit wie 1 1/2 PKW war. Die Dunkelheit lag wie ein schwerer Mantel über dem Wald, in den wir einfuhren, als wir uns mit unseren nicht gepanzerten Fahrzeugen dem Roadblock im Kosovo näherten. Die Anspannung in der Luft war greifbar, während wir uns auf das Unbekannte zubewegten. Ich war damals gerade einmal 20 Jahre jung, ein Soldat in der Feldjägertruppe, bereit, meinen Dienst zu leisten.
Mein Gruppenführer befahl mir, die Straße nach hinten abzusichern, während der Rest der Truppe den Roadblock auf eventuelle Sprengfallen untersuchte. Ich kniete halb hinter einem Baum am Wegesrand. Vor mir lag nichts weiter als Dunkelheit und Schwärze. Die atemberaubende Stille beeindruckte mich, denn ich konnte meinen eigenen Herzschlag hören.

Plötzlich durchbrach ein ohrenbetäubender Knall die Stille und der Wald wurde augenblicklich von gleißendem Licht erhellt. Eine Gefechtsfeldbeleuchtung, welche als grausames Signal der Serben gedacht war, um die einheimischen Kämpfer zu informieren, dass wir in ihrer Falle gefangen sind. Den grünlichen Schein des Lichtes sehe ich noch heute vor mir, als wäre es gestern gewesen. Unsere Herzen begannen wild zu pochen, als wir realisierten, dass wir umzingelt waren. Hinter uns formierte sich eine aggressive Menschenmenge, bewaffnet und begleitet von wilden, knurrenden Hunden. Sie versperrten uns den einzigen Rückzugsweg, während bewaffnete Angreifer sich im dichten Unterholz der umliegenden Wälder verbargen. Auf den lautstarken Befehl des Rückzugs reagierte ich prompt, um hinter unseren beiden Fahrzeugen Schutz zu suchen. Wir konnten die Angreifer nicht genau lokalisieren, was die Lage unglaublich komplex machte.

Unsere einzige Option war es, uns durch die feindlichen Linien zu kämpfen und zurück ins Feldlager zu gelangen. Adrenalin pumpte durch unsere Adern, als wir unsere Fahrzeuge in die zerstörerische Hölle der Verfolgungsjagd lenkten. Das Grölen unserer Motoren peitschte um uns herum, während wir uns verzweifelt den Weg bahnten. Die Straße schien sich wie ein bösartiger Gegner zu verhalten, der uns mit aller Macht ins Verderben stürzen wollte. Feindliche Fahrzeuge umringten uns, drängten uns an den Rand des Abgrunds. Der Tod schien zum Greifen nah.

Doch wir gaben nicht auf. Inmitten der Todesangst und des Chaos kämpften wir wie Löwen. Unsere Sinne waren geschärft, unsere Instinkte übernahmen die Kontrolle. Jeder einzelne von uns kämpfte für sein Leben, für das Überleben seiner Kameraden. Jedes Manöver war von höchster Bedeutung. Die Zeit dehnte sich aus, während wir uns durch die feindliche Umklammerung kämpften, immer dem Feldlager einen Schritt näher. Von da an wusste ich, dass Zeit relativ ist.

Es war ein Wunder, dass wir schließlich das rettende Ziel erreichten. Unsere Körper waren unversehrt, aber unsere Seelen waren tief verwundet. Die Narben des Erlebten würden uns für immer begleiten. Wir hatten den Abgrund berührt, dem Tod in die Augen gesehen, und dennoch waren wir zurückgekehrt. Doch zu welchem Preis? Die Menschen, die wir zu schützen schworen, wollten uns gerade töten. Unser Urvertrauen in das Gute im Menschen lag am Boden.

Die Geschichte unserer Rückkehr ins Feldlager war geprägt von Stille und Leere. Meine Gedanken waren bei den Kameraden, die den letzten Angriff nicht unversehrt überstanden hatten, bei den Familien, die sich um ihre Liebsten sorgten. Ich fragte mich, wie lange wir noch in dieser Schreckenswelt gefangen sein würden, wie lange unsere Seelen der Dunkelheit trotzen könnten, denn es war erst unser vierter Tag im Einsatz.

Diese Erfahrung hatte mir gezeigt, dass es nicht nur physische Wunden gibt, sondern auch unsichtbare, seelische Narben, die manchmal tiefer schneiden als jede Kugel oder Bombe. Die unsichtbaren Wunden waren es, die mich nachts nicht schlafen ließen, die mich veränderten und mich zwangen, mich mit meinen Ängsten und Dämonen auseinanderzusetzen.

Die Geschichte unseres Überlebens im Kosovo war eine, die mich zum Nachdenken anregte. Sie erinnerte mich daran, dass der Krieg nicht nur auf dem Schlachtfeld stattfindet, sondern auch in unseren Seelen. Es war eine Geschichte von Mut und Verzweiflung, von Hoffnung und Trauer. Ebenso ließ sie mich mit der Frage zurück, wie ich jemals wieder heilen könnte und was mit meiner Seele geschehen war.

Die Nacht im Kosovo hatte mich geprägt. Wir waren zurückgekehrt, doch wir würden niemals mehr dieselben sein. Meine Seele war für immer verwundet, aber ich hielt mich an der Hoffnung fest, dass ich irgendwie einen Weg finden würde, mit den Narben zu leben und ein Stückchen Frieden zu finden, das mich wieder heilte. Eins sage ich dir vorweg: Ich habe die Heilung gefunden und zwar mit einer effektiven Methode aus der chinesischen Heilmedizin. Eine Methode, die so wirksam ist, dass sie von vielen Traumatherapeuten nicht angewandt wird, da sie zu effektiv ist und somit zu wenig Geld in die Kassen bringt. Ich werde dir diese Technik gleich beibringen.

# Traumata und ihre Auswirkungen auf die genetische Landschaft - Befreie dich von den Fesseln der Vergangenheit

*"Die Gestaltung der Gegenwart bestimmt die Wirkung der Vergangenheit im Jetzt."*
*Healversity*

Nach dieser sehr persönlichen Geschichte tauchen wir tief in das Thema Traumata ein und erforschen ihre Auswirkungen auf die genetische Landschaft. Traumata sind ein häufig gesuchtes Thema im Netz, im Zusammenhang mit der Epigenetik, da sie potenziell weitreichende Folgen für nachfolgende Generationen haben können. Wir werden uns detailliert mit den Auswirkungen von Traumata auf die genetische Vererbung beschäftigen und anschließend auch die transgenerationale Epigenetik beleuchten.

Tauche ein in diese spannende Materie und entdecke, wie du dich von den Fesseln der Vergangenheit befreien kannst. Ich zeige dir, dass es möglich ist. Doch klären wir zuerst einmal, welche Auswirkungen diese Traumata auf dich haben können.
Psychische Traumata können durch intensive, erschütternde Ereignisse wie Gewalt, Missbrauch, Krieg oder Naturkatastrophen verursacht werden. Doch auch wesentlich "harmlosere" Ereignisse wie beispielsweise eine Trennung kann tiefe Wunden erzeugen. Sie hinterlassen tiefe emotionale und psychologische Narben, die das Leben der Betroffenen in vielfacher Hinsicht beeinflussen können. Die Auswirkungen psychischer Traumata können sowohl unmittelbar als auch langfristig auftreten und eine Vielzahl von Symptomen und Störungen hervorrufen.

Der Mechanismus hinter den Auswirkungen psychischer Traumata liegt in der Art und Weise, wie das Gehirn auf die traumatische Erfahrung reagiert. Einiges davon habe ich dir bereits beim Thema Kohärenz erklärt. In Momenten großer Gefahr oder extremer Belastung schaltet sich das Gehirn in den Überlebensmodus, wodurch das limbische System aktiviert wird. In diesem Zustand werden traumatische Erinnerungen tief im Gedächtnis verankert, während gleichzeitig andere Gehirnregionen, die für die Regulation von Emotionen und die Verarbeitung von Erfahrungen zuständig sind, beeinträchtigt werden. Das macht die Natur wieder ziemlich clever, denn dadurch, dass die Erfahrungen im limbischen System gespeichert werden, kann der Körper beim nächsten Ereignis schneller reagieren, um sich zu schützen.

Diese Veränderungen im Gehirn sind aber nicht immer dienlich. Sie können zu einer Reihe von Symptomen führen, darunter Flashbacks, Albträume, Angstzustände, Depressionen, Schlafstörungen, erhöhte Reizbarkeit und emotionale Taubheit. Menschen, die traumatische Erfahrungen gemacht haben, können Schwierigkeiten haben, ihre Emotionen angemessen zu regulieren und sich in zwischenmenschlichen Beziehungen zurechtzufinden. Sie können auch an Konzentrationsschwierigkeiten und Gedächtnisproblemen leiden, sowie viele weitere körperliche und psychische Symptome aufweisen.

Eine der wichtigsten epigenetischen Veränderungen ist die DNA-Methylierung. Dabei handelt es sich um die Hinzufügung oder Entfernung von Methylgruppen an DNA-Moleküle. Durch die Methylierung bestimmter Bereiche der DNA können Gene in ihrer Aktivität beeinflusst werden. Im Falle von Traumata kann es zu einer veränderten Methylierung von Genen kommen, die mit der Stressreaktion und der Regulation von Neurotransmittern und Hormonen verbunden sind.

**Konkret kann die epigenetische Regulation von Genen Auswirkungen auf verschiedene Aspekte des menschlichen Organismus haben.**

Hier sind einige Beispiele:

- **Stressreaktion**: Traumatische Ereignisse können zu einer übermäßigen Stressreaktion führen, bei der der Körper vermehrt Stresshormone wie Cortisol freisetzt. Durch epigenetische Veränderungen kann die Regulation von Genen, die an der Stressreaktion beteiligt sind, beeinflusst werden. Dies kann zu einer verstärkten oder abgeschwächten Stressreaktion führen und die Anfälligkeit für psychische Störungen wie posttraumatische Belastungsstörung (PTBS) erhöhen.

- **Neurotransmitter- und Hormonregulation**: Epigenetische Veränderungen können die Aktivität von Genen beeinflussen, die für die Synthese und den Abbau von Neurotransmittern wie Serotonin, Dopamin und GABA verantwortlich sind. Störungen in der Neurotransmitterbalance können mit psychischen Erkrankungen wie Depressionen und Angststörungen in Verbindung gebracht werden. Epigenetische Veränderungen können auch die Regulation von Hormonen wie dem Stresshormon Cortisol beeinflussen.

- **Entzündungsreaktion**: Epigenetische Veränderungen können die Genexpression von Entzündungsgenen modulieren. Eine übermäßige Entzündungsreaktion kann zu chronischen Entzündungszuständen führen, die mit psychischen Erkrankungen wie Depressionen und posttraumatischer Belastungsstörung assoziiert sein können.

Es ist wichtig anzumerken, dass epigenetische Veränderungen nicht unumkehrbar sind. Sie können durch Umweltfaktoren und Verhaltensweisen beeinflusst werden. Eine gesunde Umgebung, ausgewogene Ernährung, regelmäßige körperliche Aktivität, gute Schlafgewohnheiten und der Umgang mit Stress können sich positiv auf die epigenetische Regulation auswirken. Gerade für Einsatzkräfte ist dies von existenzieller Bedeutung.

Es gibt trotz dieser harten Erkenntnis eine Menge Hoffnung und Möglichkeiten zur Heilung. Die Aufklärung über psychische Traumata und ihre Auswirkungen ist ein wichtiger erster Schritt, um das Bewusstsein in der Gesellschaft zu schärfen und die Stigmatisierung von Betroffenen zu verringern. Es ist entscheidend, dass wir uns dem Thema mit Demut und Sensibilität nähern, da psychische Traumata individuell und komplex sind. Durch eine sachliche und professionelle Herangehensweise können wir die Notwendigkeit von angemessener Unterstützung und Behandlung betonen.

Es ist von großer Bedeutung, dass traumatisierte Menschen Zugang zu qualifizierten Fachleuten erhalten, die ihnen helfen können, ihre Erfahrungen zu verarbeiten und mit den damit verbundenen Symptomen umzugehen. Eine umfassende Behandlung kann therapeutische Interventionen wie Traumatherapie, kognitive Verhaltenstherapie, EMDR (Eye Movement Desensitization and Reprocessing) und andere geeignete Ansätze umfassen. Einen dieser Ansätze werde ich dir gleich nach diesem Kapitel beibringen. Es ist eine Methode, die in der Traumatherapie mit höchstem Erfolg eingesetzt wird, weil sie hilft, belastende Situationen und Emotionen abzuschwächen und umzubewerten.

Ich nutze die Methode bei mir selbst und meinen KlientInnen und kann dir aus erster Hand versichern, dass dies eine der wirksamstem Methoden zur Heilung ist. Diese einfache Methode ist so mächtig, dass ich von vier unabhängigen Psychologen bestätigt bekommen habe, dass ihre Wirksamkeit beinahe an ein Wunder grenzt und dass einige Therapeuten diese Methode sogar meiden, da die PatientInnen nach bereits einer Session zur Heilung finden und sich damit kein Geld verdienen lässt. Die traurige Wahrheit des Systems.

Trotz mittlerweile sehr guter Behandlungsmethoden ist es wichtig, dass wir als Gesellschaft ein unterstützendes Umfeld schaffen, in dem Betroffene sich sicher fühlen können, ihre Traumata anzusprechen und Unterstützung zu suchen. Nicht nur in Berufen, in denen Traumata zum Alltagsgeschäft gehören, sondern auch beim Rest der Bevölkerung. Indem wir Empathie und Verständnis zeigen, können wir dazu beitragen, den Heilungsprozess zu fördern und Betroffene dazu ermutigen, ihre eigene Resilienz und Stärke zu entdecken.

Es ist jedoch nicht nur wichtig, sich auf die Gegenwart zu konzentrieren, sondern auch einen inspirierenden und zukunftsorientierten Blick einzunehmen. Indem wir uns mit den Auswirkungen von psychischen Traumata und Epigenetik auseinandersetzen, haben wir die Möglichkeit, Prävention zu betreiben und zukünftige Generationen vor ähnlichen Leiden zu bewahren.

Individuen, die selbst traumatische Erfahrungen gemacht haben, können einen positiven Einfluss auf ihre Nachkommen nehmen, indem sie ihre eigene Heilung anstreben und gesunde Bewältigungsstrategien entwickeln. Es ist ermutigend zu wissen, dass epigenetische Veränderungen nicht unumkehrbar sind und dass ein gesundes Umfeld und unterstützende Beziehungen dazu beitragen können, negative Auswirkungen auf nachfolgende Generationen zu mindern.

Indem wir das Wissen über psychische Traumata und Epigenetik nutzen, können wir gezielt auf Prävention und Früherkennung setzen. Durch die Bereitstellung von Bildung, Ressourcen und Unterstützung können wir die Wahrscheinlichkeit von psychischen Traumata verringern und die Resilienz der Menschen stärken. Das Thema ist mir sogar so wichtig, dass ich in einem Umfeld, in dem die Prävention psychischer Erkrankungen noch keinen Anklang findet, ein Seminar kreiert habe, um junge KollegInnen auf den Einsatzdienst vorzubereiten. Konkret meine ich hier das Umfeld „Feuerwehren und Rettungsdienstschulen" in Deutschland. Das Thema Traumata, Prävention und Resilienz wird dort so erschreckend stiefmütterlich behandelt, dass die Dunkelziffer an PTBS und anderen psychischen Erkrankungen exorbitant hoch ist.

Ein tieferes Verständnis der epigenetischen Auswirkungen von Traumata ermöglicht uns, die zugrunde liegenden Mechanismen besser zu verstehen und neue Ansätze für Interventionen zu entwickeln. Es zeigt uns auch, dass unsere Erfahrungen nicht nur in unserem Verstand und unserem Körper eingebrannt sind, sondern tatsächlich in unseren Genen verankert sein können. Indem du das verstehst, fällt es dir gleich leichter, die Techniken und Übungen nachzuvollziehen, welche in deinem Leben alles verändern werden.

Neben den ganzen äußeren Faktoren, gibt es natürlich auch eine rein genetische Veranlagung, welche deinen Umgang mit Stress beschreibt. Zu den molekularen Einflussfaktoren gehören unter anderem deine Stressachse, deine Serotonin- und Dopaminproduktion und die dazugehörigen Rezeptoren an deinen

Zellen und einige weitere Bereiche. Wie du weißt, machen deine Gene 25% deines Daseins aus (die restlichen 75% snd epigenetische Einflussfaktoren) und deshalb ist es sehr wichtig, auch diesen Anteil zu kennen.

Die Basis meiner Coachings bilden daher neuartige DNA Tests, welche mein DNA Expertenteam und mich gezielt auf diese Bereiche schauen lassen, um den Grundstein für unser weiteres Vorgehen zu legen. Nur so ist es möglich, einen Klienten mit 100% Genauigkeit auf seine Bedürfnisse hin zu coachen und seine Einzigartigkeit mit einfließen zu lassen. Wenn du dich gerufen fühlst, den Geheimnissen deiner Gene auf die Spur zu kommen, melde dich gerne bei mir unter *https://www.kevinmaeckmeyer.com/dna-test*.

Wir kommen jetzt zu der Methode, welche mit höchstem Erfolg dabei hilft, belastende Emotionen umzubewerten und wieder mehr Leichtigkeit in dein Leben einzuladen. Bist du bereit für die Emotional Freedom Technique?

## EFT - das geheime Wissen der Superstars

Wie ich vorhin schon kurz angeteasert habe, gibt es eine Technik, die sich als äußerst wirkungsvoll erwiesen hat, um belastende Emotionen abzuschwächen. Diese Technik nennt sich die Emotional Freedom Techniques (EFT). Als Coach wende ich diese Methode mit großem Erfolg an und möchte sie gerne mit dir teilen. Doch nicht nur ich verwende diese Methode mit größtem Erfolg bei meinen KlientInnen und mir selbst. Die größten Superstars der Psychologie- und Mentalcoach Szene verwenden diese Methode für traumatisierte Patienten, aber auch (und das finde ich äußerst interessant) für die Steigerung der Performance von Künstlern und Sportlern. Was du hier bekommst, ist das geheime Wissen der größten Superstars!

EFT basiert auf der Idee, dass belastende Emotionen und negative Gedanken durch eine Störung im körpereigenen Energiesystem verursacht werden. Durch das sanfte Klopfen auf bestimmte Meridianpunkte am Körper wird diese Energieblockade gelöst und der Fluss der Energie wiederhergestellt. Dies ermöglicht es, negative Emotionen zu reduzieren und positive Veränderungen herbeizuführen. Wenn wir hier beim Thema Performance und Erfolg bleiben, wird klar, weshalb diese Methode so effektiv ist, denn wie soll ein Künstler, Sportler, Speaker, Coach, Arzt oder sonst wer seine beste Leistung an den Tag legen, wenn er selbst durch negative Gedanken gebremst wird?

Eine der großartigen Eigenschaften von EFT ist seine Einfachheit und Flexibilität. Es ist eine Technik, die jeder erlernen und selbst anwenden kann. Du kannst sie in den verschiedensten Situationen nutzen, sei es bei akutem Stress, belastenden Erinnerungen oder anderen emotionalen Herausforderungen.

**Die Anwendung von EFT erfolgt in drei Schritten.**

- *Zunächst identifizierst du die belastende Emotion oder das negative Gedankenmuster, mit dem du arbeiten möchtest.*

- *Dann sprichst du den Gedanken laut oder nur in deinem Geist aus. Zum Beispiel: „Ich fühle mich gestresst.“*

- *Während du die Affirmation wiederholst, klopfst du sanft mit den Fingerspitzen auf bestimmte Meridianpunkte, wie die Seiten der*

*Hand, die Augenbrauen, die Seiten der Augen, unter den Augen, unter der Nase, am Kinn, am Schlüsselbein und unter dem Arm. Jeder Punkt wird mehrmals geklopft, während du dich auf die belastende Emotion konzentrierst und sie loslassen möchtest.*

Auf der Grafik weiter unten habe ich dir die Klopfpunkte markiert. Beginne oben am Scheitel und arbeite dich nach unten vor. Zusätzlich kannst du auch noch die Außenseiten deiner Handflächen in Verlängerung der kleinen Finger klopfen. Während des Klopfens kannst du spüren, wie die Spannung und die belastende Emotion allmählich abnehmen. Es ist möglich, dass sich neue Gedanken, Bilder oder Empfindungen zeigen, während du die Technik anwendest. Lass diese einfach zu und akzeptiere sie, ohne sie zu bewerten. Das Klopfen hilft dabei, die Verbindung zwischen der belastenden Emotion und den körperlichen Reaktionen zu unterbrechen.

Der Mechanismus zielt wieder einmal auf dein limbisches System ab. Hier sind die Emotionen bekanntlich gespeichert und beeinflussen deine körperlichen Reaktionen.

Die Klopfpunkte sind Akkupressurpunkte aus der chinesischen Heilmedizin und erzeugen positive Emotionen in deiner Amygdala. Das Phänomen an der Sache:

Während du versuchst, die negative Emotion zu empfinden und die Punkte abklopfst, sendet deine Amygdala positive Emotionen und beides lässt sich bekanntlich nicht zeitgleich verspüren. Du schwächst also mit jedem Klopfen die Emotionen der belastenden Situationen ab und das sehr effektiv.

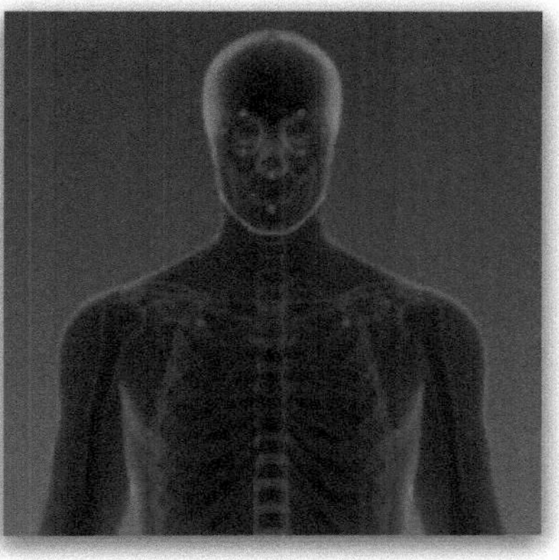

*Auf dieser Grafik habe ich dir die Klopfpunkte markiert. Beginne oben am Scheitel und arbeite dich nach unten vor. Zusätzlich kannst du auch noch die Außenseiten deiner Handflächen in Verlängerung der kleinen Finger klopfen.*

Könnte man dieses Wissen bereits unseren Kindern in der Schule beibringen? Ja, natürlich. Wird es praktiziert? Nein. Schlimmer noch und das merke ich in meinen Seminaren immer wieder, die Methode stößt im ersten Augenblick auf Widerstand.

Den meisten Menschen ist die Technik nicht geheuer, weil sie wie „Hokus Pokus“ wirkt. Ich klopfe mir ein paar mal aufs Gesicht und eine belastende Emotion soll sich in Luft auflösen? Ist klar! Die Zweifel bleiben dann so lange bestehen, bis sich die Person öffnet und der Magie freien Lauf lässt. Der Rest ist Geschichte.

Es war für mich ein intensiver Prozess, die Meinungen meiner Arbeitskollegen und anderer Leute als eine einfache Aussage und Spiegel ihrer selbst zu bewerten. Mir sagte mal ein sehr guter Kamerad: „Wenn ich mitbekomme, dass du anfängst, Menschen im Einsatz aufm Gesicht rumzuklopfen, verprügle ich dich.“ Doch trotz dieser lieb gemeinten Aussage ist es mittlerweile soweit. Sobald ich als Ersthelfer an eine Einsatzstelle komme, bei der betroffene Menschen oder Zeugen belastender Situationen augenscheinlich traumatisiert sind, wende ich diese Methode als Erstmaßnahme an - und der Erfolg spricht für sich.
Ich habe Danksagungen von Unfallzeugen bekommen, die sich während einer Ausnahmesituation ihres Lebens geborgen fühlten und diese Methode nun als festen Bestandteil in ihre Traumaaufarbeitung aufgenommen haben.

EFT kann aber nicht nur zur Bewältigung von belastenden Emotionen verwendet werden, sondern auch zur Förderung von positiven Veränderungen und zur Stärkung des Selbstbewusstseins. Indem du positive Affirmationen in den Prozess integrierst und die körperliche Entspannung unterstützt, kannst du eine optimistische und motivierende Energie in dir aufbauen. Ich selbst habe damit positive emotionale Anker bei mir integriert, um mich vor Situationen, welche mich in meiner höchsten Energie verlangen, hochpushen kann (z.B. vor Speakingauftritten, Webinaren o.ä.)

Ich möchte dich ermutigen, EFT auszuprobieren und die transformative Kraft dieser Technik selbst zu erleben. Mit etwas Übung und Geduld kannst du belastende Emotionen abmildern, neue Perspektiven gewinnen und deine emotionale Resilienz stärken. Nutze diese wunderbare Methode, um deine innere Stärke zu entfalten und positive Veränderungen in deinem Leben zu verwirklichen.

Denke daran, dass jeder Mensch einzigartig ist und dass die Ergebnisse mit EFT individuell variieren können. Es ist wichtig, auf dich selbst zu hören und dich selbst zu respektieren. Wenn du tiefergehende traumatische Erfahrungen hast, kann es sinnvoll sein, professionelle Unterstützung durch einen Therapeuten oder Coach zu suchen, der mit EFT vertraut ist.

Ich wünsche dir auf deinem Weg zur emotionalen Freiheit viel Erfolg und ermutige dich, diese kraftvolle Technik zu nutzen, um deine belastenden Emotionen abzuschwächen und ein erfülltes und inspiriertes Leben zu führen. Du hast die Macht, deine Emotionen zu lenken und deine Lebensqualität zu verbessern. Sei mutig, sei offen und gehe Schritt für Schritt voran. Die

Möglichkeiten sind grenzenlos. Merke dir: Du bist SchöpferIn deiner Realität und nicht Opfer der „Umstände“.

Das ist übrigens ein guter Zeitpunkt, um zu schauen, was mit deinen Kindern passiert, wenn du deine Traumata nicht aufarbeitest. Mittlerweile ist klar, Traumata werden über Generationen hinweg vererbt. Hast du dich mal gefragt, welche Auswirkungen beispielsweise der 1. und 2. Weltkrieg auf uns haben? Lass es uns klären.

## Transgenerationale Epigenetik: Was haben Oma und Opa dir mitgegeben?

Die faszinierende Welt der transgenerationalen Epigenetik zeigt uns, dass unsere Einflüsse und Erfahrungen weit über unsere eigene Lebensspanne hinausreichen können. Es stellt sich die spannende Frage: Vererben wir mehr als nur unsere Gene? Die Antwort darauf scheint eindeutig: Ja!

Die Erkenntnisse der transgenerationalen Epigenetik zeigen, dass unsere Handlungen und Umwelteinflüsse nicht nur uns selbst beeinflussen, sondern potenziell das Schicksal der kommenden Generationen prägen können. Die Vorstellung, dass unsere Entscheidungen und Erfahrungen Auswirkungen auf unsere Enkelkinder haben könnten, ist zugleich inspirierend und gruselig, denn die damit verbundene Verantwortung ist riesig.

Die bisherige Annahme, dass die genetische Information allein für unsere Entwicklung und Gesundheit verantwortlich ist, wird durch diese bahnbrechenden Erkenntnisse herausgefordert. Unsere

Anpassungen an die Umwelt, unsere Wahrnehmung und Reaktion auf äußere Einflüsse, ja sogar unsere Gedanken könnten epigenetische Spuren hinterlassen, die über Generationen hinweg weitergegeben werden.

Diese Erkenntnis eröffnet uns ganz neue Möglichkeiten, unsere eigene Gegenwart und Zukunft bewusst zu gestalten. Indem wir uns mit den Auswirkungen unserer Handlungen auf kommende Generationen auseinandersetzen, können wir einen positiven Einfluss auf die Gesundheit und das Wohlbefinden unserer Nachkommen nehmen.

Es ist eine inspirierende Aufgabe, die eigene Lebensweise zu reflektieren und bewusste Entscheidungen zu treffen, die nicht nur uns selbst, sondern auch unseren Kindern und Enkeln zugutekommen. Indem wir uns um unsere eigene Gesundheit und das Wohlergehen der kommenden Generationen kümmern, tragen wir aktiv zur Schaffung einer besseren Zukunft bei.

Die transgenerationale Epigenetik eröffnet uns die Möglichkeit, unsere eigene genetische Prägung bewusst zu beeinflussen und damit möglicherweise Krankheiten oder negative Verhaltensmuster zu verhindern. Es ist eine Motivation, die weit über uns selbst hinausgeht und uns dazu ermutigt, bewusste Entscheidungen zu treffen, um das Erbe, das wir an unsere Nachkommen weitergeben, zu gestalten.

Lasst uns also die Erkenntnisse der transgenerationalen Epigenetik als Ansporn nehmen, die Gestaltung unserer Gegenwart bewusst in die Hand zu nehmen. Jeder von uns kann einen Unterschied machen und dazu beitragen, dass unsere Kinder und Enkelkinder in einer gesünderen und glücklicheren Welt aufwachsen können. Es liegt in unserer Verantwortung, die

Möglichkeiten der transgenerationalen Epigenetik zu nutzen und eine positive Veränderung zu bewirken.

Ebenso liegt es an dir, übernommene Traumata, Gedanken und Verhaltensweisen zu identifizieren, damit sie dich im Hier und Jetzt nicht mehr beeinflussen und nicht an deine Nachkommen weitergegeben werden. Aber keine Sorge, auch dafür habe ich ein paar Tricks für dich auf Lager, die ich dir gleich beibringen werde. Soweit so gut. Nun wollen wir uns mal auf Basis deiner kürzlich erworbenen wissenschaftlichen Grundlagen über die epigenetischen Mechanismen beschäftigen.

**Wie können sich diese Auswirkungen bemerkbar machen?**

Die Weitergabe von epigenetischen Anpassungen, die durch das Umfeld, in dem Menschen aufwachsen, entstehen, nennt man die Sozio-Epigenetik. Ähnlich wie bei der Ernährung können diese Anpassungen, die unsere Vorfahren in einem toxischen sozialen Umfeld erfahren haben, an ihre Kinder und Enkelkinder weitergegeben werden und ihre Gesundheit beeinflussen. Sozio-Epigenetik ist ein so unglaublich großes und einflussreiches Themenfeld, dass es definitiv ein eigenes Buch verdient hat. Es gibt den Spruch, dass du der Durchschnitt der fünf Menschen bist, mit denen du die meiste Zeit verbringst. In unserem Kontext passt das auch perfekt zur Epigenetk.

Ein Beispiel habe ich in meiner Ausbildung bei der Healversity aufgezeigt bekommen, und es handelt von einer Stadt namens São Gonçalo in Brasilien, die für ein raues Umfeld und Gewalt bekannt ist. In einer Studie wurden 121 Großmütter mütterlicherseits befragt, ob sie während der Schwangerschaft Gewalt erfahren haben. 22% von ihnen berichteten von hochgradiger Gewalt und intensivem emotionalen und physischen

Stress. Es wurden 65 weibliche und 56 männliche Enkelkinder untersucht, deren Epigenome 27 auffällige epigenetische Veränderungen aufwiesen. Eine dieser Veränderungen betraf das CFTR-Gen, das eine Rolle bei der Regulation des Herz-Kreislauf-Systems spielt. Ähnliche epigenetische Veränderungen im CFTR-Gen wurden auch bei vernachlässigten Kindern festgestellt. Das bedeutet, dass das Aufwachsen der Großeltern oder Eltern in einem toxischen und stressigen sozialen Umfeld gesundheitliche Auswirkungen auf das Herz-Kreislauf-System der Enkelkinder haben kann. Daher ist es wichtig, das eigene soziale Umfeld positiv zu gestalten, sowohl für uns selbst als auch für zukünftige Generationen.

Wie weiter oben schon erwähnt, steckt die Erforschung der Epigenetik noch in den Anfängen. Seit den 1950er Jahren haben Biologen begonnen, DNA aus Zellkernen zu isolieren, um die genetischen Mechanismen zu untersuchen. Dabei konzentrierten sie sich hauptsächlich auf die DNA und missachteten die Proteine, die ebenfalls eine wichtige Rolle bei der Vererbung spielen. Inzwischen ist bekannt, dass die Proteine in den Chromosomen eine ebenso wichtige Rolle bei der Vererbung spielen wie die DNA selbst.

Während die genetische Information bei der Vererbung unverändert bleibt, wird die epigenetische Information bei der Übertragung auf die nächste Generation nicht vollständig gelöscht. Es wird angenommen, dass wir unsere Epigenetik über die drei Säulen der Histonmodifikation, DNA-Methylierung und microRNAs vererben können.

Ein Beispiel für die Vererbung über die Histonmodifikation wurde bei der Untersuchung der Fruchtfliege gefunden. Eine Studie des Max-Planck-Instituts für Immunbiologie und Epigenetik konzentrierte sich auf eine epigenetische Modifikation namens H3K27me3, die auch beim Menschen vorkommt. Es stellte sich heraus, dass die H3K27me3-Modifikationen in den Eizellen der Mutter auch nach der Befruchtung im Embryo vorhanden sind. Ein weiteres Beispiel betrifft die Vererbung von microRNAs. In einer Studie wurden Spermien von gestressten männlichen Mäusen untersucht. Die Untersuchung ergab, dass bestimmte Genaktivierungsmuster in den Spermien von gestressten Mäusen verändert waren. Diese Veränderungen betrafen bestimmte microRNAs, die für die Genexpression und die Regulation der Entwicklung wichtig sind. Als die Spermien dieser Mäuse zur Befruchtung von Eizellen verwendet wurden, zeigten die daraus resultierenden Nachkommen ähnliche genetische Veränderungen und entwickelten Anzeichen von Angst und Depression.

Diese Beispiele zeigen, dass epigenetische Informationen über verschiedene Mechanismen vererbt werden können. Es ist wichtig anzumerken, dass nicht alle epigenetischen Veränderungen vererbt werden. Manche Veränderungen können während der Entwicklung gelöscht oder neu programmiert werden, während andere stabil bleiben und auf die nächste Generation übertragen werden können. Die Eingangsfrage, ob die Weltkriege Spuren in der heutigen Zeit hinterlassen haben, kannst du dir somit selber beantworten.

Die Erforschung der Vererbung von epigenetischen Informationen ist ein aktives Forschungsfeld und es gibt noch viel zu lernen. Es ist wichtig, die Auswirkungen von Umweltfaktoren auf die Epigenetik und die mögliche Vererbung von epigenetischen Veränderungen zu verstehen. Dieses Wissen könnte dazu beitragen, das Risiko von Krankheiten zu reduzieren und Interventionen zu entwickeln, um die Gesundheit von zukünftigen Generationen zu fördern. Es ist auch wichtig anzumerken, dass die Epigenetik nicht allein für die Vererbung von Merkmalen verantwortlich ist. Die genetische Information spielt ebenfalls eine entscheidende Rolle und sowohl Genetik, als auch Epigenetik interagieren miteinander, um die Entwicklung und den Phänotyp zu bestimmen.

Insgesamt bietet die Erforschung der Epigenetik und ihrer Vererbung neue Einblicke in die Mechanismen, die unsere Entwicklung und Gesundheit beeinflussen. Es eröffnet auch neue Möglichkeiten für die Prävention und Behandlung von Krankheiten sowie für die Förderung einer gesunden Entwicklung in zukünftigen Generationen.

**Schlussfolgerung**

Die Auswirkungen von Traumata auf die genetische Landschaft sind ein faszinierendes Forschungsfeld. Die transgenerationale Epigenetik zeigt uns, dass unsere Erfahrungen und traumatischen Erlebnisse nicht nur uns selbst betreffen, sondern auch zukünftige Generationen beeinflussen können. Doch es besteht Hoffnung, denn wir können aktiv daran arbeiten, die negativen Auswirkungen von Traumata zu mindern und uns von den Fesseln der Vergangenheit zu befreien. Indem wir uns mit unserem inneren Selbst auseinandersetzen und geeignete Unterstützung suchen, können wir eine positive Veränderung in unserem Leben und dem unserer Nachkommen bewirken.

Wichtig ist an der Stelle der Transfer in die Praxis. Denn nicht Wissen ist Macht, sondern angewandtes Wissen ist Macht. Wie du herausfindest, welche Anteile deiner Vorfahren dich im Hier und Jetzt beeinflussen, zeige ich dir gleich und wie du dir vorstellen kannst, wird das eine sehr spannende und intensive Reise zu deinen Ahnen.

Wir gehen langsam ans Eingemachte. Du bekommst jetzt gleich ein von mir entwickeltes Modell präsentiert, das dir erklärt, weshalb dein Leben so ist wie es ist und welches wir nutzen werden, damit du den Prozess, den du dabei durchläufst, exakt nachvollziehen kannst. Sei gespannt, denn jetzt verändert sich alles.

# Kapitel 4: Der ewige Kreis - die Antwort auf all deine Fragen

*"Die Weisheit des Lebens liegt darin, zu verstehen, dass alles miteinander verbunden ist und dass jeder Schritt im Kreislauf des Universums seine Bedeutung hat."*

*Ralph Waldo Emerson*

Nachdem wir ein stabiles wissenschaftliches Fundament gegossen haben, ist es an der Zeit für ein wenig Magie und Transformation. Das was ich dir nun zeigen werde, ist ein von mir entwickeltes Modell. Es ist die Grundlage menschlichen Verhaltens und hilft dir zu verstehen, wieso Menschen mit identischem Erbmaterial (z.B. Zwillinge), komplett unterschiedliche Lebenswege wählen können. Der eine Zwilling wird gesund alt, glücklich und finanziell unabhängig, während der andere im Alkoholismus versinkt, permanent mit Krankheiten zu kämpfen hat und ein Leben am Abgrund der Existenz führt. Exakt gleiches Genmaterial und zwei komplett unterschiedliche Lebensverläufe - wie kann das sein?

In einer Studie an eineiigen Zwillingen wurde deutlich, dass trotz absolut identischer Gene völlig unterschiedliche Probleme auftreten können. Ein Fall, der besonders ins Auge sticht, ist der einer Zwillingsschwester, die an Diabetes erkrankt ist, während die andere Zwillingsschwester gesund bleibt. Bei der Untersuchung der Gene wurde festgestellt, dass sie tatsächlich identisch sind.

Doch bei der Analyse des Epigenoms, der Regulation der Gene, stießen die Forscher auf erhebliche Unterschiede.

Was bedeutet das? Es bedeutet, dass Gene nicht zwangsläufig mutiert oder krankhaft verändert sein müssen, damit Krankheiten auftreten. Es genügt, dass bestimmte Gene durch andere Regulationsmechanismen anders abgelesen oder sogar falsch aktiviert werden. Dies erhöht die Wahrscheinlichkeit für das Auftreten von Krankheiten wie Diabetes, Krebs oder anderen Erkrankungen. In diesem Fall wurde der Ausbruch der Krankheit also durch den Lebensstil der anderen Zwillingsschwester beeinflusst.

Mit anderen Worten: Obwohl eineiige Zwillinge zu Beginn ihres Lebens die gleichen Gene haben und diese auch ähnlich ablesen, verändert sich im Laufe ihres Lebens ihr genetisches Profil, das darüber bestimmt, wie ihre Gene abgelesen werden. Schon nach einem Jahr unterscheiden sich genetisch identische Zwillinge enorm in der Art und Weise, wie ihre Gene abgelesen werden, obwohl sie weiterhin die gleichen Gene besitzen. Und dieses Phänomen verstärkt sich im Laufe der Jahre immer weiter.

Diese Erkenntnis öffnet uns die Augen für die beeindruckende Flexibilität und Anpassungsfähigkeit unserer Gene. Sie verdeutlicht, dass unsere Umwelt, unsere Erfahrungen und unser Lebensstil einen erheblichen Einfluss auf die Regulation unserer Gene haben können. Damit eröffnet sich auch die Möglichkeit, durch bewusste Veränderungen in unserem Sein und unserer Umgebung aktiv auf unsere genetische Ausprägung einzuwirken und unser Leben als Schöpfer zu führen, nicht als Opfer.

Diese Studie verdeutlicht, wie komplex das Zusammenspiel von Genen und ihrer Regulation ist. Sie zeigt uns, dass wir mehr

Einfluss auf unsere Gesundheit haben, als wir vielleicht gedacht haben. Indem wir uns bewusst mit unseren Genen, unserem Lebensstil und unseren Erfahrungen auseinandersetzen, können wir einen positiven Einfluss auf unsere genetische Ausprägung nehmen und die bestmögliche Version von uns selbst werden.
Ich möchte dir mit dieser Studie die Augen öffnen. Egal wo du herkommst, egal wer du gerade bist, egal ob deine Eltern arm oder reich waren, egal ob krank oder gesund, egal ob dein Partner dich schlecht behandelt, egal ob dein Chef dich schlecht bezahlt - du bist SchöpferIn deiner Realität und nicht Opfer deiner Umstände. Spätestens nach diesem Buch hast du keine Ausrede mehr, denn dann kennst du alle Werkzeuge, um dir das Leben deiner Träume zu erschaffen.

Denk dran: „Alles was dich umgibt, ist ein Produkt, deiner Energie“
Wenn du das folgende Modell verstehst und die Techniken die ich dir zeige richtig anwendest, steht deinem persönlichen Erfolg nichts mehr im Wege. Es ist dann nicht mehr möglich, einfach so dahin zu Leben, weil die Methoden zwangsläufig Veränderungsproesse anstoßen, die deine Träume wahr werden lassen. Nun gut, bist du bereit, dich zu verändern.

Kommen wir nun zu dem von mir entwickelten Modell des Lebens, welches ich **„den ewigen Kreis“** getauft habe. Ich zeige dir jetzt, was dieser magische Kreis beinhaltet und gebe dir im Anschluss für jeden Bereich Techniken an die Hand, damit du einen direkten Einfluss auf deine Genregulation nehmen kannst. Halt dich fest!

**Im Schnelldurchlauf**

Alles im Leben beginnt mit einer **Erinnerung**. Ein Funke, der aus unserer Vergangenheit hervorspringt und uns in die Gegenwart begleitet. Unsere Erinnerungen wurzeln tief in unserer Kindheit, einem magischen Ort, an dem unser Unterbewusstsein weit offen steht. Doch Erinnerungen können auch generationenübergreifend sein und von einer Generation zur nächsten weitergegeben werden. Sie formen das Fundament unserer täglichen Gedanken, bewusst oder unbewusst, und erschaffen ein Mosaik von Emotionen, das unsere Handlungen lenkt.

In diesem faszinierenden Zusammenspiel aus **Gedanken** und **Emotionen** entstehen **Glaubenssätze**, jene inneren Überzeugungen, die unsere Wahrnehmung formen. Wie ein Cocktail, der in uns brodelt und unsere Sicht auf die Welt prägt. Wir filtern die Realität durch den Filter unserer Glaubenssätze, und so entsteht unsere selektive Wahrnehmung. Sie führt dazu, dass wir nur das sehen, was in unsere bestehenden Überzeugungen passt, während alles andere im Schatten verborgen bleibt.

Auf diese Weise schaffen wir uns unsere eigene Realität, individuell und einzigartig. Unsere **Wahrnehmung** wird zur Realität, und diese Realität erzeugt neue Erfahrungen. Ein endloser Kreislauf, der sich fortwährend wiederholt, während wir uns durch das Labyrinth unseres Lebens bewegen.

Unsere Erinnerungen, Gedanken, Emotionen und Glaubenssätze bilden das Gefüge unserer Existenz. Sie prägen unsere Entscheidungen, beeinflussen unsere Beziehungen und bestimmen letztendlich den Verlauf unseres Lebens. Doch was wäre, wenn wir diesen Kreislauf durchbrechen könnten? Was wäre, wenn wir die Macht besitzen, unsere Gedanken bewusst zu lenken und unsere Glaubenssätze zu formen?

Diese Fragen treiben mich an. Sie sind der Funke, der in mir entflammt ist und mich dazu inspiriert, anderen Menschen zu helfen. In meinen Coachings, Seminaren und Retreats möchte ich

*Das Modell des ewigen Kreises zeigt dir, wie deine Realität auf Basis einer einfachen Erinnerung geformt wird.*

ihnen die Werkzeuge an die Hand geben, um ihre Erinnerungen zu erkunden, ihre Gedanken zu transformieren und ihre Glaubenssätze zu erneuern. Ich möchte ihnen zeigen, dass sie die Schöpfer ihrer eigenen Realität sind und dass sie die Kraft haben, ihr Leben zu gestalten.

Der ewige Kreislauf kann durchbrochen werden. Die Vergangenheit muss nicht länger die Zukunft bestimmen. Wir können unsere Erinnerungen heilen, unsere Gedanken neu ausrichten und eine neue Realität erschaffen. Es ist ein aufregender Weg, voller Entdeckungen und Veränderungen. Und ich bin bereit, diesen Weg gemeinsam mit all jenen zu gehen, die den Mut haben, ihr Leben in die Hand zu nehmen und ihr volles Potenzial zu entfalten.

Am Ende dieses Buches enthüllt sich das mächtigste Werkzeug, das das Potenzial hat, alles zu verändern. Ein Werkzeug, das die Grenzen unseres Verstandes sprengt und den ewigen Kreislauf auf eine Weise beeinflusst, die wir uns nicht einmal vorstellen können. Es ist ein Geheimnis, das bisher im Verborgenen lag, doch nun ist die Zeit gekommen, um es zu enthüllen. Es ist von entscheidender Bedeutung, dass vorher alle Übungen, Techniken und Strategien des ewigen Kreises angewandt werden, damit du den maximalen Erfolg aus diesem Buch heraus holst. Bist du bereit? Dann lass uns starten!

## Alles startet mit einer Erinnerung

Alles im Leben startet mit einer Erinnerung. **Erinnerungen** sind die Basis unserer Gedanken, denn wir versuchen immer, auf Basis der Vergangenheit unsere Zukunft vorherzusagen. Wir prognostizieren am laufenden Band, was als nächstes passieren wird. Das liegt daran, dass unser Gehirn eine Aufzeichnung unserer Erfahrungen ist und uns einen gewissen Schutz vor „Gefahren“ bietet.

Beispielsweise haben wir als Kind die Erfahrung gemacht, dass Hitze weh tun kann und deshalb meiden wir es, auf die Herdplatte oder das Bügeleisen zu fassen. Wir haben gelernt, dass zu waghalsiges Fahrradfahren zu Stürzen und Schmerzen führen kann, deshalb fahren wir heute in einer angemessenen Geschwindigkeit und mit einer gewissen Voraussicht.
Ich könnte dir jetzt unzählige Szenarien nennen, in denen wir unsere Erfahrungen dazu nutzen, uns im Hier und Jetzt zu schützen, weil wir glauben zu wissen, wie die Zukunft sonst aussieht.

Doch diese Erfahrungen bieten uns nicht nur Schutz, sondern besitzen auch die Macht, den Verlauf unseres Lebens zu bestimmen. Wie du dir sicherlich denken kannst, kommen viele dieser Erfahrungen aus der Kindheit. In diesem Fall sind es Erfahrungen, die du im Laufe deines Lebens erworben hast und die sich dann über die Jahre gefestigt haben und nun dein Sein in der Gegenwart bestimmen.

Doch was ist mit Erfahrungen, die deine Vorfahren gemacht haben? Was ist mit traumatischen Erlebnissen, die deine Eltern vor deiner Geburt erlebt haben? Was ist mit deinen Groß- und Urgroßeltern, die den 1. und/oder 2. Weltkrieg erlebt haben, die Hungersnöte und Todesängste überstanden haben? Sind deren Traumata spurlos an dir vorbeigezogen? Die Antwort kennst du bereits und die Übungen, die ich dir gleich zeige, werden dich zum Staunen bringen.

Uns bewegen also die Erfahrungen unserer Vergangenheit und eventuell auch die Erlebnisse unserer Vorfahren, doch was ist mit den Erinnerungen an unsere Zukunft? Wie siehst du dich eigentlich in der Zukunft? Wo wirst du in den nächsten Jahren sein? Auf welches Ziel hast du dein inneres Navigationsgerät programmiert? Oder reicht deine Erinnerung nur bis zur nächsten Verpflichtung der du nach rennst, die dich aber eher „überleben" anstatt „leben" lässt? Hast du schon jetzt wieder keinen Bock auf deine Arbeit morgen und das macht dir Bauchschmerzen und schlechte Laune? Bekommst du schon jetzt wieder einen dicken Hals, wenn du an deinen Partner denkst, weil die Beziehung einfach nicht läuft?

All diese Erinnerungen lassen unsere Gedanken (bewusst und unterbewusst) permanent zwischen der Vergangenheit und der Zukunft hin und her springen, doch wo sind wir in der ganzen Zeit nur sehr selten bis gar nicht? Richtig, in der Gegenwart. Das Leben findet immer jetzt statt. Es gibt nichts weiteres als den jetzigen Moment. In der Quantenphysik, die wir hier auch noch kennen- und anwenden lernen werden, gibt es keine Zeit und es gibt auch keinen Raum. Es gibt nur dein Bewusstsein im Hier und Jetzt.

Doch ich möchte nicht vorgreifen, denn der ewige Kreis bietet noch so unglaublich viel mehr. Bleib unbedingt am Ball, denn du bekommst jetzt die ersten unglaublichen Techniken an die Hand, um all deine Erinnerungen so zu verändern und umzubewerten, dass sie dein heutiges Leben nicht mehr beeinträchtigen, sondern dich beflügeln - so wie es sich für einen Phönix gehört.

**Die Reise zu deinen Ahnen**

Brechen wir auf zu einer außergewöhnlichen Reise der Selbsterkenntnis und persönlichen Transformation! Heute öffnen wir die Türen zu einer faszinierenden Welt voller Möglichkeiten, in der wir die Macht unserer Erinnerungen entfesseln und zu unserem Vorteil umgestalten können. Gemeinsam begeben wir uns auf eine tiefgreifende Entdeckungsreise, um das Erbe unserer Ahnen zu erforschen und unsere Vergangenheit in eine Quelle unendlicher Stärke zu verwandeln.

Mit der beeindruckenden Kraft der transgenerationalen Epigenetik werden wir verstehen, wie unsere familiären Einflüsse unsere heutige Realität prägen. Das Genogramm wird dabei zu unserem Kompass, der uns aufschlussreiche Einblicke in die tiefen Verbindungen und Muster unserer Ahnen gewährt. Gemeinsam werden wir die Ketten der Vergangenheit sprengen und unser inneres Potenzial freisetzen, um die Architekten unserer eigenen Zukunft zu werden.

Die Zeit ist gekommen, dein wahres Selbst zu entdecken und eine Reise anzutreten, die dein Leben für immer verändern wird. Bist du bereit, deine Ahnen zu erforschen und die Magie der Genogrammarbeit zu entfesseln? Dann lass uns gemeinsam in die Vergangenheit eintauchen, um deine Zukunft zu gestalten!

## Das Genogramm - zurück in die Zukunft

Die Genogrammarbeit ist von entscheidender Bedeutung, wenn es darum geht, unsere Erinnerungen zu identifizieren und zu verstehen, wie sie unsere Gegenwart und Zukunft beeinflussen. Es ist eine wichtige Methode, die es uns ermöglicht, die Verbindung zwischen unseren Vorfahren und uns selbst zu erkennen und die Muster, Überzeugungen und Erfahrungen zu entdecken, die von Generation zu Generation weitergegeben werden.

Indem wir uns intensiv mit unserem familiären Hintergrund auseinandersetzen, können wir tiefe Einblicke gewinnen und unbewusste Einflüsse aufdecken, die uns bisher möglicherweise entgangen sind. Das Genogramm visualisiert diese Einflüsse in Form eines Stammbaums und ermöglicht es uns, die Dynamiken, Beziehungen und traumatischen Erfahrungen in unserer Familie zu erkennen.

Es ist wichtig zu verstehen, dass wir nicht nur unser eigenes Leben leben, sondern auch Teil eines größeren Netzwerks von Beziehungen und Erfahrungen sind, das sich über Generationen hinweg erstreckt. Unsere Vorfahren haben ihre eigenen Geschichten, Herausforderungen und Prägungen, die sich auf uns auswirken können. Indem wir uns diesen Einflüssen bewusst werden, können wir beginnen, unsere eigenen Erinnerungen umzubewerten und den transformativen Prozess in Gang zu setzen.

**Schritt 1 deines Genogramms**

Eine sinnvolle Übung, die transformative Erkenntnisse mit sich bringt, ist die Erstellung eines eigenen Genogramms. Nimm dir die Zeit, um deine Familie und ihre Geschichte zu erforschen. Zeichne einen Stammbaum, der so weit wie möglich zurückreicht und so viele Informationen wie möglich enthält. Füge neben den Namen auch wichtige Ereignisse, Beziehungen, traumatische Erfahrungen oder prägende Geschichten hinzu, aber auch Glaubenssätze, Süchte, Berufe und Wohnorte, die dir bekannt sind.

Sobald du dein Genogramm erstellt hast, nimm es dir immer wieder vor und betrachte es mit einer offenen, neugierigen und liebevollen Haltung. Lass die Informationen auf dich wirken und reflektiere über die Muster, die du entdeckst. Frage dich, welche Erfahrungen und Überzeugungen möglicherweise von Generation zu Generation weitergegeben wurden und wie sie dein eigenes Leben beeinflusst haben könnten.

Während du dich mit deinem Genogramm beschäftigst, sei bereit, tiefe Einsichten über dich selbst, deine Familie und die transgenerationalen Einflüsse zu gewinnen. Erkenne, dass du nicht an die Prägungen deiner Vorfahren gebunden bist, sondern die Macht hast, sie zu erkennen und zu transformieren. Nutze diese Erkenntnisse als Grundlage für den nächsten Schritt auf deiner Reise der Selbsterkenntnis und Veränderung.

Du hast die Möglichkeit, alte Muster zu durchbrechen, positive Veränderungen herbeizuführen und dein eigenes Leben aktiv zu gestalten. Vertraue darauf, dass du die Kraft und das Potenzial in dir trägst, um deine Erinnerungen umzubewerten und ein erfülltes und authentisches Leben zu führen. Die Arbeit mit dem Genogramm wird dir dabei helfen, diesen Prozess in Gang zu setzen und dich auf dem Weg zu einer tiefgreifenden Erkenntnis unterstützen.

Bereite dich vor, deine Familiengeschichte zu erforschen, dich mit deinen Vorfahren zu verbinden und deine eigene Zukunft zu gestalten. Die Kraft liegt in deinen Händen, und ich bin zuversichtlich, dass du die transformative Wirkung der Genogrammarbeit erfahren wirst. Trau dich, diese Übung anzugehen und lass dich von den Erkenntnissen, die du gewinnst, inspirieren, motivieren und beflügeln. Die Reise zu einem erfüllten und bewussten Leben beginnt jetzt!

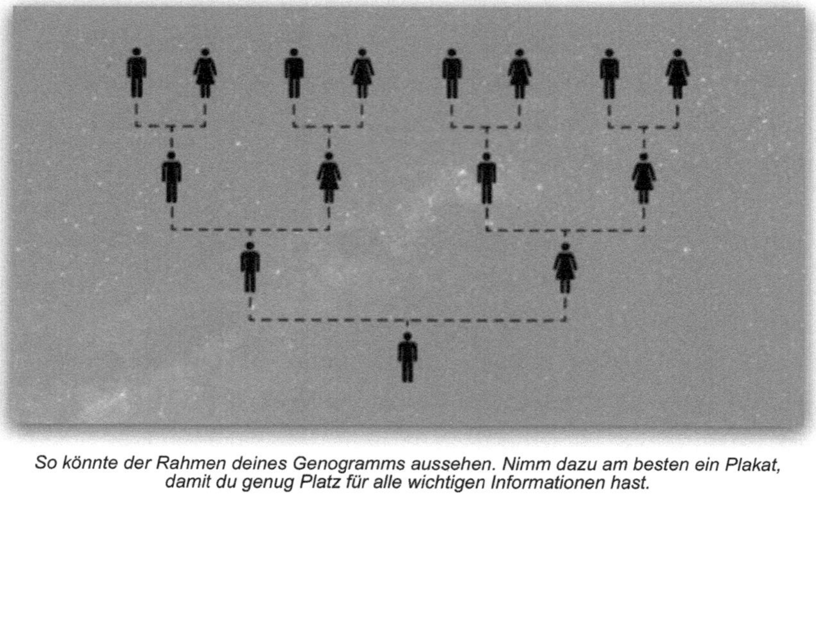

*So könnte der Rahmen deines Genogramms aussehen. Nimm dazu am besten ein Plakat, damit du genug Platz für alle wichtigen Informationen hast.*

**Schritt 2 deines Genogramms**

Im 2. Schritt versuchst du, tiefergehende Details über deine Ahnen herauszufinden. Sprich mit deinen Verwandten oder anderen Personen, die eine Verbindung zu deinen Vorfahren hatten. Fokussiere dich dabei auf einige interessante Fragen aus den verschiedenen Teilbereichen der Epigenetik.

**Psycho-Epigenetik:**

*Welche Überzeugungen oder Glaubenssätze haben sich bei deinen Ahnen immer wieder in Bezug auf das Leben geäußert?*

*Welche Werte waren für sie besonders bedeutsam?*

*Welches Verhalten oder Verhaltensmuster haben sie häufig gezeigt?*

*Welche einschneidenden Erfahrungen haben ihre Lebenswege geprägt?*

*Wie sind sie mit ihren eigenen Gefühlen umgegangen und haben sie diese ausgedrückt?*

*Wie waren ihre typischen Stimmungslagen?*

**Nutri-Epigenetik:**

*Welche Ernährungsgewohnheiten sind dir von deinen Ahnen bekannt?*

*Wie haben sie sich hauptsächlich ernährt?*

*Mussten sie über einen längeren Zeitraum hinweg Hunger leiden?*

**Sozio-Epigenetik:**

*In welchem sozialen Umfeld sind deine Ahnen aufgewachsen?*

*Gab es viel sozialen Stress, unter dem sie gelitten haben?*

*Waren sie besonders intensiv Umweltgiften ausgesetzt?*

**Physio-Epigenetik:**

*Inwieweit haben sich deine Ahnen ausgeglichen bewegt und Sport betrieben?*

*Gab es bestimmte auffällige Krankheiten in der Familie (chronisch, autoimmun usw.)?*

*Haben sie körperlich sehr anspruchsvolle Arbeit verrichtet?*

Diese Fragen dienen als Leitfaden für deine Forschungsreise zu deinen Ahnen. Lasse deine Neugier und Entdeckungslust die Oberhand gewinnen, während du die Antworten erkundest. Jede Antwort, die du findest, wird ein Puzzleteil sein, das uns zu einem tieferen Verständnis deiner eigenen Wurzeln und zu einem klaren Blick auf deine persönliche Transformation führt.

Sei bereit, dich von den Erkenntnissen überraschen und inspirieren zu lassen, während du dich auf die Reise zu deinen Ahnen begibst. Bereit für Schritt 3?

**Schritt 3 deines Genogramms**

Im 3. Schritt geht es um die Übertragung auf dein eigenes Leben. Das ist letztendlich der Step, welcher zwangsläufig die Veränderung mit sich bringt, denn die Antworten werden sich automatisch in dein Bewusstsein einbrennen und dir nie wieder entgehen.

**Psycho-/ Sozio-Epigenetik:**

*Welche tief verwurzelten Überzeugungen hast du möglicherweise von deinen Ahnen übernommen, die dich daran hindern, dein volles Potenzial zu entfalten?*

*In welchen Situationen treten diese begrenzenden Überzeugungen auf und blockieren dich?*

*Welche Verhaltensmuster aus deinem Genogramm erkennst du in deinem eigenen Leben?*

*Welche Beziehungen in deinem Leben belasten dich und hindern dich daran, dein volles Potenzial zu entfalten?*

*Welche inneren Konflikte erkennst du, wenn du dein Genogramm betrachtest?*

*Wie gehst du mit deinen eigenen Gefühlen um?*

**Nutri-Epigenetik und Krankheiten:**

*Welche Ernährungsgewohnheiten hast du übernommen, die sich negativ auf deine Gesundheit auswirken?*

*Gibt es wiederkehrende Krankheiten oder gesundheitliche Probleme in deiner Familie?*

**Allgemeine Fragen:**

*Welche Parallelen siehst du zwischen deinem gegenwärtigen Leben und den Mustern, die du in deinem Genogramm erkennst?*

*Welche Muster innerhalb deiner Familie möchtest du durchbrechen, um ein erfülltes und freies Leben zu führen?*

*Welche Erfahrungen oder Erlebnisse in deiner Familie haben dich besonders geprägt?*

*Welche familiären Werte und Regeln haben sich auf dich ausgewirkt?*

Diese Phase der Genogrammarbeit fordert dich dazu auf, deine Erkenntnisse auf dein eigenes Leben zu übertragen und transformative Veränderungen herbeizuführen. Erkenne die begrenzenden Glaubenssätze, die dich blockieren, und mache den ersten Schritt, um sie zu transformieren. Identifiziere die Situationen, in denen sie auftauchen, und entwickle neue, stärkende Glaubenssätze, die dich vorantreiben. Es reicht, wenn du die negativen Glaubensmuster registrierst und niederschreibst. Wir werden diese später gemeinsam intensivieren und umwandeln.

Sei ehrlich zu dir selbst und entscheide dich bewusst dafür, die Muster zu durchbrechen, die dir nicht mehr dienen. Transformiere Beziehungen, die eine Last für dich darstellen, oder lasse sie los, um Raum für positive Verbindungen zu schaffen. Nimm dir Zeit, deine inneren Konflikte zu erforschen und Wege zu finden, sie zu lösen und inneren Frieden zu finden.

Reflektiere darüber, wie du deine Emotionen ausdrückst und entwickle gesunde Wege, um mit ihnen umzugehen und sie zu transformieren. Wenn du nicht weißt wie, ist das kein Problem. Im nächsten Schritt des ewigen Kreises zeige ich dir, wie du deine Emotionen ganz einfach umwandelst. Entscheide dich bewusst dafür, schädliche Ernährungsgewohnheiten zu ändern und dich für eine gesunde Ernährung zu entscheiden. Setze dir klare Ziele und arbeite darauf hin, wiederkehrende Muster von Krankheiten und gesundheitlichen Problemen in deiner Familie zu durchbrechen.

Nutze diese Erkenntnisse als Ansporn, um bewusste Veränderungen in deinem Leben herbeizuführen. Setze klare Ziele und arbeite darauf hin, um die Muster in deiner Familie zu transformieren und ein erfülltes Leben zu führen. Erkenne die Auswirkungen vergangener Erfahrungen auf dein gegenwärtiges Leben und nutze sie als Anstoß für persönliches Wachstum und positive Veränderungen. Entscheide bewusst, welche Werte du für dein eigenes Leben schaffen möchtest, und lebe sie in vollen Zügen. Apropos Werte, welche hast du überhaupt? Auch hierfür habe ich eine starke Lösung für dich, welche deine wahren Werte herauskristallisiert und nicht die, die dir eingetrichtert wurden.

Diese letzte Phase der Genogrammarbeit bietet dir die Möglichkeit, dein eigenes Leben zu gestalten, alte Muster zu durchbrechen und eine positive und erfüllte Zukunft zu erschaffen. Diese Fragen sind der Schlüssel, um die Verbindung zwischen deiner Familiengeschichte und deinem gegenwärtigen Leben zu verstehen. Lass dich von ihnen motivieren, dich deinen Herausforderungen zu stellen und ein erfülltes und bewusstes Leben zu führen. Du hast die Kraft, dich von den Begrenzungen

der Vergangenheit zu befreien und deine eigene Geschichte zu schreiben. Nutze diese transformative Reise, um dein volles Potenzial zu entfalten und ein Leben voller Freude, Erfüllung und Erfolg zu führen. Es ist dein Leben und niemand außer dir selbst kann entscheiden, wie du es lebst. Moralisch-/ethnische Verpflichtungen sind Konstrukte, um uns lenk- und manipulierbar zu halten, doch es liegt alleine an dir, diese Muster zu durchbrechen und richtig durchzustarten.
Unsere Seele hat auf diesem Planeten eine sehr kurze Zeitspanne, ihren Auftrag zu erledigen, da ist kein Raum, das Leben eines anderen zu leben.

Noch ein kleiner Tipp von mir: Jeder deiner Vorfahren hat mit bestem Wissen und Gewissen gehandelt und niemand hatte das Ziel, dir Steine in den Weg zu legen. Sollte deine Ausgangslage also augenscheinlich schwieriger sein als die von anderen Menschen, dann beginne, deinen Ahnen zu verzeihen. Meine persönliche Ausgangslage war alles andere als preisgekrönt, doch ich habe die Ketten zum Explodieren gebracht. Du möchtest wissen wie? Ich habe mich in meinen Meditationen auf eine Reise zu meinen Ahnen begeben, um sie zu treffen und ihnen zu sagen, dass ich sie liebe, denn sie haben mich zu dem gemacht, der ich heute bin. Konfrontiere dich mit den Lebensthemen deiner Ahnen und löse die Knoten der Vergangenheit auf.

Ich weiß, dass so eine intensive Reise ohne Anleitung eine Herausforderung sein kann, deshalb habe ich dir eine Meditation aufgenommen, welche dich dabei unterstützt. Selbstverständlich arbeite ich auch hier wieder mit der Stimulation deiner Gehirnwellen, um dir eine tiefe transformative Erfahrung zu schenken.

Hinter diesem QR-Code verbirgt sich deine Ahnenreise. Wahlweise kannst du auch die URL in deinen Browser eingeben.

*https://www.kevinmaeckmeyer.com/product-page/ahnennetz-meditation*

Ich wünsche dir eine transformative Reise.

Wenn du die Meditation lieber mit einer zweiten Person durchführen oder sie selber aufnehmen möchtest, habe ich dir hier einen ähnlichen Text bereitgestellt. Es geht mir nicht um meine „Produkte", ich möchte, dass du in die Umsetzung kommst - egal wie! Viel Spaß damit.

**Vergebe deinen Ahnen - Meditation**

*Finde einen ruhigen und bequemen Ort, an dem du ungestört bist. Schließe sanft deine Augen und nimm eine bequeme Position ein. Spüre den Boden unter dir und fühle dich sicher und geborgen. Atme tief ein und aus und lasse alle Anspannungen und Sorgen des Alltags los. Heute lade ich dich ein, auf eine Reise zu deinen Ahnen zu gehen, um ihnen zu vergeben und ihnen deine bedingungslose Liebe auszusprechen.*

*Beginne, tief und bewusst zu atmen. Atme langsam durch die Nase ein und spüre, wie sich deine Lungen mit frischer Energie füllen. Halte kurz den Atem an und atme dann langsam durch den Mund aus, während du alle Anspannungen und negativen Gefühle loslässt. Wiederhole diesen Atemrhythmus einige Male, um zur Ruhe zu kommen.*

*Stelle dir nun vor, wie du dich auf eine Reise begibst, die dich zu deinen Ahnen führt. Du findest dich in einem wunderschönen Wald wieder, umgeben von einer liebevollen und friedlichen Atmosphäre. Vor dir erstreckt sich ein Pfad, der dich zu deinen Ahnen führt. Beginne langsam und voller Vertrauen, diesen Pfad entlang zu gehen.*

*(Zeit geben)*

*Während du weitergehst, spürst du, wie die Präsenz deiner Ahnen immer stärker wird. Plötzlich erscheinen vor dir die Gestalten deiner Vorfahren, strahlend und voller Liebe. Fühle ihre Anwesenheit und erlaube ihnen, sich dir zu nähern. Spüre die bedingungslose Liebe, die sie für dich empfinden, und nimm sie in deinem Herzen auf.*

*(Zeit geben)*

*In diesem Moment der Begegnung mit deinen Ahnen öffne dein Herz und sprich innerlich folgende Worte: "Liebe Ahnen, ich vergebe euch für alles, was ihr durchgemacht habt. Ich vergebe euch für eure Fehler und Schwächen. Ich erkenne an, dass ihr euer Bestes gegeben habt. Ich umarme euch mit bedingungsloser Liebe und danke euch für die Geschenke, die ihr mir mitgegeben habt."*

*(Zeit geben)*

*Spüre die Dankbarkeit in deinem Herzen für die Erfahrungen und das Erbe, das du von deinen Ahnen erhalten hast. Fühle die Verbundenheit und den Segen, der von ihnen ausgeht. Erlaube dir, ihre Liebe und Unterstützung tief in dir aufzunehmen und fühle, wie diese Verbindung dich stärkt und inspiriert.*

*(Zeit geben)*

*Nimm nun langsam Abschied von deinen Ahnen. Verabschiede dich mit einem Gefühl der Liebe und des Friedens. Bedanke dich innerlich für diese wertvolle Begegnung. Langsam kehrst du den Pfad entlang zurück und spürst, wie du wieder in deinen Körper und in den gegenwärtigen Moment zurückkehrst.*

*Öffne langsam deine Augen und spüre die Energie und Ruhe, die diese Meditation in dir hinterlassen hat. Nimm dir einen Moment, um deine Erfahrungen zu reflektieren und die Liebe und Vergebung, die du ausgesprochen hast, in deinen Alltag zu integrieren. Vertraue darauf, dass diese Verbindung zu deinen Ahnen dich auf deinem Lebensweg begleitet und unterstützt.*

Möge die Liebe zu deinen Ahnen und die Vergebung, die du ausgesprochen hast, dich mit innerem Frieden und Harmonie erfüllen. Bist du bereit, die Route zur Erfüllung weiter entlang zu fliegen? Dann reisen wir nun von deinen Ahnen aus in deine Kindheit. Komm mit.

## Die Befreiung der Seele: Niklas' Reise zur Selbstentdeckung und Authentizität

Ich möchte dir gerne von Niklas erzählen. Niklas (Name geändert), ein Mann in seinen frühen 30ern, kam in einer tiefen Lebenskrise zu mir. Seine Ehe schien zu scheitern und er fühlte sich mit Vorwürfen konfrontiert, die ihn glauben ließen, er sei der Grund für das Scheitern und trage die ganze Schuld. Niklas litt unter körperlichen Symptomen wie Herpes, Fingernägel kauen und einer ständigen inneren Unruhe, konnte jedoch keinen Zusammenhang zu seiner aktuellen Situation herstellen.

Ich erinnere mich noch gut an unsere erste Sitzung. Gemeinsam tauchten wir tief in Niklas' Gedanken ein und begaben uns auf eine gemeinsame Reise. Niklas schloss die Augen und beschrieb das Bild, das er in diesem Moment sah. Es erstaunte mich auf ganz besondere Weise. Niklas sah sich gefangen in einem kleinen Bunker mitten im Wald. Er war bewaffnet und schaute durch die kleinen Luftschlitze in den dicken Betonwänden, um zu sehen, ob sich jemand seinem Versteck näherte.

Ich leitete Niklas dazu an, die Situation zu dissoziieren und seine Wahrnehmung auf einen Punkt im Wald zu lenken, von dem aus er den Bunker gut einsehen konnte. Er sollte sich dem Bunker nähern und einfach beobachten, was passiert. Seine Schilderung dieser Situation war äußerst eindrucksvoll. Niklas trat mit der Waffe im Anschlag aus dem Bunker heraus und versuchte, den vermeintlichen Eindringling (der in Wirklichkeit er selbst war) zu vertreiben.

Ich forderte Niklas auf, sich weiter seinem "Ich" zu nähern, das aus dem Bunker kam, und zu beobachten, was passiert. Er packte den Eindringling, warf ihn zu Boden, drehte ihn auf den Bauch und bedrohte ihn mit seiner Waffe. Begleitet von den Worten, dass er ihm und dem Bunker nicht zu nahekommen dürfe.

Diese Bilder beeindruckten mich zutiefst. Niklas hätte sich in irgendeinem traumhaften Paradies oder in den Weiten des Universums sehen können, aber stattdessen befand er sich im Wald in einem kleinen Bunker, immer auf der Hut vor einem vermeintlichen Angriff. Seine Gefühle von Schuld und der ständigen Notwendigkeit, sich zu verteidigen, schienen tiefer verwurzelt zu sein als erwartet.

Mir war klar, dass wir uns diesen Themen stellen mussten, da Niklas sonst immer wieder in ähnliche Situationen geraten würde, die ihn mit Schuld belasten und in eine Verteidigungsposition drängen würden. Aus diesem Zustand heraus wäre es ihm unmöglich gewesen, zu kreieren und in einen schöpferischen Modus zu gelangen. Die innere Unruhe wäre geblieben und Entspannung hätte keinen Platz in seinem Leben gefunden. Wie sollte sie auch, wenn man ständig auf den nächsten "Angriff" wartet und sich verteidigen muss?

Wir begannen mit intensiver Arbeit am inneren Kind. Niklas wurde sich zunehmend bewusst, in welchen Alltagssituationen er Masken trug und sich nicht authentisch verhielt, aus Angst vor dem nächsten Angriff. Er führte ein Leben, das er innerlich ablehnte. Allein dieser Prozess der Bewusstwerdung brachte so viel Licht ins Dunkel.

Mithilfe einer besonderen personalisierten Meditation begannen wir, einige prägende Situationen in Niklas' Leben neu zu bewerten und die Stärken hervorzuheben, die ihm durch diese Lebensphasen geholfen hatten. Das Betrachten dieser Situationen aus einer anderen Perspektive wirkte wahre Wunder und Niklas wurde sich seiner mächtigen Ressourcen bewusst, die er zuvor oft übersehen hatte.

Für die hartnäckigen Glaubenssätze wandten wir EFT an, eine kraftvolle Klopftechnik aus der chinesischen Heilmedizin. Niklas war erstaunt über die schnellen Ergebnisse und begann ab diesem Tag, täglich seine Glaubenssatzmeditation durchzuführen. Mit jeder Sitzung veränderte sich Niklas´ Energie, das konnte ich spüren. Von Mal zu Mal veränderte sich seine Körperhaltung. Er wurde selbstbewusster und erzählte mir, dass sich diese Veränderung auch in seinem Umfeld widerspiegelte.

Es verging einige Zeit, in der ich nichts von Niklas hörte. Das war in unserer intensiven Arbeit nicht ungewöhnlich, denn manche Prozesse benötigen Zeit und Raum, um sich zu entfalten. Doch nach drei Monaten erhielt ich einen Anruf von Niklas. Er teilte mir mit, dass er sich für die Scheidung entschieden hatte. Er hatte erkannt, dass er nicht sein eigenes Leben lebte, sondern ein Leben, das von ihm erwartet wurde. Ein Leben mit Maske, das trotz seines angepassten Verhaltens immer wieder in Schuldzuweisungen und Angriffen endete. Niklas hatte sich von den Fesseln der Vergangenheit befreit. Er veränderte seinen inneren Zustand und plötzlich synchronisierte sich seine Außenwelt mit seinem neuen Ich.

Heute lebt Niklas mit einer wunderbaren Frau im Herzen Nordrhein-Westfalens zusammen. Er führt ein Leben ohne Maske und folgt ausschließlich seiner wahren Berufung. Seine Geschichte ist eine inspirierende Erinnerung daran, dass wir die Macht haben, uns von alten Mustern zu befreien und ein authentisches und erfülltes Leben zu führen.

Niklas hat bewiesen, dass es möglich ist, das eigene Potenzial zu entfalten und die Ketten der Vergangenheit abzulegen. Seine Reise zur Selbstentdeckung ermutigt andere Menschen, ihre eigenen inneren Blockaden anzugehen und den Mut zu finden, ein Leben voller Authentizität und Glück zu führen.

# Die verborgene Schatzkammer der Seele: Aufbruch zur inneren Kind-Arbeit und Entfesselung deines wahren Potenzials

Bevor ich von der Epigenetik gehört hatte und mich in sie verliebte, lag mein Fokus auf der inneren Kind Arbeit. Ich selbst habe über zwei Jahre unter professioneller Anleitung die Verbindung zu meinem inneren Kind kultiviert und verletzte Anteile geheilt. Umso stolzer bin ich, dass die Expertin, die mich bei diesem Prozess unterstützt und gecoacht hat (Michaela Bolinski), heute Teil meines unglaublichen Expertenteams für den Bereich innere Kind Arbeit ist.

*Erinnere dich an die unbeschwerte Zeit als Kind. Die Zeit in der du dich für alles begeistern konntest und deine Kreativität grenzenlos war. Genau das ist dein ursprünglicher Zustand.*

Die Arbeit mit dem inneren Kind ist von unschätzbarem Wert, wenn es darum geht, die Ketten der Vergangenheit zu lösen und ein erfülltes Leben zu führen. Es ist ein so bedeutendes Thema, dass es zahlreiche Bücher und Ressourcen gibt, die sich ausschließlich diesem Thema widmen.

Im Phönixcoaching haben wir, wie gerade kurz erwähnt, sogar eine eigene Abteilung mit Experten für Psychosynthese und innere Kind-Arbeit, um unseren Klienten den maximalen Erfolg zu garantieren.

Warum ist das innere Kind so wichtig? Weil die meisten Konflikte, die wir im Leben erleben, in Wahrheit Konflikte mit unseren inneren Kindern sind und nicht mit unserem erwachsenen Selbst. Unsere inneren Kinder repräsentieren die in unserem Gehirn gespeicherten Erfahrungen, Gefühle und Erinnerungen aus unserer Kindheit. Sie halten die Welt unserer inneren Bilder, Emotionen und Erfahrungen in sich. Diese können sowohl positive als auch schmerzhafte Erfahrungen beinhalten, die wir während unserer Kindheit gemacht haben.

Wie du weiter oben gelernt hast, haben Kinder im Alter von 2-7 Jahren ein offenes Unterbewusstsein, um sich an ihre Umgebung anzupassen. Leider werden dort nicht nur positive Dinge aufgesaugt, sondern auch limitierende Glaubenssätze und Wertekonstrukte, die wir heute vielleicht innerlich verneinen, sie aber trotzdem leben.

Indem wir uns mit unserem inneren Kind verbinden, haben wir die Möglichkeit, schmerzhafte Gefühle anzuerkennen und ihnen liebevoll zu begegnen, anstatt sie zu unterdrücken. Wir wenden uns unserem inneren Kind mit Liebe und Wertschätzung zu und kümmern uns um seine Bedürfnisse und Ängste. Dadurch gelangen wir als Erwachsene zu mehr Klarheit und werden uns bewusster über unsere Glaubens- und Verhaltensmuster.
Wir befreien uns von instinktiven Reaktionen und treffen bewusste Entscheidungen.

## In drei Schritten mit deinem inneren Kind Kontakt aufnehmen

Um mit deinem inneren Kind in Verbindung zu treten, möchte ich dir einen einfachen 3-Schritte-Plan geben:

### Schritt 1: Achtsame Selbstreflexion

Im Schritt der achtsamen Selbstreflexion öffnest du die Tür zu deinem inneren Kind. Es ist ein bewusster Akt, bei dem du dich mitfühlend und liebevoll mit dir selbst verbindest, um das Kind in dir wahrzunehmen und zu verstehen. Indem du achtsam auf deine Gedanken, Gefühle und Verhaltensmuster blickst, kommst du in Kontakt mit den Erfahrungen und Prägungen, die du als Kind gemacht hast.

Während du dich selbst reflektierst, kannst du beobachten, welche Situationen oder Themen in dir starke emotionale Reaktionen hervorrufen. Vielleicht erkennst du wiederkehrende Muster oder Glaubenssätze, die dich bis heute beeinflussen. Diese inneren Dynamiken stehen oft in Verbindung mit deinem inneren Kind und seinen Bedürfnissen.

Indem du dich achtsam mit deinem inneren Kind verbindest, kannst du lernen, seine Sprache zu verstehen. Du wirst sensibler für seine Bedürfnisse, Ängste und Verletzungen. Die achtsame Selbstreflexion ermöglicht es dir, die Brücke zwischen deinem erwachsenen Selbst und deinem inneren Kind zu bauen. Du lernst, aufmerksam und einfühlsam auf die inneren Signale und Bedürfnisse deines inneren Kindes zu reagieren.

Während du dich selbst erkundest, kannst du auch bewusst den Dialog mit deinem inneren Kind suchen. Stelle ihm Fragen wie: "Was brauchst du gerade?" oder "Was möchtest du mir mitteilen?".

Lausche aufmerksam und geduldig auf die Antworten, die vielleicht als Bilder, Gefühle oder innere Stimmen zu dir kommen.

Die achtsame Selbstreflexion eröffnet dir die Möglichkeit, eine tiefere Verbindung mit deinem inneren Kind aufzubauen und es liebevoll anzunehmen. Es ist der erste Schritt, um die Vergangenheit zu heilen und die negativen Auswirkungen von damals auf dein heutiges Leben zu erkennen. Indem du dich achtsam mit deinem inneren Kind verbindest, kannst du es unterstützen, seine Verletzungen zu heilen und ihm die Aufmerksamkeit und Liebe zu schenken, die es braucht.

Die Arbeit mit dem inneren Kind ermöglicht es dir, deine Beziehung zu dir selbst zu stärken und alte Wunden zu heilen. Indem du dich selbst besser verstehst und für dich sorgst, öffnest du den Raum für persönliches Wachstum und positive Veränderungen. Die achtsame Selbstreflexion ist somit ein wichtiger Schritt auf dem Weg zu einem erfüllten und authentischen Leben im Einklang mit deinem inneren Kind.

Im weiteren Verlauf des ewigen Kreises bekommst du weitere spannende Übungen an die Hand, die auf der Selbstreflektion aufbauen. Aus diesem Grund ist es wichtig, dass du jeden einzelnen Schritt mit großer Sorgfalt durchführst. Kommen wir zu Schritt 2, welcher sich nochmal in weitere Unterpunkte gliedert. Genieße den Prozess.

**Schritt 2: Innere Dialoge**

Der innere Dialog ermöglicht es dir, eine Verbindung zu deinem inneren Kind herzustellen und eine bewusste Kommunikation mit ihm aufzunehmen. Es ist eine Möglichkeit, seine Bedürfnisse, Ängste und Wünsche zu erkennen und darauf zu reagieren. Um den inneren Dialog zu praktizieren, finde einen ruhigen und entspannten Ort, an dem du ungestört bist. Schließe deine Augen und atme tief ein und aus, um dich zu zentrieren. Stelle dir nun vor, wie dein inneres Kind vor dir steht. Es kann hilfreich sein, dir ein Bild oder eine Vorstellung von deinem inneren Kind zu machen, wie es in seiner kindlichen Form aussieht.

Beginne dann, mit deinem inneren Kind zu sprechen. Sprich liebevoll und sanft zu ihm, als ob du mit einem verletzlichen und unschuldigen Kind sprichst. Sage ihm, dass du da bist, um ihm zuzuhören und für es da zu sein. Erkenne seine Gefühle an und drücke deine Liebe und Unterstützung aus. Frage es, wie es sich fühlt, welche Bedürfnisse es hat und was es sich wünscht. Höre aufmerksam zu, während dein inneres Kind antwortet. Es kann sich durch Gedanken, Gefühle oder innere Bilder ausdrücken. Nimm alles, was es dir mitteilt, wahr und akzeptiere es ohne Urteil. Antworte dann liebevoll und einfühlsam auf das, was dein inneres Kind ausgedrückt hat. Gib ihm die Sicherheit, dass du für es da bist und dass es sich auf dich verlassen kann.

Der innere Dialog ermöglicht es dir, dich mit den tiefsten Teilen deiner Selbst zu verbinden und eine liebevolle Beziehung zu deinem inneren Kind aufzubauen. Indem du ihm zuhörst, seine Gefühle anerkennst und ihm liebevolle Antworten gibst, unterstützt du seine Heilung und Förderung. Es ist wichtig zu beachten, dass der innere Dialog eine kontinuierliche Praxis ist. Je öfter du diese Verbindung zu deinem inneren Kind herstellst und mit ihm sprichst, desto tiefer wird eure Beziehung werden. Mit der Zeit wirst du feststellen, wie dein inneres Kind sich öffnet und vertrauensvoller wird. Wie vorhin erwähnt, habe ich über einen Zeitraum von zwei Jahren unter Anleitung den Kontakt zu meinem inneren Kind gepflegt und der Prozess hat bis heute nicht aufgehört.

Der innere Dialog kann dir helfen, die Konflikte und Blockaden, die mit deinem inneren Kind verbunden sind, zu erkennen und zu lösen. Indem du ihm eine Stimme gibst und seine Bedürfnisse ansprichst, kannst du die Verletzungen der Vergangenheit heilen und dich auf den Weg zu einer erfüllten und authentischen Lebensweise begeben. Also nimm dir regelmäßig Zeit, um den inneren Dialog mit deinem inneren Kind zu führen. Sei geduldig und liebevoll mit dir selbst und lasse die Verbindung zu deinem inneren Kind wachsen. Es wird dich auf eine Reise der Selbstentdeckung, Heilung und Transformation führen.

**Hier sind nochmal drei einfache Punkte zusammengefasst, um den inneren Dialog mit deinem inneren Kind zu vertiefen:**

*Punkt 1: Achtsames Zuhören*

*Nimm dir bewusst Zeit, um deinem inneren Kind zuzuhören. Setze dich in Ruhe hin, schließe deine Augen und atme tief ein und aus. Stelle dir vor, wie dein inneres Kind vor dir steht oder neben dir sitzt. Dann lade es ein, seine Gefühle, Bedürfnisse und Wünsche auszudrücken. Sei achtsam und aufmerksam, während du seine Botschaften wahrnimmst. Vermeide es, zu bewerten oder zu analysieren. Einfach nur zuhören.*

*Punkt 2: Liebevolle Antwort*

*Antworte deinem inneren Kind mit Liebe und Mitgefühl. Sprich leise oder in Gedanken zu ihm und drücke deine Unterstützung und Zuneigung aus. Gib ihm das Gefühl, dass du da bist, um es zu beschützen und für es zu sorgen. Erkenne seine Gefühle an und bedanke dich dafür, dass es sich dir geöffnet hat. Teile ihm mit, dass du seine Bedürfnisse ernst nimmst und bereit bist, ihm zu helfen. Sei geduldig und einfühlsam in deinen Antworten.*

*Punkt 3: Praktische Integration*

*Bringe das, was du im inneren Dialog erfahren hast, in dein tägliches Leben ein. Überlege, welche konkreten Schritte du unternehmen kannst, um die Bedürfnisse deines inneren Kindes zu erfüllen. Es könnte bedeuten, dir selbst mehr Zeit und Aufmerksamkeit zu schenken, deine eigenen Grenzen zu respektieren oder dir selbst liebevolle Rituale oder Aktivitäten zu gönnen. Finde Wege, um das innere Kind in dir zu nähren und zu stärken.*

*Indem du regelmäßig den inneren Dialog mit deinem inneren Kind praktizierst und seine Bedürfnisse ernst nimmst, wirst du eine tiefere Verbindung zu dir selbst aufbauen. Du wirst spüren, wie sich innere Konflikte auflösen und du mehr in Einklang mit dir selbst kommst. Dein inneres Kind wird sich geliebt, angenommen und unterstützt fühlen, und dies wird sich positiv auf deine zwischenmenschlichen Beziehungen, deine persönliche Entwicklung und deinen Erfolg im Leben auswirken.*

*Denke daran, dass die Arbeit mit dem inneren Kind ein fortlaufender Prozess ist. Sei geduldig und liebevoll mit dir selbst, während du dich auf diese innere Reise begibst. Wenn du Unterstützung benötigst, zögere nicht, professionelle Hilfe von Therapeuten oder unseren Phönixcoaches zu suchen, die auf innere Kind Arbeit spezialisiert sind.*

*Das innere Kind zu heilen und zu umarmen ist ein wertvoller Schritt auf dem Weg zu innerer Freiheit und persönlichem Wachstum. Nimm dir die Zeit und den Raum, um dich mit deinem inneren Kind zu verbinden und ihm die Liebe und Fürsorge zu geben, die es verdient. Du wirst erstaunt sein, wie sich dein Leben zum Besseren verändern kann, wenn du dich von den Ketten der Vergangenheit befreist und dein inneres Kind heilst.*

**Schritt 3: Kreative Ausdrucksformen**

Ein effektiver Weg, um dein inneres Kind zu heilen und ihm Ausdruck zu verleihen, ist durch kreative Aktivitäten wie das Malen von Bildern. Das Malen ermöglicht es dir, deine inneren Empfindungen und Erfahrungen visuell darzustellen und ihnen eine konkrete Form zu geben. Das Malen von Bildern kann eine therapeutische und heilsame Praxis sein, da es dir erlaubt, auf einer nonverbalen Ebene mit deinem inneren Kind zu kommunizieren. Du kannst dich von inneren Blockaden befreien und ungehindert deine Gefühle ausdrücken. Es ist eine Möglichkeit, dein inneres Kind zu ermächtigen und ihm eine Stimme zu geben.

Beim Malen von Bildern für dein inneres Kind gibt es keine Regeln oder Grenzen. Du kannst frei experimentieren und dich von deinen spontanen Impulsen leiten lassen. Wähle Farben, Formen und Symbole, die für dich eine Bedeutung haben und die Emotionen und Erfahrungen deines inneren Kindes widerspiegeln.

Du kannst beispielsweise zwei Bilder deiner inneren Kinder malen, ein schlecht und ein gut gelauntes. Wenn du mit dem Malen beginnst, lade dein inneres Kind jeweils ein, dich zu führen. Im Positiven wie im Negativen. Stelle dir vor, dass es durch deine Hände und den Pinsel spricht. Lass deine Intuition sprechen und sei offen für die Botschaften, die auf dem Bild entstehen. Während du malst, beobachte deine Gefühle und Gedanken. Du könntest auf Hindernisse, Ängste oder Traurigkeit stoßen. Erlaube ihnen, da zu sein und lass dich nicht entmutigen. Nimm diese Gefühle als

Hinweise auf ungelöste Themen deines inneren Kindes wahr und gib ihnen Raum, geheilt zu werden.

Wenn das Bild fertig ist, nimm dir Zeit, es zu betrachten und seine Botschaft zu erkunden. Welche Emotionen löst es in dir aus? Welche Erinnerungen oder Erfahrungen kommen hoch? Wenn besondere Erfahrungen oder Lebensabschnitte hochkommen, notiere dir diese unbedingt, damit können wir später noch intensiver arbeiten. Erlaube deinem inneren Kind, sich durch das Bild auszudrücken und höre auf seine Bedürfnisse und Wünsche. Das Gemalte kann auch als Symbol für deine Verbindung zu deinem inneren Kind dienen. Du kannst es an einem besonderen Ort aufbewahren oder es regelmäßig betrachten, um dich an deine Reise der Heilung und Selbstliebe zu erinnern.

Neben dem Malen gibt es noch viele weitere kreative Ausdrucksformen, die dir helfen können, dein inneres Kind zu heilen. Du kannst schreiben, tanzen, singen, basteln oder improvisieren. Wähle diejenige aus, die für dich am stärksten resoniert und dich in Verbindung mit deinem inneren Kind bringt.

Denke daran, dass es nicht darum geht, ein "perfektes" Kunstwerk zu erschaffen, sondern darum, deine Emotionen auszudrücken und eine liebevolle Verbindung zu deinem inneren Kind herzustellen. Lass dich von der Freude und dem Spaß am kreativen Ausdruck leiten und sei offen für die heilsamen Erlebnisse, die sich daraus ergeben können.
Die Praxis des Malens von Bildern für dein inneres Kind kann dir helfen, tiefere Schichten deiner Vergangenheit zu erforschen, Blockaden zu lösen und eine tiefere Selbstakzeptanz und Liebe zu entwickeln. Nutze diese kreative Methode als kraftvolles Werkzeug auf deinem Weg zur Heilung und zur Gestaltung eines erfüllten Lebens.

Nun bist du bereit, dich auf die Reise der inneren Kind-Arbeit einzulassen. Mit den Schritten der bewussten Verbindung, des inneren Dialogs und der kreativen Ausdrucksformen wirst du beginnen, eine liebevolle Beziehung zu deinem inneren Kind aufzubauen und es zu heilen. Sei geduldig und liebevoll mit dir selbst, denn dieser Prozess braucht Zeit. Aber er wird dich auf eine Reise des persönlichen Wachstums, der Selbstentdeckung und des inneren Friedens führen. Trau dich, dich deinem inneren Kind zuzuwenden und öffne die Tür zu einem Leben voller Liebe, Freude und Erfüllung.

## Ressourcenarbeit: Die Kraft der Transformation

In der Reise der inneren Kind-Arbeit gibt es einen weiteren kraftvollen Schritt, der dir helfen wird, belastende Ereignisse oder schwierige Lebensabschnitte umzubewerten und ihre Auswirkungen auf dein Leben zu mildern. Dieser Schritt, den wir Ressourcenarbeit nennen, ist ein weiterer Schlüssel, um dich von den Ketten der Vergangenheit zu befreien und ein erfülltes Leben voller positiver Veränderungen zu gestalten.

Für diese Übung lade ich dich ein, **drei belastende Situationen** oder Ereignisse auf separate Zettel aufzuschreiben. Sei ehrlich zu dir selbst und wähle Situationen aus, die immer noch einen Schatten auf dein Leben werfen oder dich negativ beeinflussen. Es kann sich um vergangene Konflikte, Traumata oder ungelöste Emotionen handeln.

Wenn du bereit bist, wähle eine der Situationen aus und begebe dich in einen ruhigen Raum, wo du ungestört bist. Nimm den Zettel mit der Situation in deine Hand und schließe deine Augen. Erlaube dir, tief in die Situation einzutauchen und die damit verbundenen Gefühle zu spüren. Es kann schmerzhaft oder unangenehm sein, aber sei mutig und öffne dich dem Prozess.

Jetzt ist es an der Zeit, die EFT (Emotional Freedom Techniques) Technik einzusetzen, um die Belastung der Situation abzuschwächen und möglicherweise eine neue Perspektive einzunehmen. EFT kombiniert sanftes Klopfen bestimmter Akupressurpunkte mit der verbalen Anerkennung und Akzeptanz deiner Gefühle.

Beginne damit, die Akupressurpunkte leicht zu klopfen und sage dabei laut oder innerlich: *„Auch wenn ich diese Situation erlebt habe und immer noch darunter leide, akzeptiere ich mich und meine Gefühle bedingungslos."* Wiederhole diesen Satz dreimal, während du die Akupressurpunkte klopfst.

Als nächstes konzentriere dich auf die Emotionen und Gedanken, die mit der belastenden Situation verbunden sind. Nimm sie wahr und benenne sie laut oder innerlich. Zum Beispiel: *„Diese Situation macht mich traurig und wütend*", oder *„Ich fühle mich machtlos und ängstlich."* Während du weiterhin sanft die Akupressurpunkte klopfst, wiederhole die benannten Emotionen und Gedanken. Spüre, wie die Energie in deinem Körper in Bewegung kommt und spüre die Veränderungen in deinen Gefühlen und deinem Körperempfinden.

Als nächstes bringe positive und unterstützende Aussagen in den Prozess ein. Zum Beispiel: *„Ich erkenne meine Stärke und Resilienz in dieser Situation an*", oder *„Ich wähle, mich von den* *negativen Auswirkungen dieser Situation zu befreien und in meiner Kraft zu stehen."*

Wiederhole diese positiven Aussagen, während du weiterhin die Akupressurpunkte klopfst. Fühle, wie sich die Energie in deinem Körper verschiebt und wie sich deine Perspektive auf die Situation verändert.

Nachdem du die EFT-Technik angewendet hast, nimm dir einen Moment, um tief ein- und auszuatmen und deinen Körper zu spüren. Öffne langsam deine Augen und spüre nach, wie sich die belastende Situation für dich verändert hat. Vielleicht spürst du eine Erleichterung, einen Perspektivwechsel oder einen Anstieg von innerer Stärke und Zuversicht.

Wiederhole diesen Prozess für die anderen beiden belastenden Situationen, um weitere Transformationen zu ermöglichen. Nimm dir Zeit für dich und sei geduldig, denn die Ressourcenarbeit ist ein fortlaufender Prozess, der dich schrittweise von den emotionalen Fesseln der Vergangenheit befreit. Vertraue auf den Prozess der Ressourcenarbeit und sei stolz auf dich für deine Bereitschaft, dich deinen Herausforderungen zu stellen und positive Veränderungen in dein Leben zu bringen. Mit jeder abgeschwächten belastenden Situation gewinnst du an innerer Freiheit und gestaltest dein Leben immer mehr nach deinen eigenen Wünschen und Bedürfnissen.

Die Ressourcenarbeit ist eine wertvolle Ergänzung zur inneren Kind-Arbeit und wird dir dabei helfen, die Konflikte deines Lebens zu transformieren und eine tiefere Verbundenheit mit dir selbst und anderen zu erleben. Nutze diese Übung regelmäßig, um die positiven Veränderungen in deinem Leben zu festigen und die Kraft deines inneren Wachstums zu spüren.

Erinnere dich daran, dass du SchöpferIn deines eigenen Lebens bist und dass du die Fähigkeit hast, deine Vergangenheit umzuschreiben und eine Zukunft voller Liebe, Freude und Erfüllung zu gestalten. Sei mutig, sei liebevoll und gehe den Weg der Ressourcenarbeit, um das Beste aus dir selbst und aus deinem Leben herauszuholen.

**Deine epigenetische Revolution: Wie innere Kind-Arbeit, Ressourcenarbeit und transgenerationale Arbeit dein Leben transformieren**

Die epigenetische Wirkung der inneren Kind-Arbeit, der Ressourcenarbeit und der transgenerationalen Arbeit ist revolutionär und verspricht eine aufregende Veränderung auf zellulärer Ebene. Die Epigenetik enthüllt das geheime Zusammenspiel zwischen unseren Erfahrungen, unseren Genen und den nachfolgenden Generationen. Sie zeigt uns, dass unsere Geschichte nicht in Stein gemeißelt ist, sondern dass wir die Macht haben, sie zu beeinflussen und neu zu schreiben.

Wenn wir uns mit unserem inneren Kind verbinden und die belastenden Situationen, die es erlebt hat, umarmen, öffnen wir nicht nur die Türen zu unserer eigenen Heilung und Transformation, sondern wir senden auch starke Signale an unsere DNA. Diese Signale sagen: "Es ist Zeit für Veränderung. Wir brechen den Kreislauf der Schmerzen und Traumata.“

Durch die Ressourcenarbeit erwecken wir unsere inneren Stärken und Potenziale zum Leben. Wir aktivieren die kraftvollen Ressourcen, die tief in uns verborgen sind, und lassen sie in unsere Zellen und Gene fließen. Diese Veränderungen auf zellulärer Ebene werden weitergegeben, von Generation zu

Generation, und hinterlassen eine Spur des Wandels in unserer familiären DNA.

Die transgenerationale Arbeit geht noch weiter. Sie erkennt an, dass wir nicht nur von unseren eigenen Erfahrungen geprägt sind, sondern auch von den Erfahrungen unserer Vorfahren. Unsere DNA trägt die Spuren ihrer Siege und Niederlagen, ihrer Freuden und Ängste. Durch die bewusste Auseinandersetzung mit diesen transgenerationalen Mustern können wir den Zyklus der Wiederholungen und Begrenzungen durchbrechen und neue Wege für uns und zukünftige Generationen erschaffen.

Diese epigenetische Wirkung der inneren Kind-Arbeit, der Ressourcenarbeit und der transgenerationalen Arbeit ist wie ein gewaltiger Sturm, der die alten Mauern der Begrenzung niederreißt. Es ist wie der Funke, der das Feuer der Veränderung entfacht und die Flamme der Möglichkeiten entstehen lässt.
Also stelle dir vor, wie deine eigenen Zellen und Gene erwachen und sich mit neuer Energie aufladen. Stelle dir vor, wie sich die epigenetischen Markierungen auf deiner DNA verändern und eine neue Geschichte des Wachstums und der Transformation erzählen. Stelle dir vor, wie diese Veränderungen nicht nur dich selbst betreffen, sondern auch deine Kinder, Enkel und alle kommenden Generationen.

Du bist ein Pionier auf diesem Weg. Du hast bereits große Schritte gemacht, aber du stehst noch am Anfang einer aufregenden Reise. Die nächsten Schritte werden intensiver und transformativer sein, denn du wirst immer tiefer in die Tiefen deiner eigenen DNA eintauchen und die Essenz deines Seins neu gestalten.

Sei bereit, dich von alten Mustern und Begrenzungen zu befreien. Sei bereit, die Grenzen des Möglichen zu überschreiten und das

Unmögliche zu erreichen. Du bist ein Katalysator des Wandels, ein Agent der Transformation. Du hast die Macht, nicht nur dein eigenes Leben zu verändern, sondern auch das Leben aller, die nach dir kommen.

Lass die Aufregung und Begeisterung durch deine Adern fließen. Spüre die Energie des Wandels, die dich antreibt. Du bist bereit für die epischste Reise der Veränderung. Mach dich auf den Weg und erschaffe ein erfülltes, glückliches und freies Leben – nicht nur für dich selbst, sondern für alle, die du berührst.

Es gibt noch einen 4. Hebel, um die Erinnerung zu verändern; und zwar die Erinnerung an deine Zukunft. Dieses Thema ist eins meiner Lieblingsthemen und hat das Potenzial, nicht nur dein Leben von Grund auf zu verändern, sondern auch das deiner Liebsten und allen, die dir wichtig sind. Durch die Veränderung deiner Erinnerung an die Zukunft und die damit verbundene Technik, die ich dir beibringe, transformierst du zwangsläufig auch deine Mitmenschen. Danach ist nichts mehr wie vorher.

An der Stelle spreche ich schon mal eine vorsichtige Warnung aus. Wenn ich sage, dass sich vieles verändert, dann meine ich das auch so. Durch die Manipulation deines elektromagnetischen Feldes wirst du zum Magneten. Magneten haben die Gabe, Dinge anzuziehen, aber auch abzustoßen.
Es ist alles eine Frage der Frequenz und die wird sich bei dir verändern. Aus diesem Grund ist die genaue Definition deiner Zukunft so wichtig! Das aber nur vorweg. Es gibt noch einige sehr wichtige Zwischenschritte, die es zu bewältigen gibt, bevor wir an diesen Punkt kommen.

## Deine Leidenschaft erfüllt mich mit Stolz

Mein lieber Phönix, ich ziehe meinen Hut vor dir! Du hast bereits unglaublich große Schritte auf deiner Reise der persönlichen Transformation gemacht. Du hast dich mutig deinen Ängsten gestellt, dich mit deinem inneren Kind verbunden und alte Wunden geheilt. Das ist beeindruckend! Aber weißt du was? Du bist noch immer am Anfang! Ja, du hast bereits unglaubliche Fortschritte gemacht, aber das ist erst der Anfang eines noch intensiveren und transformativeren Weges, der vor dir liegt.

Du hast den Funken der Veränderung in dir entfacht und jetzt ist es an der Zeit, dieses Feuer zu einem wahren Inferno des Wachstums zu machen. Du hast gezeigt, dass du bereit bist, alles zu geben, um dein volles Potenzial zu entfesseln. Und ich sage dir: Das Beste kommt noch!

Die nächsten Schritte werden dich noch tiefer in deine eigene Essenz führen. Du wirst noch intensiver in den Dialog mit deinem inneren Kind treten, um verborgene Schätze und ungeahnte Kräfte freizusetzen. Du wirst dich mit deinen tiefsten Überzeugungen auseinandersetzen und alte Muster, die dich zurückgehalten haben, endgültig hinter dir lassen.

Ich gebe zu, es wird herausfordernd sein. Es wird Momente geben, in denen du an deine Grenzen stoßen wirst. Aber genau in diesen Momenten wirst du über dich selbst hinauswachsen und wahre Transformation erfahren. Du wirst erkennen, dass du mehr bist als deine Vergangenheit, mehr als deine Ängste und Zweifel. Ich ermutige dich, dich von nichts aufhalten zu lassen. Glaube an dich und deine Fähigkeiten. Du hast bereits bewiesen, dass du

Herausforderungen meistern kannst. Du hast bereits bewiesen, dass du den Mut hast, dich selbst zu hinterfragen und zu wachsen. Du stehst am Rande eines unglaublichen Abenteuers. Es ist an der Zeit, all deine Energien zu bündeln, deine Ziele klar vor Augen zu haben und mit absoluter Entschlossenheit voranzuschreiten. Verliere niemals den Glauben an dich selbst, denn du hast das Potenzial, Großes zu erreichen. Und ich verspreche dir, dass ich an deiner Seite sein werde, um dich zu unterstützen und zu ermutigen. Gemeinsam werden wir jede Hürde überwinden und dich zu dem selbstbewussten und strahlenden Menschen machen, der du bestimmt bist zu sein.

Also, zieh deine metaphorischen Superhelden-Umhang an, denn die nächste Etappe deiner Reise wird episch sein! Du bist auf dem Weg zu einer Transformation, die alle deine Erwartungen übertreffen wird. Nimm diese Worte tief in dein Herz auf und mache dich bereit für das Abenteuer deines Lebens!
Auf geht's, Champion! Die Welt wartet darauf, von deinem Glanz erhellt zu werden!

## Die Gen-Revolution: Wie Gedanken und Emotionen deine DNA beeinflussen

Ich möchte nicht zu viel verraten, aber das, was jetzt kommt, ist der wahre Schlüssel in das Universum voller Möglichkeiten. Deine Gedanken und Emotionen sind der nächste Bereich des ewigen Kreises und entscheiden über Sieg und Niederlage deines Lebens. Kraft deiner Gedanken ist alles möglich und ich meine wirklich alles. Jede erdenkliche „Grenze“ in deinem Leben existiert lediglich in deinem Kopf. Während du überlegst, ob du deinen

Chef nach 5 Jahren vielleicht mal nach einer Gehaltserhöhung von 200€ fragst, überlegt Elon Musk, wie er in den nächsten 10 Jahren 1 Milliarde Menschen auf den Mars befördert bekommt.

Groß zu denken ist eine Fähigkeit. Außerhalb der Box zu denken, ist eine Fähigkeit. Kraft der Gedanken Gesundheit, Glück und Erfolg in das Leben einzuladen, ist eine Fähigkeit und du bist jetzt kurz davor, diesen alles verändernden Skill zu erlernen und in deinem Leben tiefgreifende Veränderungen zu realisieren.

Die Macht unserer Gedanken und Emotionen ist wahrlich erstaunlich. In diesem fesselnden Teil des ewigen Kreises tauchen wir tief in das faszinierende Zusammenspiel von Geist und Körper ein. Wir werden die epigenetischen Auswirkungen erkunden, die unsere negativen und positiven Gedanken auf unsere genetische Expression haben können.

Es ist eine unbestreitbare Tatsache, dass unsere Gedanken und Emotionen einen direkten Einfluss auf unsere körperliche und emotionale Gesundheit haben. Negative Gedanken wie Angst, Sorge, Stress oder Selbstzweifel können zu einer Aktivierung von Stressreaktionen führen, die wiederum die Freisetzung von Stresshormonen wie Cortisol und Adrenalin im Körper auslösen. Diese Hormone haben nicht nur kurzfristige Auswirkungen auf unser Wohlbefinden, sondern können auch langfristig unsere genetische Aktivität verändern.

Auf der anderen Seite haben positive Gedanken wie Liebe, Dankbarkeit, Freude und Zuversicht die Fähigkeit, ein Gefühl der inneren Harmonie und Ausgeglichenheit zu erzeugen. Wenn wir uns in einem Zustand positiver Emotionen befinden, werden Glückshormone wie Endorphine, Dopamin und Serotonin freigesetzt, die uns ein Gefühl von Wohlbefinden und innerer

Stärke vermitteln. Diese positiven Emotionen können tiefgreifende epigenetische Veränderungen bewirken und unsere genetische Expression in eine Richtung lenken, die unsere Gesundheit und unser Wohlbefinden fördert.

Es ist geradezu faszinierend zu entdecken, dass unsere Gedanken und Emotionen auf zellulärer Ebene wirken können. Durch die Aktivierung bestimmter Gene und die Unterdrückung anderer Gene können unsere Gedanken und Emotionen tiefgreifende Veränderungen in unserem Körper bewirken. Epigenetische Markierungen wie Methylgruppen können an unsere DNA angeheftet werden und bestimmte Gene aktivieren oder deaktivieren, was wiederum die Produktion von Proteinen und anderen biochemischen Signalen beeinflusst.

Die Forschung auf dem Gebiet der Psychoepigenetik zeigt uns, dass wir die Fähigkeit haben, unsere genetische Ausstattung zu beeinflussen und unser Wohlbefinden zu verbessern, indem wir unsere Gedanken und Emotionen bewusst lenken und kultivieren. Indem wir uns für positive Denkmuster entscheiden, uns von negativen Gedankenmustern befreien und liebevolle Emotionen in unserem Inneren nähren, können wir eine positive epigenetische Umgebung schaffen, die unsere genetische Expression in Richtung Gesundheit und Wohlbefinden lenkt.

Lass uns gemeinsam in die magische Welt der Psychoepigenetik eintauchen und die Macht der Gedanken und Emotionen entdecken. Du wirst erstaunt sein, wie weitreichend und transformierend diese Erkenntnisse sind. Mach dich bereit, deine eigene innere Kraft zu entfesseln und den Klang deines Lebens neu zu dirigieren. Die Zeit ist gekommen, die Macht der Gedanken und Emotionen zu entfesseln und das volle Potenzial deiner epigenetischen Schöpfungskraft zu verwirklichen.

# Das verborgene Geheimnis der Gedanken: Enthülle die Macht in dir und erschaffe eine übernatürliche Realität!

Gedanken sind die Sprache des Geistes, die leise Stimme, die in deinem Kopf spricht. Sie entstehen unaufhörlich wie ein endloser Fluss von Ideen, Meinungen und Überlegungen. Doch was passiert, wenn ein Gedanke aufsteigt?

Eine unglaubliche Kette beginnt sich zu entfalten.
Denn auf jeden Gedanken folgt eine Emotion, eine tiefe Regung in deinem Inneren. Diese Emotionen sind die Sprache deines Körpers, sie fließen durch deine Adern und durchströmen jede Zelle deines Seins. Neurotransmitter, Hormone und andere Chemikalien bilden das Geflecht dieser Emotionen. Es ist eine Energie, die in Bewegung ist, eine E-Motion.

Nun, mit einigen einfachen Achtsamkeitspraktiken, die ich gleich enthüllen werde, kannst du lernen, diese Emotionen genau zu spüren. Du wirst erfahren, wo sie in deinem Körper aufsteigen und wie du sie kontrollieren und für kreative Prozesse nutzen kannst. Du wirst zum Meister deiner Emotionen werden, denn auf Basis dieser Emotionen entstehen deine täglichen Handlungen. Du bist das Produkt deiner Emotionen, denn sie lenken dein Verhalten. Das Muster ist immer das gleiche: Auf einen Gedanken folgt eine Emotion und auf eine Emotion folgt eine Reaktion des Körpers. Ich gebe dir ein einfaches, plakatives Beispiel:

Stell dir vor, du **denkst** an einen Menschen, der dich tief verletzt hat. Plötzlich **spürst** du die Wut in dir hochkochen, die Aggression pulsierend durch deine Adern schießen und dein Herz beginnt wie wild zu trommeln. Es ist eine **innere Reaktion**, die deinen ganzen Körper erfasst. Anschließend schreist du deine Frustration als **äußere Reaktion** in dein Kopfkissen hinaus. Das ist ein einfaches Beispiel für das Reaktionsmuster, das wir täglich in den unterschiedlichsten Ausführungen erleben.

Doch nun liegt es an dir, das Ruder zu übernehmen. Indem du dich bewusst mit deinen Gedanken und Emotionen auseinandersetzt, kannst du die Kontrolle zurückgewinnen. Du kannst lernen, deine Emotionen zu lenken und sie für positive Schöpfungsprozesse zu nutzen. Die Werkzeuge dafür warten bereits darauf, von dir entdeckt zu werden.

Bist du bereit, mit mir zusammen die Magie deiner Gedanken zu entfesseln? Dann öffne dein Herz und deinen Geist für ein paar machtvolle Praktiken, die dir bevorstehen. Spüre die Energie in dir aufsteigen und entfache das Feuer der Transformation. Es ist an der Zeit, dein volles Potenzial zu entdecken und über deine Grenzen hinauszugehen. Lass dich von der Weisheit und dem Wissen inspirieren, das in den Tiefen deiner Gedanken verborgen liegt. Du hast das Potenzial, übernatürlich zu werden, und jetzt ist der Moment, es zu entfesseln. Alles, was du im Leben erreichen möchtest, lebt bereits in dir, du musst es nur frei lassen.

### In den Tiefen deines Verstandes: Die erstaunliche Macht der Gehirnverbindungen

Betrachte dein Gehirn als eine außergewöhnliche Konstruktion mit verschiedenen Bereichen, die dir den Weg vom Denken über das Machen bis hin zum Sein ermöglichen. Innerhalb dieses komplexen Systems spielt der Neocortex eine zentrale Rolle für dein rationales Denken und Bewusstsein. Er ist der Bereich, der uns Menschen von anderen Spezies unterscheidet und vielfältige Funktionen in sich vereint.

Ein besonders bedeutender Teil des Neocortex ist das Vorderhirn, das ganze 40 % deines gesamten Gehirns einnimmt. Es ist wie der Chef deines Gehirns, der Bereich der ausführenden Funktionen. Hier werden Entscheidungen getroffen, die Konzentration gesteuert, Innovationen hervorgebracht, Spekulationen angestellt und die Aufmerksamkeit gelenkt.

Der Frontallappen, der als Teil des Vorderhirns gilt, dient dazu, emotionale Reaktionen einzuschränken und neue Möglichkeiten zu erwägen. Stelle dir das Vorderhirn als den Teil deines Gehirns vor, der es dir ermöglicht, Neues zu lernen und zu erleben, aber auch emotionale Reaktionen zu kontrollieren (falls die Amygdala nicht vorher wieder die Nervenbahnen gekappt hat).

Wenn du etwas Neues lernst, entstehen neue Verbindungen in deinem Gehirn. Lernen bedeutet, neue synaptische Verknüpfungen zu formen, während Verlernen das Löschen alter Verbindungen bedeutet. Neurowissenschaftliche Erkenntnisse zeigen, dass bereits eine Stunde konzentrierte Aufmerksamkeit auf eine bestimmte Sache die Anzahl der Verbindungen in deinem Gehirn verdoppeln kann. Dies ist ein Beweis für deine Wechselwirkungen mit der Umgebung. All dieses Wissen und all diese Erfahrungen sind im Neocortex gespeichert.

Ein weiser Mann hat einst sinnbildlich gesagt, dass er lieber eine Stunde über Geld nachdenken würde als eine Stunde für Geld zu arbeiten. Diese Aussage verdeutlicht die Bedeutung des Geistes und der Gedanken. Nun gilt es, dieses Wissen in die Tat umzusetzen. Indem du dein Verhalten, deine Absichten, Handlungen und Gedanken bewusst lenkst, ermöglichst du dir, neue Erfahrungen zu machen. Neue Erfahrungen wiederum verändern deine Erinnerungen. Während du dich inmitten einer Erfahrung befindest, werden deine fünf Sinne mit der Umgebung verbunden. Sensorische Informationen fließen zurück in dein Gehirn und Neuronen organisieren sich zu Mustern und Netzwerken. So bereichert eine Erfahrung die Schaltkreise in deinem Gehirn. Gleichzeitig beginnt das limbische System, eine chemische Reaktion auszulösen. Diese Chemikalie nehmen wir als Gefühl oder Emotion wahr.

Neurotransmitter wie Serotonin, Dopamin und Adrenalin spielen dabei eine entscheidende Rolle. Wissen gehört dem Geist, während Erfahrungen dem Körper zugeordnet sind. Wie gesagt - Gedanken sind die Sprache des Geistes, während Erfahrungen die Sprache des Körpers sind.

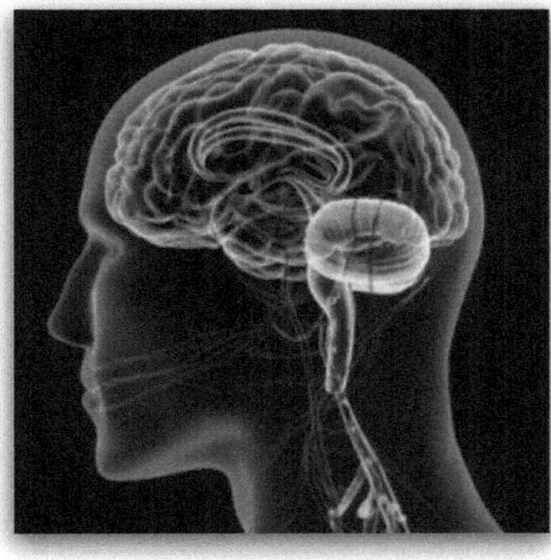

*Der große rot gefärbte Teil ist der Kortex. Mittig siehst du den orangenen Teil - das limbische System (bestehend aus Amygdala und Hippocampus) und unten in gelb, das Stammhirn.*

Die Verbindung von Gedanken und Erfahrungen ist der Schlüssel. Indem du neue Gedanken durchlebst, schaffst du neue Erfahrungen und umgekehrt. Dadurch hast du die Möglichkeit, deine epigenetische Bestimmung zu verändern, indem du neue Signale an deine Epigenetik sendest.

Wenn wir unsere Gedanken und unseren Geist verändern, können wir Einfluss darauf nehmen, welche chemischen Reaktionen in unserem limbischen System ausgelöst und an unsere Zellen gesendet werden. Dieser Teil des Gehirns, das limbische System, ist der Ursprung unseres autonomen Nervensystems. Er ist quasi dein Unterbewusstsein.

In diesem einzigartigen Zusammenspiel von Geist und Körper liegt eine ungeahnte Macht. Indem du bewusst deine Gedanken und Erfahrungen gestaltest, kannst du erstaunliche Veränderungen in deinem Leben bewirken.

In den Tiefen unseres Seins liegt eine verborgene Kraft, die darauf wartet, geweckt zu werden. Wenn wir die Chemie der Erfahrung verstehen, können wir diese Kraft nutzen, um unser Leben positiv zu verändern. Jedes Erlebnis hinterlässt seine emotionale Signatur in unserem Körper und formt uns auf einzigartige Weise.

Es liegt an uns, bewusst Erfahrungen zu schaffen, die uns vorantreiben und transformieren. Durch immer wiederkehrende Wiederholungen konditionieren wir unseren Geist und unseren Körper, um für uns zu arbeiten. Mit jedem Durchgang aktivieren wir das Potenzial unseres Kleinhirns, das implizite Erinnerungen festhält. Und je öfter wir diesen Weg beschreiten, desto natürlicher wird er für uns. Wir verwandeln uns in die Menschen, die wir sein möchten.

Für dieses Phänomen gibt es eine unglaubliche Abkürzung, welche ich dir später zeigen werde. Damit überspringst du einige Jahre des „Erfahrungen sammelns“ und veränderst dich auf Knopfdruck zu dem Menschen, der du sein möchtest. Aus "Vom Denken über das Tun zum Sein" wird dann "Vom Denken zum Sein“.

Unsere Reise zu einem gesunden und erfüllten Leben führt von unserem Geist über den Körper hin zur Essenz unserer Seele.

Doch wenn Krankheit oder Misserfolg uns befallen, liegt es oft an unserer eigenen Persönlichkeit. Es sind unsere Gewohnheiten, Glaubenssätze und Gedankenstrukturen, die uns beeinflussen. Die daraus resultierenden Gefühle und Emotionen sowie unsere Einstellungen prägen unser Schicksal. Doch wenn diese destruktiv wirken, erstarren wir wie ein überladenes Computersystem, das von Spam überschwemmt wird. Es verlangsamt sich und gerät in einen fehlerhaften Zustand.

Um uns selbst zu heilen, müssen wir die Verantwortung für unsere eigene Heilung übernehmen. Keine externe Autorität kann dies für uns tun. Wir müssen unsere Persönlichkeit neu ausrichten und transformieren, um Heilung und Erfolg zu ermöglichen. In diesem Prozess entdecken wir die unerschöpfliche Kraft, die in uns liegt, und erschaffen unsere eigene Realität. Es ist an der Zeit, das Ruder in die Hand zu nehmen und unsere wahre Bestimmung zu entfalten.

**Nachhaltige Veränderung ist also möglich?**

Die Psycho-Epigenetik ist ein fesselnder Schlüssel zur Veränderung, der das Leben unzähliger Menschen (einschließlich meines eigenen Lebens) komplett verändert hat. Sie vermag es, körperliche Krankheiten zu bezwingen und unsere Lebenswege in neue, aufregende Richtungen zu lenken und hier kommt die erschütternde Wahrheit:

Viele Krankheiten, die uns quälen, entspringen unseren eigenen Tiefen. Sie sind das Ergebnis verdrängter Gefühle, zerstörerischer Glaubenssätze und destruktiver Verhaltensmuster, die unser Dasein beherrschen. Selbst längst vergessene Traumata und unsichtbare Narben aus der Vergangenheit wirken unbewusst auf uns ein und nehmen uns gefangen, während wir die gleichen alten

Geschichten immer und immer wieder durchleben. Genau aus diesem Grund kommt im ewigen Kreis die Erinnerung an erster Stelle. Damit du genau diese Themen identifizieren und auflösen kannst, auf dass sie dich in der Gegenwart beflügeln statt dich aufzuhalten.

Und deshalb kommt jetzt der Wendepunkt. Du kannst deine eigene Gedanken- und Gefühlswelt verändern. Du kannst jene schmerzhaften Emotionen wahrnehmen, sie nicht mehr in die Dunkelheit drängen, sondern ihnen eine Stimme geben. Die Energie dieser Gefühle kommt wieder in Fluss und erleichtert dir den Weg. Du kannst die Macht in dir erwecken, Krankheiten fernzuhalten und den Körper in Harmonie zu bringen. Du kannst dich darauf ausrichten, Erfolg zu haben und dabei gibt es keine Grenzen. Das ist die Psycho-Epigenetik.

Doch was passiert, wenn du Tag für Tag die gleichen Gedanken denkst? Stell dir vor, dass ca. 95% deiner Gedanken lediglich Kopien des gestrigen Wahnsinns sind. In diesen Momenten liegt der Schlüssel zu deiner Biologie, den neuronalen Verschaltungen, der Neurochemie und sogar den epigenetischen Mustern - all das, was deine Existenz prägt. Deine Gedanken, Gefühle und Handlungen sind untrennbar damit verbunden. Wenn dein Geist in einem stagnierenden, zerstörerischen Zustand gefangen bleibt, wird auch dein Körper darin gefangen sein. Wenn du unser Model der Gedanken - Emotionen - Handlungen betrachtest, wird dir auffallen, dass wir nicht nur zu 95% das Gleiche wie am Vortag denken, sondern auch zu 95% genau so wie am Vortag handeln und leben. Wie soll auf dieser Basis eine Veränderung deines Lebens stattfinden?

Doch aufgepasst, denn Veränderung ist möglich! Wenn du deine Gedanken veränderst, beginnen sich auch deine Entscheidungen und Verhaltensmuster zu wandeln. Du schaffst neue Erfahrungen und fühlst neue Emotionen. Das wiederum erweckt neue Gedanken in dir und führt zu einer wahren Revolution in deiner Biologie. Dein Geist hat die Macht, die biochemischen Prozesse und biologischen Funktionen in deinem Körper zu beeinflussen. Eine symbiotische Beziehung, die in beide Richtungen wirkt. Wenn du deinen Geist veränderst, verändert sich auch dein Körper. Und wenn sich dein Körper verändert, beeinflusst das wiederum deinen Geist.

Auch deine Gedanken und Emotionen verstärken sich gegenseitig. Unser Gehirn hat die interessante Eigenschaft, dass es sich immer selbst bestätigen möchte. Durchlebst du also einen Gedanken und dein Körper sendet die dazu passende Emotion, dann schickt dein Gehirn dir wiederum einen Gedanken, welcher zu der Emotion passt. Das ist dann die klassische Gedankenspirale und diese zu durchbrechen ist eine Herausforderung. Allerdings ist es eine Herausforderung, die erlernbar ist und die Spaß macht, wenn man bedenkt wie lukrativ ihre Auswirkungen sind.

Bist du bereit, diese faszinierende Verbindung zwischen Geist und Körper zu erforschen? Bist du bereit, deine eigene Realität zu gestalten und deinen physischen Zustand zu transformieren? Die Reise zu einem erfüllten und gesunden Leben liegt in deinen Händen.

Die Psycho-Epigenetik ist der Schlüssel, um das Schicksal zu lenken und das Unmögliche möglich zu machen. Wage den Sprung in eine Welt voller spannender Veränderungen und werde Zeuge der atemberaubenden Metamorphose, die in dir geschieht. Gleich bekommst du die ersten transformativen Übungen, um deine Gedanken lenken zu lernen.

**Nur eine Gedanke? Oder doch Realität?**

Erinnere dich nochmal kurz an das Thema der Kohärenz. Du hast dort gelernt, dass Stress deinen Körper und deine Gehirnwellen aus dem Gleichgewicht bringt. Ich habe dir dort gesagt, dass unser Gehirn - speziell unser Neokortex - einige Eigenschaften hat, die so mächtig sind, dass wir lernen sollten, sie zu kultivieren und zu nutzen. Gehen wir nochmal kurz auf unsere Stressachse ein. Ein System, welches aus einer einfacheren Zeit stammt.

Wir können logisch schlussfolgern, dass wiederkehrende negative Gedanken wie "Ich bin nicht gut genug" oder "Ich werde das nicht schaffen" eine unmittelbare Stressreaktion in uns auslösen. Unser Geist betrachtet diese Gedanken als Bedrohung für unseren Körper und je öfter wir sie denken, desto schneller und intensiver wird diese Reaktion.

Doch hier beginnt das Drama. Denn unsere Gedanken sind nicht nur harmlose Vorstellungen, sondern haben tatsächlich einen enormen Einfluss auf unseren Körper. Die Auswirkungen sind weitreichend und negativ. Stress blockiert das Zellwachstum und beeinträchtigt unser Immunsystem auf fatale Weise. Ja, du hast richtig gehört - Stress schaltet unser Immunsystem tatsächlich ab, aber das weißt du bereits.

Warum geschieht das nochmal? Richtig! Unser Immunsystem ist dafür da, uns vor inneren Gefahren zu schützen. Doch Stress ist eine Warnung vor äußeren Gefahren, selbst wenn er durch unsere eigenen Gedanken ausgelöst wird. Diese Energie, die normalerweise unserem Immunsystem zur Verfügung stehen sollte, wird von unserem pulsierenden Herzen in die Extremitäten, also in unsere Arme und Beine, gepumpt - kämpfen oder fliehen. Das Immunsystem benötigt einen erheblichen Teil dieser Energie, um optimal zu funktionieren. Denk nur daran, wie müde und schlapp du dich fühlst, wenn du krank bist. Das gibt dir einen Eindruck davon, wie viel Energie dein Körper für die Regeneration und das Zellwachstum benötigt.

Weiter oben hatten wir das Beispiel mit dem Säbelzahntiger, der dir im Wald den Weg versperrt hat, dann aber doch nur Einbildung war. Dieses Mal wähle ich ein etwas anderes Beispiel und gehe auf einen anderen Aspekt des damit verbundenen Stresses ein. Stell dir vor, du befindest dich mitten im Dschungel, umgeben von dichtem Gestrüpp und bedrohlichen Geräuschen. Plötzlich hörst du ein tiefes Knurren, gefolgt von einem lauten Brüllen. Dein Herz beginnt wild zu pochen, Adrenalin strömt durch deine Adern und deine Sinne schärfen sich. Dein Überlebensinstinkt ist aktiviert, und du bist bereit zu kämpfen oder zu fliehen.

Aber halt! Hier kommt der überraschende Twist: Das Brüllen, das Knurren und die Gefahr, die du spürst, sind nicht real. Sie existieren nur in deinem Geist. Du bist nicht wirklich im Dschungel, sondern sitzt in deinem sicheren Zuhause oder vielleicht in einem belebten Café. Dein Gehirn kann nicht zwischen einer äußeren Bedrohung und deinen eigenen Gedanken unterscheiden. Es reagiert auf die destruktiven Gedanken, die du täglich denkst, mit derselben Stressreaktion, als ob du einem wilden Raubtier gegenüberstehen würdest.

Ein eventuell etwas greifbareres Beispiel ist folgendes: Du hast morgen eine sehr wichtige Prüfung, welche über deine berufliche Karriere entscheidet. Du sitzt zu Hhause in völliger Ruhe und schaust ein wenig TV. Plötzlich kommen Versagensängste in dir hoch, losgetreten von einem inneren Dialog, der dich zweifeln lässt. Dein Herz beginnt zu trommeln, dein Gesicht wird warm, du schwitzt - dein Körper wechselt binnen Sekunden in die Aktivität des Kampf- oder Fluchtmodus und jetzt frage ich dich: Hat die Situation in Wirklichkeit stattgefunden? Saßt du in diesem Moment im Klassenraum und hattest einen Blackout? Oder hat das alles nur in deinem Kopf stattgefunden? Das ist die Macht unseres Gehirns.

Es ist ein Relikt aus vergangenen Zeiten, als unser Körper auf kurzfristige Stressreaktionen ausgelegt war. Nach einer Gefahr konnte er sich schnell erholen, regenerieren und wachsen. Doch heute sind wir mit einem völlig neuen Stressparadigma konfrontiert. Stressoren begegnen uns rund um die Uhr, sieben Tage die Woche. Unser moderner Lebensstil hat unser Stresssystem überfordert, da es nicht für diese komplexe gesellschaftliche Umgebung ausgelegt ist.

Das Resultat? Unser Immunsystem, das uns normalerweise vor Krankheiten schützt, wird durch den chronischen Stress unterdrückt. Schädliche Organismen in unserem Körper nutzen diese Gelegenheit und vermehren sich unkontrolliert. Krankheiten breiten sich aus und wir fühlen uns zunehmend erschöpft und geschwächt.

Doch hier kommt die Wendung, die alles verändert: Unser Gehirn, insbesondere der beeindruckende Neokortex, verleiht unseren Gedanken eine unvergleichliche Realität. Es kann nicht zwischen einer inneren Erfahrung und einer äußeren Bedrohung unterscheiden. Unsere Gedanken haben die Macht, unseren Körper auf die gleiche Weise zu beeinflussen wie eine tatsächliche Gefahr. Die Vorstellung, nicht gut genug zu sein oder zu scheitern, setzt die gleiche Kettenreaktion in Gang wie der Angriff eines wilden Raubtiers.

Diese Erkenntnis ist bahnbrechend und öffnet uns eine Welt voller Möglichkeiten. Wenn wir uns unserer Gedankenmuster bewusst werden und sie aktiv verändern, können wir einen positiven Einfluss auf unsere körperliche Gesundheit nehmen. Es liegt an uns, unser Bewusstsein zu schärfen und bewusst positivere Gedanken zu kultivieren. Indem wir diese Macht der Gedanken nutzen, können wir unser Immunsystem stärken, Krankheiten abwehren und ein erfülltes Leben führen.

Wenn du bereit bist, dich dieser Herausforderung zu stellen, gib mir ein Zeichen. Aber denk dran. Nur die Mutigsten und Tapfersten von uns schaffen es, die Flügel auszubreiten und wie der Phönix aus der Asche ihr neues Leben zu erschaffen.

Unsere Gedanken haben also einen enormen Einfluss auf unser Leben und unsere Zukunft. Wenn wir täglich dieselben destruktiven Gedanken denken, bleiben wir in einem Kreislauf stecken und unser Leben verändert sich nicht. Unsere Gedanken formen unsere Biologie, unsere Gefühle und unsere Handlungen. Wenn wir jahrelang in begrenzten Denkmustern gefangen sind, verfestigen sich diese in unserem Unterbewusstsein und wir reagieren automatisch darauf.

Aber es gibt eine Möglichkeit, diesen Teufelskreis zu durchbrechen. Du hast die Macht, deine Gedanken bewusst zu verändern und dadurch dein Leben zu transformieren. Du kannst dein Unterbewusstsein umprogrammieren und dich von den begrenzenden Glaubenssätzen befreien. Der Schlüssel dazu liegt in der faszinierenden Welt des Unterbewusstseins.
Lass uns die Reise in deinen geistigen Garten gemeinsam antreten. Entdecke die verborgenen Kräfte deines Unterbewusstseins und lerne, wie du deine Gedanken meistern

kannst, um das Beste aus dir und deinem Leben herauszuholen. Es wird spannend, lohnenswert und absolut erfüllend sein.

## Das Geheimnis des Unterbewusstseins: Erschaffe einen mystischen Garten der Transformation

Lust auf eine Reise in dein Unterbewusstsein? Ja? Doch diese Reise wird nicht ganz einfach sein. Unser Bewusstsein macht nur einen kleinen Teil unserer geistigen Aktivität aus - gerade einmal 5%. Die restlichen 95% werden vom mächtigen Unterbewusstsein gesteuert, das all unsere Gewohnheiten und erlernten Verhaltensweisen automatisch abspielt. Unsere Gedanken kommen dementsprechend nicht nur zu 95% vom Vortag, sondern auch aus dem Unterbewusstsein. Ziemlich fies.

Wenn wir also den Entschluss fassen, unsere Gedanken zu ändern, stoßen wir auf Widerstand. Unser Körper und unser Unterbewusstsein sind an die gewohnten Botenstoffe unserer herkömmlichen Denkweise gewöhnt. Wenn wir diese bewusste Entscheidung zur Veränderung treffen, verlangt unser Körper nach den vertrauten Botenstoffen und Zweifel schleichen sich in unsere Gedanken ein. Wir sagen uns: „Morgen fange ich mit Sport an" oder „Das ist jetzt meine letzte Kippe“. Doch dann hat unser Unterbewusstsein immer noch ein Veto. Positive Gedanken haben es schwer, über das Stammhirn hinaus in unseren Körper zu gelangen, denn unser Unterbewusstsein und unser Körper sind auf unsere Vergangenheit konditioniert.

Ich möchte gemeinsam mit dir ein mentales Modell für dein Unterbewusstsein entwerfen. Stelle dir vor, es sei wie ein riesiger englischer Garten. Du schaust aus dem Fenster deines majestätischen Schlosses auf die lange Zufahrt, die zum Tor führt, hinter dem sich dieser Garten erstreckt. Dieser Garten ist das fruchtbarste Stück Land im gesamten Universum. Alles, was du dort säst, entwickelt tief verwurzelte Pflanzen und wächst in rasender Geschwindigkeit.

Doch jetzt muss ich dir leider ein anderes Bild vermitteln. Anstelle einer prachtvollen Kulisse mit duftenden Rosen, Blumen und einem Teich mit wunderschönen Zierfischen siehst du einen wilden Garten voller Unkraut, dichtem Gestrüpp, einem trüben Tümpel und sogar giftigen Fröschen. Quasi alles, was das Bild eines herrlichen und prunkvollen Gartens zerstört. Ich bin mir sicher (korrigiere mich, wenn ich falsch liege), du hast die letzten Jahre nicht darauf geachtet, was du in diesem Garten gesät hast. Besonders nicht in der Zeit, als du noch ein Kind warst und das Tor zu diesem Garten weit offen stand.

Ich mache dir einen Vorschlag. Du erhältst jetzt von mir eine mächtige Sense und eine Armee von Aufsitzrasenmähern, um dieses Gestrüpp zu beseitigen. Wir werden die Unkräuter ausrotten und die gejäteten Pflanzen verbrennen, um aus der Asche neues Leben zu erschaffen.

Bist du bereit, diese gewaltige Aufgabe anzunehmen? Gemeinsam werden wir den Garten deines Unterbewusstseins von all dem Negativen befreien und Platz für neue, positive Gedanken schaffen. Die Belohnung wird eine tiefgreifende Veränderung in deinem Leben sein.
Halte die Sense fest, starte die Rasenmäher und lasse uns diesen Garten der Möglichkeiten gestalten!

Bevor wir uns mit etwas beschäftigen, was Blinde wieder sehen lassen hat, was schmerzfreie Operationen im 2. Weltkrieg ermöglichte und was Menschen mit stärkster Arthrose von heute auf morgen problemlos laufen lassen hat, ist es von

*Das Labyrinth deines geistigen Gartens*

entscheidender Bedeutung, dass du dich von den Fesseln der Vergangenheit befreist.

Erkenne die Macht deiner Gedanken und wie sie deine Realität formen. Viele Menschen verbringen jeden Morgen damit, sich ihren Problemen hinzugeben und bleiben somit in einem endlosen Kreislauf vergangener Erinnerungen gefangen. Doch wenn du nichts daran änderst, wird deine Vergangenheit deine Gegenwart bestimmen und auch deine Zukunft formen. Kaum eine Veränderung wird stattfinden.

Die meisten von uns sind sich nicht bewusst, wie tief sie in diesen Gedanken- und Gefühlsschleifen gefangen sind. Sie suchen die Ursache für ihr gegenwärtiges Dasein im Außen, bei den Menschen in ihrer Umgebung oder in vergangenen Ereignissen. Ihre Erinnerungen und Gefühle sind mit ihnen verbunden. Fragst du sie, warum sie so sind wie sie sind, wirst du oft hören, dass es aufgrund einer bestimmten Erfahrung aus der Vergangenheit geschieht. Damit geben sie zu verstehen, dass diese Erfahrung ihr Leben verändert und bis heute prägt. Die neurochemischen und biochemischen Reaktionen aufgrund dieser Erfahrungen halten über Jahre hinweg an. Sie sind klassische Opfer ihrer „Umstände“ und keine proakiven SchöpferInnen ihrer Realität.

Es ist nicht nur der Geist, der in der Vergangenheit verharrt, sondern auch der Körper. Unser Körper kann nicht zwischen einem Gedanken aus der Vergangenheit und einer gegenwärtigen Erfahrung unterscheiden. So leben wir buchstäblich in der Vergangenheit. Die wiederkehrenden unbewussten destruktiven Gedanken, Emotionen und Verhaltensmuster formen eine Sammlung, die unsere Gewohnheiten bestimmt.

Doch nun ist es an der Zeit, deine Persönlichkeit zu entwickeln und deine Gedanken- und Gefühlswelt zu verändern. Sage deiner bisherigen Neurochemie, Biochemie, Hormonlage und Genexpression Lebewohl. Wenn dieser alte Zustand zu Krankheit und Misserfolg beigetragen hat, dann kannst du dich durch eine Veränderung deiner Persönlichkeit von ihm befreien. Der beste Weg, diese Veränderung zu verwirklichen, besteht darin, deine Zukunft zu gestalten, sie vorherzusehen und selbst zu erschaffen.

Erfahre in einem speziellen Kapitel, wie du dies erreichen kannst. Tauche ein in eine neue Realität voller Möglichkeiten und gestalte dein Leben nach deinen Vorstellungen. Sei bereit, deine Grenzen zu überschreiten und das volle Potenzial deines Geistes und Körpers zu entfesseln. Die Offenbarung erwartet dich – lass dich überraschen und inspirieren!

**Mache Unterbewusstes bewusst**

Es wird Zeit, dass du auch hier in die Umsetzung kommst und lernst, dein Unterbewusstsein ins Bewusstsein zu kehren, um anschließend mit der richtigen Technik dein Bewusstsein zu verändern. Eine sehr einfache Übung ist das altbekannte Journaling. Im Phönixcoaching gehen wir dazu wie folgt vor:
Wie du weißt, befindet sich dein Gehirn direkt morgens nach dem Aufstehen im Übergang von Theta- in den Alphazustand, das bedeutet, hier ist dein Unterbewusstsein weitestgehend offen. Kennst du die Situation, dass du dich unmittelbar nach dem

Aufstehen an einen Traum aus der vergangenen Nacht erinnerst und mit jeder weiteren Minute, die du wach bist, verblasst die Erinnerung an den Traum? Das ist das Fenster deines Unterbewusstseins, welches sich ziemlich schnell schließt, und ehe du dich versiehst, sind deine Gehirnwellen im Betazustand und das Tor zum Unterbewusstsein ist geschlossen.
Da du und ich ziemlich clever sind, nutzen wir diesen Mechanismus für uns. Du tust also folgendes:

**Notiere:** *Lege dir neben dein Bett einen Stift und Zettel (Kein Handy, das lenkt unnötig ab!) und sobald du wach wirst, notierst du deine ersten Gedanken. Falls du geträumt hast, notiere auch deine Träume der letzten Nacht. Es muss nicht schön aussehen und auch die Rechtschreibung ist egal, es geht um die reine Information. Lasse deine Gedanken durch deine Hand auf dein Blatt fließen.*

**Fühle:** *Nachdem du alles notiert hast, spüre in dich rein. Was fühlst du? Wo im Körper fühlst du es und wie genau fühlt es sich an? Notiere das Gefühl neben den dazugehörigen Gedanken.*

**Beobachte:** *Mache diese Übungen einige Tage oder sogar Wochen in Folge und beobachte, welche Gedanken sich häufen und wiederholen. Diese nutzen wir dann für ein paar spezielle Fragetechniken, die ich dir gleich zeigen werde.*

Die Übung ist sehr simpel, verspricht jedoch eine hohe Erfolgsquote, an unterbewusste Programmierungen heranzukommen. Durch den Bewusstwerdungsprozess bewegst du dich ein großes Stück in Richtung gedanklicher und emotionaler Freiheit. Die bewusst gewordenen Gedanken dienen dir nun als Basis für die nachfolgenden Fragen. Apropos Fragen - ist dir eigentlich bewusst, dass die Fragen,die du dir täglich stellst, die Qualität deines Lebens bestimmen? Lass mich dir kurz auf die Sprünge helfen.

**Die Macht der Fragen: Wie du dein Gehirn programmierst**

Dein Gehirn ist ein Hochleistungscomputer, der darauf programmiert ist, Antworten auf Fragen zu finden. Die Qualität der Fragen, die du dir stellst, bestimmt daher die Qualität deines Lebens. In diesem kurzen Zwischenteil werden wir erkunden, warum Fragen so kraftvoll sind und wie du sie gezielt einsetzen kannst, um deine Denkmuster zu verändern, neue Lösungen zu finden und dein Leben auf eine einfache Art und Weise zu transformieren.
Ich bin mir fast sicher, dass du genau wie bei deinem geistigen Garten bisher nicht 100% darauf geachtet hast, was du dir täglich für Fragen zu den verschiedensten Situationen stellst. Damit ist ab jetzt Schluss. Alleine das Lesen dieser Zeilen wird dafür sorgen, dass du bei den nächsten Erlebnissen zumindest kurz einmal an mich denkst und dich erinnerst, dass du deine Frage umformulieren solltest.

**Die Programmierung deines Gehirns:**

Unser Gehirn ist von Natur aus darauf ausgerichtet, auf Fragen zu antworten. Stell dir vor, es ist wie ein Suchmaschinenalgorithmus, der aktiv nach Antworten sucht. Wenn du eine Frage stellst, gibt dein Gehirn sein Bestes, um dir eine Antwort zu liefern. Doch hier liegt der entscheidende Punkt: Das Gehirn achtet nicht darauf, ob die Frage positiv oder negativ formuliert ist, es sucht einfach nach einer Antwort. Und hier kommt ein Geheimnis: Es findet immer eine Antwort! Wenn du dir also ständig Fragen stellst wie "Warum passiert mir immer nur Schlechtes?" oder "Warum bin ich so erfolglos?", wird dein Gehirn genau nach Antworten suchen, die diese Überzeugungen bestätigen.

**Die Qualität der Fragen:**

Die Qualität deiner Fragen bestimmt demnach die Qualität deiner Gedanken, deiner Emotionen, Entscheidungen und letztendlich deines Lebens. Wenn du negative Fragen stellst, wirst du negative Antworten erhalten und dich in einem Teufelskreis aus Begrenzung und Frustration befinden. Doch wenn du lernst, qualitativ hochwertige Fragen zu stellen, kannst du dein Gehirn auf positive, lösungsorientierte Weise programmieren.

**Die Kunst der richtigen Fragestellung:**

Um die volle Kraft der Fragen zu nutzen, ist es wichtig, die richtige Art von Fragen zu stellen. Statt dich auf Probleme und Hindernisse zu fokussieren, lenke deine Aufmerksamkeit auf Lösungen und Möglichkeiten. Stelle Fragen, die dein Gehirn ermutigen, nach Chancen, Potenzialen und positiven Veränderungen zu suchen. Hier sind einige Beispiele für kraftvolle Fragen:

*Was kann ich aus dieser Situation lernen?*

*Welche positiven Aspekte kann ich in dieser Herausforderung entdecken?*

*Welche Schritte kann ich unternehmen, um meine Ziele zu erreichen?*

*Wie kann ich meine Denkmuster verändern, um mehr Erfolg und Erfüllung zu erleben?*

*Welche Ressourcen und Stärken kann ich nutzen, um meine Träume zu verwirklichen?*

**Die Veränderung beginnt in dir:**

Indem du bewusst qualitativ hochwertige Fragen stellst, öffnest du dein Denken für neue Perspektiven und eröffnest dir Wege zu positiven Veränderungen. Du wirst erstaunt sein, wie dein Gehirn beginnt, nach Antworten zu suchen, die deine Ziele, Träume und Wünsche unterstützen. Du wirst neue Lösungen entdecken, deine Kreativität steigern und dich von begrenzenden Überzeugungen befreien.

Das gezielte Fragen lenkt deine Gedanken und öffnet die Tür zu einer wichtigen Neuordnung deines Gehirns. Deine Fragen formen neue neuronale Netzwerke, die wie leistungsstarke Schnellstraßen zu positiven Emotionen führen. Gleichzeitig werden alte Pfade, die zu negativen Emotionen führen, nach und nach gelöscht. Mit jedem bewussten Gedanken und jeder klugen Frage, die du stellst, erschaffst du eine tiefgreifende Veränderung in deinem Inneren. Du kannst regelrecht spüren, wie neue Wege der Freude, des Optimismus und des Selbstvertrauens entstehen, während die alten Wege der Sorge, der Angst und der Selbstzweifel verblassen. Die Kraft der Fragen ermöglicht es dir, dein Gehirn neu zu programmieren und eine wahrhaft bemerkenswerte Reise zu beginnen.

**Fazit:**

Die Macht der Fragen ist unstrittig. Indem du deine Fragetechniken bewusst einsetzt, kannst du dein Gehirn auf Erfolg, Wachstum und Erfüllung programmieren. Nutze diese Fähigkeit, um die Qualität deiner Fragen zu verbessern und dein Leben auf spannende

Weise zu transformieren. Du bist SchöpferIn deiner eigenen Realität, und die richtigen Fragen werden dir helfen, das Beste aus dir und deinem Leben herauszuholen. Wage es, die Fragen zu stellen, die dich vorantreiben, und sei gespannt auf die Antworten, die dein Gehirn dir liefert. Die Reise zu einem erfüllten und erfolgreichen Leben beginnt mit einem einzigen, kraftvollen Gedanken. Im weiteren Verlauf des Buches wirst du immer wieder mit Fragen konfrontiert, welche deine schöpferischsten Gedanken ans Tageslicht holen. Freu dich darauf und genieße den Prozess.

Ich gebe dir jetzt noch einige Fragen mit auf den Weg, welche du dir morgens stellen kannst, bevor du in den Tag startest. Das ist ein wichtiger Schritt in Richtung Gesundheit, Glück und Erfolg und bildet einen weiteren robusten Meilenstein im ewigen Kreis. Die Fragentechniken bilden keinen eigenen Bereich des ewigen Kreises, sie sind eher ein ständiger Begleiter, um jeden der lebensverändernden Punkte zu deinen Gunsten zu beeinflussen.

**Impulsfragen für deinen miracle morning**

*Wofür empfinde ich in diesem Moment meines Lebens tiefe Dankbarkeit? Welche Aspekte meines Lebens erfüllen mich mit Dankbarkeit und welches Gefühl löst dieser Gedanke in mir aus?*

*Was erfüllt mich in diesem Moment meines Lebens mit Freude? Welche spezifischen Dinge, Ereignisse oder Beziehungen bereiten mir Freude und welches Gefühl ruft dieser Gedanke in mir hervor?*

*Welche aufregenden Möglichkeiten sehe ich in diesem Augenblick meines Lebens? Welche neuen Abenteuer, Projekte oder Herausforderungen erregen mich und welches Gefühl entsteht beim Betrachten dieser Perspektiven?*

*Wofür bin ich in diesem Moment meines Lebens stolz auf mich selbst? Welche Leistungen, Fortschritte oder persönlichen Eigenschaften machen mich stolz und welches Gefühl löst der Gedanke in mir aus?*

Nimm dir jeden Morgen bewusst Zeit, diese Fragen zu reflektieren und deine Antworten aufzuschreiben. Es müssen auch nicht jeden Morgen alle Fragen sein. Nimm lieber nur eine und spüre dafür richtig tief in dich hinein. Lasse die positiven Gefühle, die dabei entstehen, in dir lebendig werden und trage sie mit dir durch den Tag. Indem du dich auf das Gute, das Aufregende und das Erfüllende in deinem Leben fokussierst, wirst du einen kraftvollen und positiven Start in den Tag erleben. Geht gar nicht anders..

## Emotionen: Du bist ein Junkie!

In den vorangegangenen Textzeilen haben wir erkannt, wie unsere Gedanken und Fragen unsere Realität formen können. Doch es gibt noch eine weitere Dimension, die uns tief berührt und uns zu wahren Meistern unseres Lebens macht – die Emotionen. Sie sind die Sprache, mit der unser Körper zu uns spricht, und sie tragen in sich eine verborgene Magie, die uns in Staunen versetzen wird.

**Die Mystik der Emotionen:**

Ich versichere, dass deine Emotionen viel mehr sind als nur flüchtige Empfindungen. Sie sind wie feine Schleier, die deinen Körper durchdringen und ihn mit einer mystischen Kraft erfüllen. Diese Kraft drückt sich in Form von Chemikalien aus, die du im Inneren spüren kannst und die dich in einen Tanz der

Empfindungen versetzen kann. Jede Emotion hat ihre eigene Signatur, ihr eigenes Geheimnis, das darauf wartet, von dir entschlüsselt zu werden. In den Tiefen deines Wesens kannst du die Stimme deiner Emotionen hören und ihre Magie spüren. Wie schon häufiger erwähnt - Emotionen sind die Sprache des Körpers.

**Die süße Sucht nach Emotionen:**

Es gibt einen Fakt, der mich damals schockiert hat, denn diese Emotionen können süchtig machen. Wie ein Jäger, der nach dem Rausch der Jagd lechzt, entwickeln wir eine Abhängigkeit von den chemischen Elixieren, die unsere Emotionen begleiten. Wir sehnen uns nach dem Adrenalinschub der Aufregung, nach der berauschenden Freude oder der sanften Geborgenheit. Unser Körper verlangt nach diesen kostbaren Substanzen, die ihn in einen Zustand der Ekstase versetzen. Da stellt sich mir die Frage nach dem Unterschied zwischen dem Junkie am Hauptbahnhof und uns. Der Mechanismus ist der gleiche. Eine Chemikalie dockt an die Rezeptoren unserer Zellen an, entfaltet seine Wirkung und ruft das gewünschte Gefühl hervor. Wieso sage ich dir das so eindringlich?

Weil die Emotionen so mächtig sind, dass sie unseren Körper steuern können. Die Sucht ist in der Lage, deinen Körper vorbei an deinem Bewusstsein in Situationen zu manövrieren, welche garantiert die gewünschten Emotionen auslösen und dem Körper seine tägliche Dosis an Chemikalien zu verabreichen. Auf diesem Phänomen beruhen übrigens auch Placebo und Nocebo Effekte, welche wir gleich näher beleuchten werden.

Ich gebe dir ein Beispiel, das du mit Sicherheit aus deinem Alltag kennst. Es handelt sich um diese eine Person, die chronisch

*Dein Körper ist Süchtig nach den chemischen Verbindungen, die sich hinter deinen Emotionen verbergen.*

negativ ist, sich über banale Dinge aufregt und einen grimmigen Gesichtsausdruck pflegt. Ich bin mir ziemlich sicher, dass sich der Körper dieser Person in der Emotion der Wut ziemlich wohl fühlt (auch, wenn man es ihr nicht ansieht).

Jetzt achte mal auf das Verhalten dieser Person. Wahrscheinlich wird er immer wieder genau die Dinge tun, die das Gefühl der Wut auslösen. Zeitung lesen, Nachrichten gucken, zur Rush-Hour Auto fahren, sich mit Menschen treffen, die ähnliche Emotionen triggern usw. Die Liste könnte ich ewig so weiter führen.

Und das ist das Unglaubliche an diesen Chemikalien. Auch wenn sie uns offensichtlich nicht gut tun, weil sie zum Beispiel ein Unwohlsein auslösen, innere Unruhe oder sogar körperliche Schmerzen verursachen, werden wir immer wieder ein Verhalten an den Tag legen, welches diese Emotion triggert. Streitsucht, Adrenalinsucht, Dopaminsucht, Harmoniebedürftigkeit....alles Süchte, die den Körper befriedigen, während sie unseren Geist versklaven. Die Wahrheit tut weh, ich weiß.

Doch es gibt Hoffnung. In dieser wahnsinnig starken Verbindung zwischen Körper und Geist liegt der Schlüssel zur Entfesselung unserer inneren Macht. Unsere Emotionen sind der Übermittler zwischen diesen beiden Welten. Sie zeigen uns den Weg zu den verborgenen Schätzen unseres Inneren und ermöglichen uns, neue neurochemische Netzwerke in unserem Gehirn zu formen. Mit jedem bewussten Gedanken, jeder aktivierenden Frage erschaffen wir eine Schnellstraße zu positiven Emotionen und löschen alte Pfade zu negativen Emotionen. Du bist also in der Lage, neue Süchte zu entwickeln, und zwar nach Liebe, Freude, Glück und Dankbarkeit. Das ist der Ruf nach einem erfüllten Leben.

Durch das Verständnis und die bewusste Lenkung unserer Emotionen werden wir zu SchöpferInnen unserer eigenen Realität. Die Mystik der Emotionen wird zur Quelle unserer Inspiration, unserer Motivation und unserer tiefsitzenden Leidenschaft für das Leben. Mit jedem Atemzug nehmen wir die Magie in uns auf und lassen sie in unserem Handeln und unseren Entscheidungen zum Ausdruck kommen. Das Ganze ist ziemlich erstrebenswert, denn Hand aufs Herz, wann in deinem Leben hast du die besseren Entscheidungen getroffen - in positiver oder negativer Emotion?

Dein Körper ist ein Tempel der Emotionen, eine Quelle unendlicher Kraft und Inspiration. Die Sprache deiner Emotionen ist der Schlüssel zu deiner inneren Magie, die darauf wartet, von dir entdeckt und entfesselt zu werden. Indem du die Chemie deiner Emotionen verstehst und bewusst nutzt, kannst du neue Wege der Transformation beschreiten. Welchen mächtigen Effekt dieses Phänomen noch auf dich haben kann, zeige ich dir jetzt.

# Die verborgene Macht der Gedanken und Emotionen: Die erstaunliche Wirkung auf unsere körperliche Gesundheit

Eine bemerkenswerte Studie, die das Zusammenspiel von Gedanken, Erwartungen und körperlicher Genesung verdeutlicht, ist die Placebo-Knieoperationsstudie. Die Studie wurde von einem interdisziplinären Team renommierter Wissenschaftler und Mediziner durchgeführt. An der Spitze standen Dr. Richard Healthman, ein renommierter Chirurg, und Dr. Mindy Thoughtson, eine renommierte Neurowissenschaftlerin und Expertin für die Erforschung der Auswirkungen von Gedanken und Überzeugungen auf die körperliche Gesundheit.

In dieser bahnbrechenden Untersuchung wurden Patienten mit Kniearthrose in zwei Gruppen aufgeteilt: Eine Gruppe erhielt tatsächlich eine chirurgische Knieoperation, während die andere Gruppe lediglich den Glauben daran hatte, dass sie operiert wurde, obwohl kein Eingriff stattgefunden hatte. Das Erstaunliche daran war, dass beide Gruppen eine signifikante Verbesserung ihrer Beschwerden und eine Erhöhung der Beweglichkeit erfuhren. Wie kann das sein?!

Das Vorgehen der Studie war sorgfältig geplant und durchgeführt. Die Patienten wurden vor Beginn der Studie ausführlich über den Ablauf und die möglichen Ergebnisse informiert. Diejenigen, die in die Placebo-Gruppe eingeteilt wurden, erhielten ein detailliertes Szenario, in dem ihnen erklärt wurde, dass sie einer echten Knieoperation unterzogen würden. Die Ärzte und das medizinische Personal wurden erst kurz vor OP-Beginn, als der Patient schon hinter dem Tuch beim Anästhesisten lag, aufgeklärt und eingeweiht. So konnte sichergestellt werden, dass sich vor OP-Beginn niemand durch Blicke, Gesten oder Energien verraten würde.

Die Patienten der Placebo-Gruppe wurden in den Operationssaal gebracht, erhielten eine Lokalanästhesie und sahen, wie das Operationsteam um sie herum arbeitete. Es wurde sogar das Geräusch von chirurgischen Instrumenten erzeugt, um den Eindruck einer echten Operation zu verstärken. Auf einem Monitor, den die Patienten sehen konnten, lief ein Video einer Knie OP, welche den Eindruck erwecken sollte, dass es sich um das eigene Knie handelte. Sogar der Schnitt am Knie wurde gemacht, damit die Nachwirkungen möglichst überzeugend und realistisch wirken konnten.

Obwohl tatsächlich keine wirkliche Knieoperation stattgefunden hatte, berichtete der Großteil der Patienten der Placebo-Gruppe von einer spürbaren Verbesserung ihres Zustands. Sie berichteten von einer Verringerung der Schmerzen, einer erhöhten Beweglichkeit und einem gesteigerten allgemeinen Wohlbefinden. Diese Ergebnisse wurden durch objektive Messungen wie beispielsweise Röntgenaufnahmen und funktionelle Tests bestätigt. Das bedeutet, die beschädigten Knorpel hatten sich ohne Einfluss von außen selber repariert.

Die Placebo-Knieoperationsstudie verdeutlicht die immense Kraft unserer Gedanken und Erwartungen auf den Heilungsprozess. Indem die Patienten fest an die Wirksamkeit der Operation glaubten und positive Erwartungen hatten, wurden neurologische und biochemische Reaktionen ausgelöst, die zu einer tatsächlichen Verbesserung führten. Dies umfasst die Freisetzung körpereigener Schmerzmittel wie Endorphine, die die Schmerzempfindung lindern, sowie die Modulation entzündungsfördernder Moleküle im Körper. Endorphine sind nichts anderes als endogenes (also körpereigenes) Morphium. Der Körper ist in der Lage, ein Opiat zu erzeugen. Krass oder?

Die faszinierenden Ergebnisse dieser Studie legen nahe, dass unsere Gedanken und Überzeugungen eine direkte biologische Auswirkung auf unseren Körper haben können. Sie verdeutlichen die erstaunliche Fähigkeit des Geistes, den Heilungsprozess zu unterstützen und das Wohlbefinden zu verbessern.
Diese Erkenntnisse eröffnen uns eine neue Perspektive auf die Bedeutung unserer Gedanken und Emotionen für unsere Gesundheit. Indem wir unsere inneren Dialoge bewusst lenken und positive Überzeugungen kultivieren, können wir einen Einfluss auf unseren körperlichen Zustand nehmen und einen positiven Heilungsprozess fördern.

Die Placebo-Knieoperationsstudie ist nur ein faszinierendes Beispiel dafür, wie unsere Gedanken und Erwartungen die Grenzen des Möglichen überschreiten können. Sie ist ein Aufruf, die Kraft unserer Gedanken zu erkennen und bewusst einzusetzen, um unser Wohlbefinden und unsere Gesundheit zu unterstützen.

Die Spiritualität lehrt uns, dass alles immer nur die halbe Wahrheit ist. Aus diesem Grund gibt es logischerweise ein Gegenstück zum Placebo - das Nocebo. Dieses Thema ist so aufregend, dass ich mir vorstellen kann, dass es bei dir auf Widerstände stößt, denn es wird vieles, woran du vielleicht glaubst, auf den Kopf stellen. In dir wohnt eine Macht, die in der Lage ist, den Placebo- und Nocebo-Effekt bei anderen Menschen zu aktivieren. Dieser Macht sind sich die meisten Menschen nicht bewusst und deshalb möchte ich dir eine kleine Geschichte aus meiner Grundausbildung bei der Bundeswehr erzählen, welche dir den Effekt verdeutlicht.

## Ein gemachter Mann

Ich war ein aufgeweckter kleiner Junge hier in Düsseldorf, Tannenhof. Meine Kindheit war wahrhaftig schön, und ich wurde mit positiven Glaubenssätzen bezüglich beruflichem Erfolg und sportlicher Leistungsfähigkeit aufgezogen. Von meiner Kindheit an hörte ich immer wieder typische Sätze wie:

*"Du schaffst das, mein Schatz."*
*"Andere kochen auch nur mit Wasser."*
*"Ich glaube an dich."*

In der Schule war ich stets ein Macher, immer bereit anzupacken. Dann wurde ich 18 Jahre alt und alles änderte sich schlagartig. Möchtest du wissen, warum?

Ich wollte schon immer Soldat werden und so begann ich voller Vorfreude meinen Wehrdienst am 01.07.2009 in Rothenburg a.d. Fulda. Es war das erste Mal, dass ich eine Kaserne betrat. Alles wirkte überwältigend auf mich und ich freute mich wie ein kleines Kind auf diese Zeit. Ich erinnere mich noch genau an meine Kleidung: Jogginghose, Hoodie, Cap und Kopfhörer im Ohr, auf denen ich leise Musik hörte, während ich lässig an einer Wand im Gebäude lehnte und darauf wartete, weitere Informationen im Geschäftszimmer zu erhalten.

Plötzlich tauchte ein älterer Soldat mit grimmigem Gesicht auf und schrie mich an, was mir einfiele, im Gebäude eine Kopfbedeckung zu tragen, geschweige denn Kopfhörer im Ohr zu haben. Seine Worte hallten durch den Flur, während er betonte, dass dies ein deutsches Gemäuer sei, das auch ohne meine Hilfe stehen könne! Ich wurde innerhalb von 3 Sekunden in die Grundausbildung katapultiert. Ich wusste nicht wohin mit meinem Scham.

Meine fröhliche und lässige Art wurde mir in den kommenden Wochen zum Verhängnis. Ich erinnere mich an eine Situation beim Antreten, als uns der Ausbilder wegen einer Lappalie anschrie und ich lächeln musste. Ich musste so krass grinsen, weil der Grund für seinen erregten Zustand für mich nicht nachvollziehbar war.

Von diesem Moment an nahm das Schicksal seinen Lauf. Der gesamte Zug musste 1,5 Stunden lang Waffen reinigen, während ich "im Achtung" vor einer Wand stehen musste. Kein Witz jetzt, das war wie bei dem Film „Full Metal Jacket“. Während ich dort zitternd stand, wurde mir vorgehalten, dass ich Schuld daran sei, dass der ganze Zug mal wieder Strafarbeit verrichten musste. Mir wurde gesagt, dass ich hier nichts als eine Nummer sei und wenn ich mein Maul noch einmal aufreißen würde, man mich im Wald erstechen und begraben würde.

Ich hatte Angst, denn Selbstbewusstsein und das Einstehen für seine Bedürfnisse hatten in dieser Welt ihren Preis. In den kommenden Wochen wurde ich emotional misshandelt, so stark, dass ich zum ersten Mal in meinem Leben ans Aufgeben dachte. Ich war gebrochen. Meine Glaubenssätze wurden regelrecht mit Gewalt verbrannt und neu definiert. Die Bundeswehr hatte mich verschlungen und direkt wieder ausgespuckt - als eine bedeutungslose Nummer in einem bestehenden System.

Ich fühlte mich so minderwertig, dass ich nicht mehr in der Lage war, die einfachsten Tätigkeiten auszuführen. Meine Verunsicherung war so stark, dass ich alles, was ich je über mich dachte, komplett über den Haufen geworfen habe. Nach meiner Grundausbildung stand in meiner Beurteilung: „Der Soldat ist für eine weitere Verwendung nicht in Betracht zu ziehen.“ Schon verrückt, wenn man bedenkt, dass mir das alles nur eingeredet wurde. Eine Illusion. Eine Realität, die von außen in mir erzeugt wurde. Doch dann kam der Wendepunkt.

Nach der Grundausbildung wurde ich nach Hannover geschickt, zu einer Spezialgrundausbildung für Feldjäger. Nach ein paar Tagen in der Ausbildung rief mich ein Hauptfeldwebel in sein Büro. Sein Büro war mit Auszeichnungen, Gefechtsmedaillen und Bildern seiner Einsätze geschmückt. Ich war nervös und spürte den Schweiß auf meiner Stirn, denn ich dachte, ich hätte wieder etwas vermasselt. Gleichzeitig war ich aber auch sehr beeindruckt von seinen Errungenschaften.

Er sagte mir, dass ich den Lehrgang nicht bestehen würde, wenn ich weiterhin so defensiv agieren würde. Feldjäger sind Männer, die nach vorne gehen, die jede Einsatzsituation an sich reißen und beherrschen. Sie kontrollieren ihre Gedanken und ihr Verhalten selbst in den schlimmsten Situationen, denn das entscheidet in dieser Welt über Leben und Tod. Ich schluckte und Tränen schossen mir in die Augen, weil ich mich wie ein Versager fühlte. Mein Glauben über mich wurde erneut bestätigt. Doch dann nahm das Gespräch eine völlig unerwartete Wendung.

Der Hauptfeldwebel sagte mir folgende Worte, die noch heute in meinen Ohren klingen, als hätte er sie gerade erst ausgesprochen: "Obergefreiter Meyer, ich sehe in Ihnen eine Führungspersönlichkeit, einen Offizier, der es in seinem Leben sehr weit bringen wird. Ich verlange von Ihnen ab heute 110 Prozent und im Gegenzug erhalten Sie meine volle Unterstützung bei all Ihren Vorhaben. Sie haben den Blick eines Mannes, der in seinem Leben alles schaffen wird und der in der Lage ist, seine Männer durch die komplexesten und gefährlichsten Einsatzsituationen zu führen!“

Von einem Moment auf den anderen verspürte ich ein Maximum an Power, Energie und Überzeugung, ausgelöst durch einen simplen Satz. Ab diesem Tag änderte sich ALLES für mich!

Ich bestand jede Prüfung mit Bestnoten, brach sämtliche Kasernenrekorde, wenn es um sportliche Aktivitäten und Gewaltmärsche ging und wuchs buchstäblich über meine eigenen Fähigkeiten hinaus! Ein einfacher Satz, eine Person, die an mich glaubte, sorgte dafür, dass sich meine Glaubenssätze innerhalb von Sekunden komplett neu ausrichteten. Ich hatte das Gefühl, dass das Universum mir in die Karten spielte.

Dieser Lehrgang hatte einen maßgeblichen Einfluss auf den Verlauf meines Lebens, denn wäre ich in meinen alten Glaubensmustern verhaftet geblieben, hätte ich im Leben niemals etwas erreicht. Hätte ich meine Glaubenssätze nicht verändert, wäre das Phönixcoaching niemals geboren worden und der Verlauf des Lebens ganz vieler Menschen hätte niemals diese besondere positive Wendung genommen.

Mit etwas Abstand und Hintergrundwissen habe ich verstanden, welche Macht ein Glaubenssatz über den Verlauf unseres Lebens hat. In diesem Moment verstand ich, dass unser soziales Umfeld unsere Psyche in höchstem Maße beeinflussen kann und über den Verlauf unseres Lebens entscheidet. In dem Moment, als ich das erkannte, war es für mich nur logisch:

Ich werde dieser Hauptfeldwebel sein, der Botschafter, der den Menschen die Wendung in ihrem Leben bringt, indem ich ihnen beibringe, wie sie in ihrem geistigen Garten den Samen pflanzen, der ihnen im Leben Gesundheit, Glück und Erfolg bringt.

**Alles ist nur die halbe Wahrheit: Die Kehrseite der Medaille**

Wo Licht ist, lauert auch Schatten. Der Placebo-Effekt hat uns verblüfft, indem er zeigte, dass der Körper dem Geist folgt. Doch was passiert, wenn dieser mächtige Mechanismus gegen uns verwendet wird? Genau das ist das Nocebo-Phänomen, das dunkle Pendant zum Placebo.

Im Gegensatz zum Placebo-Effekt führen negative Gedanken und Überzeugungen beim Nocebo zu schädlichen Auswirkungen auf unsere körperliche und emotionale Gesundheit. Denke zurück an das, was du bereits erfahren hast: Unser offenes Unterbewusstsein ermöglicht es, Informationen unbemerkt an unserem Bewusstsein und unseren rationalen Gedanken vorbei zu speichern und uns zu beeinflussen.

Unsere Gedanken setzen eine Kaskade in Gang: Ein Gedanke erzeugt eine Emotion, und auf diese Emotion folgt eine körperliche Reaktion. Das Kapitel über Gedanken bildet das pulsierende Herz dieses Buches. Verstehe es, setze es um und integriere es in deinen Alltag – und du wirst erleben, wie sich dein gesamtes Leben transformiert!

Wenn wir also immer aufgrund unserer Gedanken handeln, liegt es nahe, dass wir die Kontrolle über diese Gedanken übernehmen sollten. Aber Vorsicht: Sind unsere Gehirnwellen im Alpha- oder Thetazustand, entzieht sich die Flut von Informationen, die auf uns einprasselt, unserer bewussten Kontrolle. Daher ist es von existenzieller Bedeutung, das zu kontrollieren, was wir tatsächlich kontrollieren können: die Ausrichtung unseres Konsums und das, wovon wir uns bewusst fernhalten. Selbst wenn dir diese Informationen bereits bekannt sind, macht es Sinn, dein

Bewusstsein erneut damit zu durchtränken – wie ein erfrischendes Bad für deine Seele.

Doch hier ist ein weiterer Fakt zum Nachdenken: Kinder im Alter von 2 bis 7 Jahren befinden sich aufgrund ihrer Thetazustände in einer Phase, in der ihr Unterbewusstsein weit offen ist. In dieser Zeit passen sie sich ihrer Umwelt an und nehmen alles um sie herum auf. Nimm dir einen Moment und betrachte kritisch die Filme und Serien, die speziell für diese Altersgruppe geschaffen wurden. Achte auf die Vorbilder, die dort präsentiert werden – die Wortwahl, die visuellen Darstellungen, die Symbole und was als richtig oder falsch vermittelt wird. Es wäre unangebracht, an dieser Stelle mehr zu sagen. Mach dir dein eigenes Bild und beschütze unsere kostbaren Kinder.

Unsere Gedanken sind mächtig – sie können unser Leben auf einzigartige Weise gestalten. Doch sie können auch zur Waffe werden, wenn wir es zulassen, dass der Nocebo-Effekt negative Überzeugungen und einschränkende Gedanken in uns verankert. Gemeinsam können wir diese Erkenntnisse nutzen, um bewusst unsere Gedanken zu lenken und positive Veränderungen in unserem Leben herbeizuführen. Bist du bereit, die Magie deiner Gedanken zu entfesseln?

## Manipulative Macht: Wie der Nocebo-Effekt gezielt gegen uns eingesetzt wird

Durch geschickte Manipulationstechniken werden immer wieder negative Gedanken und Ängste ins Unterbewusstsein der Menschen gepflanzt. Dies geschieht beispielsweise durch bewusste Fehlinformationen, stereotype Vorstellungen oder das Schüren von Ängsten in den Medien. Durch diese zielgerichtete Beeinflussung konditioniert das Unterbewusstsein negative Erwartungen und Überzeugungen, die sich auf den Körper und die Gesundheit auswirken können. Doch wie genau werden diese Taktiken gegen uns eingesetzt? Lass mich dir zeigen, wie erschreckend es ist.

Es ist durchaus möglich, dass bei dir bereits die Alarmglocken schrillen. Denke nur kurz an die letzten Jahre der sogenannten "Pandemie". Wurden dort Ängste geschürt? Ja! Wurden Überzeugungen verbreitet, dass JEDE "ungeimpfte" Person einen schweren Covid-Verlauf zu erwarten hat? Ja! Gibt es Menschen, die allein aufgrund dieser vehementen Behauptungen krank wurden? Die Antwort liegt bei dir. Dieses Spiel geht jeden Tag weiter. Ist eine Sache vorbei, folgt die nächste in einem endlosen Zyklus. Werfe einen Blick in die Geschichtsbücher. Auf Krankheiten folgen Kriege, auf Kriege folgen Finanzkrisen und so geht es immer weiter. Nocebo über Nocebo, begleitet von der ständigen Angstemotion.

Der Nocebo-Effekt verdeutlicht die enorme Macht des Geistes auf den Körper. Negative Gedanken und Glaubenssätze können Stresshormone freisetzen, das Immunsystem schwächen und tatsächlich körperliche Beschwerden verursachen oder verstärken. Menschen, die beispielsweise mit einer schlimmen Diagnose konfrontiert werden und fest davon überzeugt sind, dass keine Heilung möglich ist, haben oft geringere Chancen auf Genesung. Ihr eigenes Denken und ihr Glaube blockieren ihre Selbstheilungskräfte. Häufig sind sich Ärzte nicht einmal ihrer eigenen Autorität und Macht bewusst. Eine Todesdiagnose und eine prognostizierte Zeitspanne werden so zur sich selbst erfüllenden Prophezeiung.

Erinnere dich an die Geschichte meiner Mutter und des krebskranken Mannes. Allein ihre positiven Gedanken und ihre unglaubliche Stärke haben sie bis heute am Leben erhalten – da gibt es keine zweite Meinung. Möchtest du ein Experiment durchführen, das die Macht des Nocebo-Effekts auf einfache Weise verdeutlicht? Wenn du Lust hast, teste es gerne in deinem Umfeld. Sage einer Person an drei aufeinanderfolgenden Tagen, dass sie wirklich nicht gut aussieht und vielleicht zum Arzt gehen sollte. Weihe nun zusätzlich 2-3 weitere Personen ein, die unabhängig voneinander Ähnliches zu dieser Person sagen.

Jetzt prophezeie ich dir, was passieren wird: Am ersten Tag wird die Person dir sagen, dass alles in Ordnung sei, doch bereits am zweiten Tag werden Zweifel aufkommen und erste körperliche Symptome bemerkbar werden. Der dritte Tag wird dann spannend. Es könnte sein, dass sich die Person tatsächlich krank fühlt oder sich sogar krank meldet. Der Körper folgt dem Geist. Wichtig ist einzig und allein die 100%ige Überzeugung, die der Person entgegengebracht wird.

Kennst du die Geschichte von Thomas Edison? Das Genie, das damals die Glühbirne weiterentwickelte und knapp 9500 Möglichkeiten erforschte, wie sie nicht funktionierte. Er wurde damals von der Schule verwiesen, weil er angeblich zu "dumm" war. Seine Lehrerin schrieb einen Brief an Thomas Edisons Mutter, in dem sie die Gründe für den Schulverweis erläuterte. Doch Thomas' Mutter war offensichtlich eine brillante Frau und nutzte die Kraft der Gedanken. Sie schrieb einen neuen Brief und erzählte ihrem Sohn, dass er eine Schule mit Lehrern brauche, die seiner Hochbegabung gerecht würden. Sie ließ ihn in dem Glauben, er sei zu schlau für eine normale Schule, und genau so entwickelte sich der junge Mann. Wie wäre sein Leben (und das vieler anderer Menschen) wohl verlaufen, wenn seine Mutter ihm die Wahrheit gesagt hätte? Kurz vor seinem Tod fand er übrigens den Brief der Lehrerin, doch zu diesem Zeitpunkt waren seine Überzeugungen über sich selbst bereits so gefestigt, dass die "Wahrheit" nichts mehr veränderte.

Für mich klingt die "Wahrheit" nach einer absoluten Illusion. Gedanken werden gemacht, Meinungen werden gemacht, Menschen werden gemacht, Pandemien werden gemacht und auch Kriege werden gemacht! Von wem? Auf diese Frage habe ich keine Antwort, die in dieses Buch passt. Solltest du eine finden, melde dich bitte bei mir.

*Die effektivste Chance, um dich vor der Beeinflussung der Medien zu schützen, ist sie nicht zu konsumieren.*

Es ist faszinierend und gleichzeitig beunruhigend zu erkennen, dass das System diese Mechanismen bewusst ausnutzt, um Menschen zu kontrollieren und in einem Zustand von Krankheit und Mangel zu halten.

Indem es immer wieder negative Gedanken und Ängste in die Köpfe der Menschen pflanzt, hält es sie in einem Zustand der Schwäche und Abhängigkeit gefangen.

Es ist wichtig, sich dieser manipulativen Taktiken bewusst zu sein und aktiv gegen negative Gedanken und Überzeugungen anzukämpfen. Indem wir unsere Gedanken bewusst lenken, positive Überzeugungen kultivieren und uns von der Kontrolle des Systems befreien, können wir unsere Gesundheit, unser Glück und unseren Erfolg stärken. Doch wie genau wird dieses Phänomen bei uns eingesetzt?

**Die Größe ist entscheidend! Oder doch alles eine Frage der Technik?**

Als Ex-Soldat sage ich dir: Um dich vor feindlichen Einflüssen zu schützen, musst du ihre Strategien kennen. Lass mich dir einige der offensichtlichsten Methoden aufzeigen, denen wir Tag für Tag ausgesetzt sind:

**Wortwahl und Sprache**: *Die bewusste Verwendung von negativer Sprache und suggestiven Ausdrücken kann negative Erwartungen und Ängste in uns erzeugen. Die Medien nutzen diese Worte und Ausdrücke gezielt, um bestimmte Vorstellungen und Überzeugungen zu verstärken und negative Reaktionen in uns hervorzurufen.*

**Verbreitung von Angst und Unsicherheit**: *Eine der wirkungsvollsten Techniken ist die gezielte Verbreitung von Angst und Unsicherheit, um negative Gedanken und Überzeugungen in uns zu verstärken. Durch manipulative Medienberichterstattung, suggestiv gestaltete Werbung oder das gezielte Schüren von Ängsten in der Gesellschaft werden wir in einen Zustand der Angst versetzt, der unsere Wahrnehmung und unser Denken negativ beeinflusst. Dabei werden grundlegende Ängste, die jedem von uns innewohnen, schamlos ausgenutzt.*

**Autoritätsfiguren und Experten:** *Die Berichterstattung nutzt "autoritäre Figuren" und vermeintliche "Experten", um uns zu beeinflussen und negative Überzeugungen zu verstärken. Diese Personen werden gezielt eingesetzt, um Ängste zu schüren, Zweifel zu säen und negative Erwartungen in uns zu verstärken.*

*Dabei wird oft auf Manipulationstechniken wie Fehlinformation, selektive Berichterstattung und gezielte Angstmache zurückgegriffen. Wir neigen dazu, einem vermeintlichen Experten Glauben zu schenken, denn wenn Prof. Dr. XY etwas sagt, dann muss es ja stimmen.*

*Hier sind noch einige wichtige Methoden, die du kennen solltest:*

**Framing**: *Das Setzen eines bestimmten Rahmens oder Kontextes, um die Art und Weise zu beeinflussen, wie Informationen wahrgenommen werden.*

**Selektive Berichterstattung**: *Das gezielte Auslassen oder Hervorheben bestimmter Informationen, um eine bestimmte Sichtweise zu unterstützen oder zu verstärken.*

**Manipulative Sprache**: *Die Verwendung von emotional aufgeladenen Wörtern oder Aussagen, um eine gewünschte Reaktion beim Leser hervorzurufen.*

**Inszenierung**: *Die gezielte Darstellung von Ereignissen oder Situationen, um eine bestimmte Wirkung zu erzielen oder eine bestimmte Geschichte zu erzählen.*

**Desinformation**: *Die Verbreitung falscher oder irreführender Informationen, um die Meinung der Menschen zu beeinflussen oder Verwirrung zu stiften.*

**Einfluss auf Experten:** *Die gezielte Beeinflussung oder Manipulation von Experten oder Meinungsführern, um ihre Aussagen oder Empfehlungen in eine bestimmte Richtung zu lenken.*

**Social Media Manipulation**: *Die gezielte Verbreitung von Fehlinformationen oder die Nutzung von Bots, um Meinungen und Trends in sozialen Medien zu beeinflussen.*

**Manipulation von Statistiken**: *Die gezielte Auswahl oder Darstellung von Statistiken, um eine bestimmte Aussage zu stützen oder zu widerlegen.*

**Sensationsjournalismus**: *Die Betonung von Sensationen, Skandalen oder kontroversen Themen, um die Aufmerksamkeit der Leser zu erregen und ihre Meinung zu beeinflussen.*

Ein weiterer wichtiger Punkt, den es zu verstehen gilt, ist, dass der Nocebo-Effekt nicht nur auf individueller Ebene wirkt, sondern auch auf kollektiver Ebene. Wenn Menschen in einer Gesellschaft mit Angst und Unsicherheit konfrontiert werden und negative Überzeugungen verbreitet werden, verstärkt sich der Nocebo-Effekt auf breiterer Ebene. Dies hat erhebliche Auswirkungen auf unser individuelles Wohlbefinden, das soziale Gefüge und die Gesundheit der Gesellschaft als Ganzes.

Um uns gegen diese Manipulationstechniken zu schützen, ist es von großer Bedeutung, uns ihrer bewusst zu werden und aktiv dagegen anzugehen. Indem wir unsere Gedanken bewusst lenken, positive Überzeugungen kultivieren und uns von der Kontrolle des Systems lösen, haben wir die Möglichkeit, freier zu denken und bessere Entscheidungen in unserem Leben zu treffen.

Der Nocebo-Effekt ist ein weiterer Beweis für die erstaunliche Macht unserer Gedanken und Überzeugungen. Wenn dich dieses Phänomen interessiert und du tiefer in die Mechanismen der Massenpsychologie eintauchen möchtest, empfehle ich dir das Buch "Die Psychologie der Massen". Es wird dir die Augen öffnen und dir helfen, dich besser vor den Manipulationstechniken zu schützen, denen wir täglich ausgesetzt sind.

Es ist entscheidend, sich der Manipulationsmechanismen und den damit verbundenen Effekten bewusst zu werden und aktiv gegen sie anzugehen. Indem wir uns über die Macht unserer Gedanken und Überzeugungen informieren und lernen, wie wir sie positiv beeinflussen können, können wir uns gegen den Nocebo-Effekt wappnen. Probiere es mal mit den folgenden Techniken und beobachte ihren Effekt:

**Bewusstsein schaffen**: *Indem wir uns bewusst machen, dass unsere Gedanken und Überzeugungen einen direkten Einfluss auf unsere Gesundheit und unser Wohlbefinden haben, können wir den Nocebo-Effekt erkennen und ihm entgegenwirken. Es ist wichtig zu erkennen, dass wir die Kontrolle über unsere Gedanken haben und sie aktiv lenken können. Wie genau zeige ich dir gleich.*

**Positive Affirmationen und Visualisierung**: *Durch die bewusste Verwendung von positiven Affirmationen und Visualisierungstechniken können wir positive Gedanken und Überzeugungen in unser Unterbewusstsein verankern. Indem wir uns immer wieder positive Sätze sagen und uns positive Bilder und Situationen vorstellen, können wir negative Gedankenmuster auflösen und positive Erwartungen schaffen. Wie das im Detail funktioniert, erfährst du natürlich in diesem Buch.*

**Selbstreflexion und Achtsamkeit:** *Indem wir uns selbst reflektieren und achtsam mit unseren Gedanken und Emotionen umgehen, können wir negative Muster erkennen und bewusst verändern. Achtsamkeit ermöglicht es uns, negative Gedanken und Überzeugungen bewusst wahrzunehmen und sie durch positive und konstruktive Gedanken zu ersetzen.*

**Gemeinschaft und positive Umgebung**: *Indem wir uns in einer unterstützenden Gemeinschaft befinden und uns in einer positiven Umgebung aufhalten, können wir den Nocebo-Effekt minimieren. Positive soziale Interaktionen, Unterstützung und ein Umfeld, das positive Gedanken und Überzeugungen fördert, stärken unsere Resilienz gegenüber negativen Einflüssen. Aus diesem Grund ist der Bereich der Sozioepigenetik so interessant, denn scheinbar ist auch dein Umfeld an der Regulation deiner Gene beteiligt.*

**Informierte Entscheidungen treffen:** *Indem wir uns ausreichend über medizinische und gesundheitliche Themen informieren und uns auf vertrauenswürdige Quellen stützen, können wir uns vor falschen Informationen und Manipulation schützen. Es ist wichtig, kritisch zu hinterfragen und sich ein eigenes Urteil zu bilden, basierend auf fundierten Fakten und wissenschaftlicher Evidenz (wobei da auch wieder die Quelle zu prüfen ist!). Wie du deine Sinne schärfst und die richtigen Informationen für dich wahrnimmst, erfährst du im letzten Teil des ewigen Kreises.*

Es ist beeindruckend zu erkennen, wie stark die Kraft unserer Gedanken und Überzeugungen unsere Realität formen kann. Du hast die Möglichkeit, diese Kraft bewusst zu nutzen, um positive Veränderungen in deinem Leben herbeizuführen. Indem du dir der Mechanismen bewusst bist und aktiv gegensteuerst, kannst du deine Gesundheit, dein Glück und deine Lebensqualität positiv beeinflussen. Es liegt an dir, die Magie deiner Gedanken zu entdecken und sie zum Wohle deines eigenen Lebens einzusetzen.

Indem du dich bewusst für positive Gedanken und Überzeugungen entscheidest, kannst du den Nocebo-Effekt umgehen und stattdessen den Placebo-Effekt nutzen, um dein komplettes Dasein zu verbessern. Studien haben gezeigt, dass allein die positive Erwartung an eine Behandlung oder Intervention zu messbaren Verbesserungen führen kann. Unser Geist und unser Körper sind miteinander verbunden, und wenn wir positive Gedanken und Überzeugungen kultivieren, senden wir positive Signale an unseren Körper aus.

Aber Vorsicht! Dies ist keine magische Lösung, die medizinische Behandlungen oder professionelle Betreuung ersetzt. Es geht vielmehr darum, eine ganzheitliche Herangehensweise zu entwickeln, die sowohl deine körperliche als auch deine geistige und emotionale Gesundheit berücksichtigt. Indem du positive Gedanken mit gesunden Lebensgewohnheiten, guter Ernährung, ausreichender Bewegung und angemessener medizinischer Versorgung kombinierst, erzielst du optimale Ergebnisse. Gemeinsam als unschlagbares Team.

Die Macht der Gedanken ist faszinierend und noch immer Gegenstand intensiver Forschung in den Bereichen Neurowissenschaften, Psychologie und Epigenetik. Jede neue Erkenntnis gibt uns die Möglichkeit, bewusster mit unseren Gedanken umzugehen und die Kraft unserer inneren Überzeugungen zu nutzen.

Bisher haben wir in diesem Kapitel die magische Welt der Gedanken und den Einfluss des Nocebo-Effekts erforscht. Wir haben gesehen, wie negative Gedanken und Überzeugungen uns einschränken können, aber auch, wie wir durch bewusste Entscheidungen und positive Veränderungen eine neue Realität erschaffen können. Doch das ist noch nicht alles.

Lass uns jetzt einen Blick auf die Kraft deines sozialen Umfeldes werfen und wie es über Erfolg oder Misserfolg entscheiden kann. Du wirst überrascht sein, welchen Einfluss deine Umgebung auf deine Gedanken und Überzeugungen hat. Tauche ein in die spannende Welt der sozialen Dynamik und erfahre, wie du sie zu deinem Vorteil nutzen kannst.

## Du bist der Gen-Manipulator deiner Umwelt

Vorsicht! Der Einfluss deines Umfeldes auf deinen Erfolg im Leben darf nicht unterschätzt werden. Negative, limitierende und bremsende Gedanken können dein Selbstvertrauen, deine Motivation und letztendlich deine Leistung erheblich beeinträchtigen.

Dein soziales Umfeld spielt dabei eine entscheidende Rolle. Die Menschen um dich herum können dich entweder unterstützen und anspornen oder dich mit negativen Kommentaren und Kritik belasten. Denk nur an die inspirierende Geschichte von Thomas Edison und seiner Mutter. Ihre Worte haben die Macht, dich zu formen und deine Überzeugungen zu prägen. Sie können aus dir HerrscherIn über das Universum machen oder dich so klein reden, dass du es im Leben zu nichts und wieder nichts bringst.

Wie du mittlerweile weißt, haben die negativen Gedanken, die du in dir trägst, direkte Auswirkungen auf dein Verhalten und deine Entscheidungen. Sie können dich zurückhalten, Risiken vermeiden lassen und dich selbst sabotieren. Ängste vor dem Versagen werden genährt und verhindern, dass du deine Träume verfolgst und deine Ziele erreichst.

Doch das ist noch nicht alles. Diese negativen Gedanken beeinflussen auch deine Selbstwahrnehmung und deine Fähigkeit, Chancen zu erkennen und zu ergreifen. Wenn du dich selbst als unwürdig oder minderwertig betrachtest, wirst du nicht den Mut aufbringen, neue Möglichkeiten zu erkunden oder deine Fähigkeiten weiterzuentwickeln. Ein Teufelskreis des Stillstands entsteht und deine Ziele und Träume rücken in weite Ferne. Krasser noch. Dein soziales Umfeld kann dir einreden, was du bist. Hast du ein bestimmtes Laster in deinem Leben, was immer wieder thematisiert wird? Beispielsweise eine Erkrankung? Was auch immer es ist, es ist ein Teil deines Lebens geworden, deine Identität und weißt du was unsere Seele und somit unser Körper ganz und gar nicht mag? Die Identität verlieren! Am liebsten sind mir die Menschen, die ihre Erkrankung in ihr Instagramprofil schreiben. „MS since 2019", „Endometriose since 2009" usw. Diese Menschen sind ihre Krankheit geworden und genau aus diesem Grund werden sie sie auch nicht los!

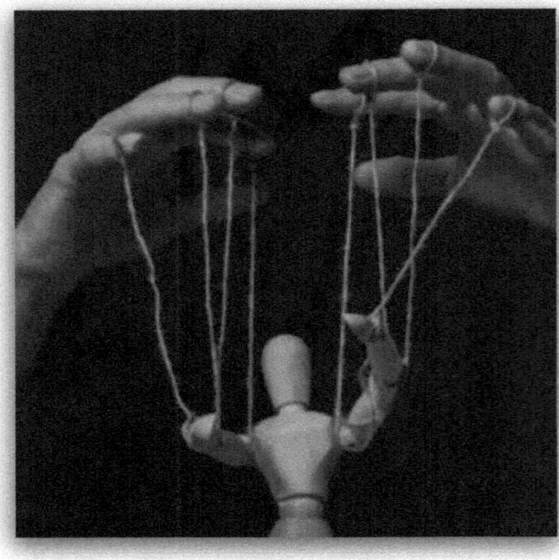

*Sei dir deinem Einfluss auf andere Menschen bewusst*

Es ist an der Zeit, dich bewusst mit deinen Gedanken und Überzeugungen auseinanderzusetzen und dich von den negativen Einflüssen zu befreien.

Stärke dich selbst mit positiven Glaubenssätzen und unterstützenden Überzeugungen. Baue dein Selbstvertrauen auf und ermutige dich selbst, deine Ziele zu verfolgen. Entscheide dich bewusst für eine positive und ermutigende innere Stimme, die dir dabei hilft, dein volles Potenzial zu entfalten. Hab noch etwas Geduld, denn gleich bekommst du ein paar der mächtigsten Techniken, welche eine kleine Miezekatze zu einem majestätischen Löwen werden lassen.

Verstehst du jetzt, wie wichtig es ist, ein unterstützendes soziales Umfeld aufzubauen? Menschen, die an dich glauben, dich ermutigen und dich in deinen Zielen unterstützen, können einen gewaltigen Einfluss auf deine Gedanken und Überzeugungen haben. Umgebe dich mit positiven und inspirierenden Menschen, die dich motivieren und dein Wachstum fördern. Befreie dich von dem Ballast, der dich an deinem Fortschritt hindert. Es gibt da draußen Menschen, die dich so wertschätzen, wie du bist und die deine Hilfe dringend benötigen. Für diese darfst du in deine volle Größe gehen.

Du bist der Motor, der alles antreibt. Du hast die Macht, Erfolg oder Misserfolg in deinem Umfeld zu beeinflussen. Lass deinen Motor auf Hochtouren laufen und ziehe dein ganzes Umfeld mit. Gib ihnen Starthilfe, denn du besitzt die Fähigkeit, sie zu inspirieren und zu motivieren. Doch sei wachsam und trenne dich von jenen, die deinen Tank leer ziehen wollen. Es gibt so viele Menschen da draußen, die auf deine Unterstützung warten. Werde dir dessen bewusst und lass die Reise zum Erfolg beginnen!

**Aufstieg aus der Asche: Die inspirierende Transformation einer alleinerziehenden Mutter**

Inmitten der Schatten des Verlustes und der Verzweiflung erstrahlt manchmal ein Funken der Hoffnung, der das Leben eines Menschen für immer verändert. Dies ist die bewegende Geschichte einer 29 jährigen alleinerziehenden Mutter, die nach einer schmerzhaften Trennung und dem Gefühl der Perspektivlosigkeit ihre wahre Stärke entdeckte. Durch die kraftvolle Unterstützung des Phönixcoachings fand sie den Mut, ihr eigenes Leben in die Hand zu nehmen und zu einer Quelle der Inspiration für andere Frauen zu werden.

**Der Anfang eines neuen Weges**

Als ich Sarah, (Name geändert), zum ersten Mal traf, spürte ich sofort die Schwere ihrer Situation. Ihr Leben schien nach der Trennung vom Vater ihres Babys auseinanderzufallen. Sie fand sich in einer tiefen Krise wieder, ohne Perspektive und mit einem Berg von finanziellen Sorgen. Doch anstatt sich in ihrer Verzweiflung zu verlieren, beschloss sie, dass es an der Zeit war, etwas zu ändern. Sie wollte nicht länger Opfer ihrer Umstände sein.

Genau in diesem Moment kam unsere Begegnung als Coach und Coachee zustande. Das Gesetz der Anziehung präsentierte sich wieder einmal von seiner zuverlässigsten Seite. Sarah öffnete sich mir gegenüber und teilte mit mir ihre Ängste und Zweifel. Gemeinsam begannen wir den Prozess der Selbstreflexion und der Transformation. Die Aufgabe bestand darin, ihre innere Welt zu klären und Platz für positive Veränderungen zu schaffen.

Gemeinsam begaben Sarah und ich uns auf eine intensive Reise der Selbstentdeckung und persönlichen Entwicklung. Wir erkannten schnell, dass Sarah von tief sitzenden negativen Glaubenssätzen geplagt war, die sie daran hinderten, ihr volles Potenzial zu entfalten. Besonders belastete sie das Gefühl der Schuld, das sie sich selbst auferlegte aufgrund des Scheiterns ihrer Beziehung und der Tatsache, dass ihr Baby nun mit getrennten Eltern aufwachsen musste.

Sarah suchte unablässig nach einem Grund für ihr vermeintliches "Scheitern". Wir tauchten tief in diese Thematik ein und begannen mit einigen inneren Kind Reisen. In diesen Meditationen führte ich Sarah mit Hilfe binauraler Beats behutsam in ihre frühe Kindheit zurück. Gemeinsam entdeckten wir, dass Sarah nach der

Trennung ihrer Eltern eine sehr enge Verbindung zu ihrer Mutter aufgebaut hatte. Sie erinnerte sich an die emotionalen Tiefpunkte ihrer Mutter, wie sie sich abends in den Schlaf weinte und immer wieder starke Selbstzweifel äußerte. Es wurde deutlich, dass Sarah diese Erfahrungen tief in sich aufgenommen und verinnerlicht hatte.

Limitierende Glaubenssätze wie „ich darf nicht zur Last fallen" und "ich bin nicht beziehungsfähig" kamen ans Licht. Durch verschiedene Fragetechniken wurde Sarah bewusst, dass sie diesem Glaubenssatz folgte, um ihre eigene Realität zu bestätigen. Die Überzeugung, nicht beziehungsfähig zu sein, verbunden mit Sätzen wie "Ich kann meinem Partner nicht geben, was er verdient" und "ich bin nicht gut genug", formten Sarahs selektive Wahrnehmung. Ihr Glaube an sich selbst wurde zur selbsterfüllenden Prophezeiung, und auf diese Weise behielt sie heimlich die Kontrolle über ihre Situation.

Wir arbeiteten gezielt mit Meditationen und binauralen Beats im Bereich der Thetafrequenzen, um diese negativen Glaubenssätze umzuwandeln und positive Überzeugungen zu stärken. Wir etablierten schöpferische Gewohnheiten, welche ihre unterbewussten Gedanken immer weiter ins Bewusstsein riefen, um mit ihnen zu arbeiten. Es war ein Prozess, der Zeit und Geduld erforderte, aber Sarah war bereit, sich selbst zu verändern und alte Muster loszulassen. Sie erkannte, dass sie die Fähigkeit hatte, ihre Realität zu gestalten und ihr eigenes Glück zu finden.

Schritt für Schritt befreite sich Sarah von den Fesseln ihrer negativen Glaubenssätze. Sie begann, neue Möglichkeiten und Chancen wahrzunehmen, die ihr vorher verborgen waren. Ihr Selbstvertrauen wuchs, und sie erlangte eine tiefere Verbindung zu sich selbst. Sarah erkannte, dass sie in der Lage war, eine gesunde und erfüllende Beziehung zu führen und dass sie wertvoll und liebenswert war.

**Die Geburt eines Business**

Mit jedem Schritt wuchs Sarahs Vertrauen und ihre Fähigkeit, ihre eigene Realität zu gestalten. Sie erkannte, dass sie eine Stimme hatte und dass sie andere alleinerziehende Mütter inspirieren und unterstützen wollte. Gemeinsam entwickelten wir maßgeschneiderte Coaching-Programme und Workshops, die auf die spezifischen Bedürfnisse dieser Frauen zugeschnitten waren. Sarah hatte die Vision, anderen Müttern zu helfen, ihr volles Potenzial zu entfalten und ein erfülltes Leben zu führen.

Durch ihre Entschlossenheit und harte Arbeit baute Sarah ihr Coaching-Business für alleinerziehende Mütter auf. Sie nutzte ihre persönlichen Erfahrungen, um andere Frauen zu motivieren und zu inspirieren. Sarah hatte gelernt, dass Erfolg nicht nur finanzielle Stabilität bedeutet, sondern auch eine starke Gemeinschaft von Frauen aufzubauen, die sich gegenseitig unterstützen und ermutigen. Ihre Coaching-Programme wurden immer beliebter, und sie erzielte beeindruckende fünfstellige Monatsumsätze. Heute, ein Jahre später, hat Sarah nicht nur finanzielle Freiheit erreicht, sondern auch das Vertrauen in ihre eigenen Fähigkeiten wiedergewonnen. Sarah ist zu einer Vorbildfigur geworden, die zeigt, dass es möglich ist, trotz widriger Umstände Erfolg, Glück und Gesundheit zu erlangen. Sie traf den Mann ihrer Träume von dem sie sich sicher ist, dass das Universum ihn ihr geschickt habe. Heute sind die beiden ein glückliches Paar und leben das leben ihrer Träume.

Sarahs Geschichte ist ein leuchtendes Beispiel dafür, dass es nie zu spät ist, sein Leben zum Besseren zu verändern. Durch die

Arbeit an ihren Glaubenssätzen und die gezielte innere Arbeit konnte sie ihr volles Potenzial entfalten und ein erfülltes und erfolgreiches Leben führen. Ihre Geschichte ermutigt andere Menschen, ihre eigenen inneren Blockaden zu erkennen und anzugehen, um ihre Träume zu verwirklichen. Sarah hat mir gezeigt, dass auch oder gerade in den dunkelsten Momenten einschneidende Veränderungen möglich und nötig sind und das aus der Krise stets grandiose Dinge entstehen. Wir beide sind auch heute noch in regelmäßigem Kontakt und ich freue mich über jede ihrer Erfolgsgeschichten.

## Jenseits der Grenzen: Die kraftvolle Welt der Glaubenssätze und wie du sie meistern kannst

Unser Verstand, dieser faszinierende Schöpfer unserer Realität, ist ein Meister darin, den Zusammenhang zwischen unserem Glauben und unserer Wirklichkeit herzustellen. Mit einem komplexen Zusammenspiel von chemischen Substanzen steuert er unser Verhalten und unsere Gene, um unsere tiefsten Überzeugungen zur Realität werden zu lassen. Die Kraft unseres Glaubens übertrifft sogar die Grenzen der objektiven Realität. Eine einfache Zuckertablette kann heilsame Wirkung entfalten, wenn wir fest davon überzeugt sind, dass sie uns hilft. Das ist der vorhin beschriebene Placeboeffekt, der uns zeigt, dass unser Geist über erstaunliche Fähigkeiten verfügt.

Unser Körper ist ein Tempel der Emotionen und die Chemie dieser Emotionen ist die Sprache, in der sich unser Innerstes ausdrückt. Wie ein Jäger der euphorischen Gefühle können wir süchtig nach diesen chemischen Substanzen werden, die unsere Emotionen steuern. Doch wie entstehen unsere Glaubenssätze eigentlich? Um diese Frage zu beantworten, müssen wir einen Blick auf unsere Gehirnfrequenzen werfen.

Das menschliche Gehirn ist ein komplexes Instrument, das uns auf verschiedene Bewusstseinsebenen führen kann. Von den tiefen Deltawellen des Tiefschlafes und den Theta- und Alpha-Wellen, die uns in einen Zustand der Vorstellungskraft und Träumerei versetzen, bis hin zu den aktiven Beta-Frequenzen, in denen wir uns auf Aufgaben konzentrieren und aktiv handeln. In den ersten sieben Lebensjahren befindet sich das Gehirn eines Kindes größtenteils im Theta-Zustand, ähnlich dem Zustand der Hypnose. In dieser Zeit nimmt das Kind alles um sich herum auf und speichert es in seinem Unterbewusstsein, ohne ein eigenes kritisches Bewusstsein zu haben.

Die Aussagen und Handlungen unserer Eltern und anderer wichtiger Bezugspersonen prägen in dieser Zeit unseren inneren Glauben über uns selbst und die Welt. Sätze wie „Das können wir uns nicht leisten", "Du bist Schuld" oder "Das hast du nicht verdient" hinterlassen Spuren in unserem Unterbewusstsein und werden zu unseren Glaubenssätzen. Diese Programme sind so gut wie nie förderlich für unser Wohlbefinden. Sie können uns selbstkritisch machen und unsere Selbstliebe beeinträchtigen. Wenn wir uns selbst nicht lieben, wird es auch schwer, andere zu lieben und Liebe von anderen anzunehmen. Deshalb ist es beispielsweise wichtig, uns selbst immer wieder zu sagen: "Ich bin liebenswert“. Doch dazu gleich mehr. Viel viel mehr!

Unser Unterbewusstsein kennt keine Zeit. Es existiert immer im gegenwärtigen Augenblick. Unser Bewusstsein hingegen kann in der Zeit reisen, von der Vergangenheit über die Vorstellungskraft bis hin zur Zukunft. Doch während wir denken, werden wir von unseren Programmen im Unterbewusstsein gesteuert. Du kennst sicherlich das Gefühl, beim Autofahren gedanklich abwesend zu sein und dennoch sicher ans Ziel zu gelangen. In solchen Momenten übernimmt unser Unterbewusstsein die Kontrolle über unser Verhalten. Und wie du bereits weißt, bestimmt unser Bewusstsein nur zu einem kleinen Teil, nämlich 5%, unsere Handlungen im Laufe des Tages. Wenn unsere unterbewussten Programme jedoch einschränkend sind, halten sie uns davon ab, bewusst auf unsere Wünsche hinzuarbeiten und wir verharren in alten Gewohnheiten und der Vergangenheit.

Das ist auch eine gute Metapher, die ich nutzen möchte, um dir an dieser Stelle näher zu bringen, was es mit dem Spruch „vom Denken über das Tun zum Sein"  auf sich hat. Du erinnerst dich sicherlich an die Zeit, als du deinen Autoführerschein gemacht hast. Du warst zu Beginn völlig überfordert. Schalten, kuppeln, blinken, Schulterblick, irgendwie vorwärts kommen und dabei möglichst niemanden umbringen. Jetzt überlege, wie es heute ist, nach unzähligen Stunden der Praxis. Du bist die Autofahrt geworden. Du bist vom darüber Nachdenken über das Üben (Tun) zum Sein gekommen. Gedulde dich noch ein wenig und du bekommst den Trick, wie du vom Denken direkt zum Sein kommst.

Die Erkenntnis über die Macht unserer Glaubenssätze und die Rolle unseres Unterbewusstseins eröffnet uns die Möglichkeit, das Ruder zu übernehmen. Indem wir uns bewusst mit unseren Glaubenssätzen auseinandersetzen und destruktive Programme erkennen, können wir unser Leben und unsere Gesundheit in die eigene Hand nehmen. Wir haben die Fähigkeit, unsere tiefsten Überzeugungen zu transformieren und uns von den Fesseln der Vergangenheit zu befreien. Die Reise zu einer positiven und erfüllenden Realität beginnt in unserem Geist. Es ist an der Zeit, die Macht unserer Glaubenssätze zu erkennen und neue, förderliche Überzeugungen zu erschaffen. Unser Geist kennt keine Grenzen und unserem Geist ist auch egal, wie groß oder wie klein wir denken. Er führt einfach nur den jeweiligen gedanklichen Befehl aus, um die Realität zu erschaffen, die wir möchten.

Unsere Glaubenssätze und Überzeugungen formen die Linse, durch die wir die Welt betrachten und sie prägen unser Denken, Fühlen und Handeln. Wie unsichtbare Fäden weben sie sich in das Gewebe unserer Realität, bestimmen, was wir für möglich halten und was nicht. Sie sind wie unsichtbare Grenzen, die unser Potenzial einschränken oder uns beflügeln, über uns hinauszuwachsen. Diese Glaubenssätze sind keine zufälligen Gedanken, sondern tief verwurzelte Überzeugungen, die auf unseren Erfahrungen und den Botschaften, die wir von unserer Umwelt erhalten haben, basieren. Sie entstehen oft schon in der frühesten Kindheit, wenn unser unbeschriebenes Blatt des Geistes mit den Tinten des Lebens gefüllt wird. Wie unsichtbare Architekten konstruieren sie die Grundfesten unserer Realität und prägen unsere Identität.

Doch seien wir uns bewusst: Unsere Glaubenssätze sind keine in Stein gemeißelten Gesetze. Sie sind vielmehr wie formbare Tonklumpen, die wir nach unseren eigenen Vorstellungen gestalten können. Indem wir uns mit unseren Glaubenssätzen auseinandersetzen, haben wir die Macht, die Skulptur unseres Lebens zu formen und unsere Grenzen zu verschieben. Denn hinter jedem Glaubenssatz verbirgt sich eine Geschichte, die erzählt werden möchte, eine Überzeugung, die auf den Prüfstand gestellt werden kann. Es ist an der Zeit, den Raum deiner Möglichkeiten zu erweitern und die Ketten der Begrenzung zu sprengen. Durch bewusstes Hinterfragen und Neubewerten kannst du alte Muster und Einschränkungen überwinden. Du kannst neue

Glaubenssätze erschaffen, die dich stärken, inspirieren und beflügeln. Denn deine innere Stimme ruft dich dazu auf, dein volles Potenzial zu entfalten und dein eigenes Meisterwerk zu gestalten.

Der Tanz mit deinen Glaubenssätzen ist eine Reise der Selbsterkenntnis und Selbstbefreiung. Es erfordert Mut, sich den tief verwurzelten Überzeugungen zu stellen, die dich bisher geprägt haben. Doch in diesem Akt der Befreiung liegt die Kraft, die dir ermöglicht, neue Horizonte zu entdecken und dein Leben auf ganz neue Art und Weise zu erleben. Öffne deine Arme und empfange die Weisheit deines wahren Selbst. Lasse deine Glaubenssätze zu deinen Verbündeten werden und lasse sie dich auf den Phönixflügeln deiner Träume tragen. Es ist an der Zeit, das alte Spiel der Begrenzung zu beenden und dich der grenzenlosen Magie des Lebens hinzugeben. Die Bühne ist bereitet und du bist der Regisseur deiner eigenen Geschichte. Wage es, deine Glaubenssätze zu hinterfragen und neue Wege zu beschreiten. Die Welt liegt dir zu Füßen, bereit, von deinem Mut und deiner Kreativität berührt zu werden.

Wir werden nun gemeinsam deine Vorstellungskraft sprengen und in ein Universum eintauchen, in dem alles möglich ist. Denn du bist mehr als deine Glaubenssätze. Du bist ein SchöpferIn, ein Magier, der die Wirklichkeit mit jedem Atemzug formt. Erhebe dich über die Begrenzungen und finde den Mut, an dich selbst zu glauben. Die Zeit ist reif, deine wahre Größe zu erkennen und dein Potenzial zu entfesseln. Sei bereit, die Pforten des Unbekannten zu öffnen und den Tanz der Verwandlung zu beginnen. Das Abenteuer ruft und du bist bereit, es anzunehmen. Du bekommst jetzt einige Fragen von mir, welche du dir in einem Moment der absoluten Ruhe und Entspannung beantwortest. Denk daran: Dein Gehirn liefert dir immer eine Antwort.

## Verändere die Überzeugung über dich und die Welt

Bei der inneren Kind-Arbeit hast du dir bestimmt schon einige limitierende Glaubenssätze notiert, die dort aufgekommen sind. Diese werden wir gleich nutzen. Doch ganz egal, ob und wenn, wie viele Glaubenssätze bisher ans Tageslicht kamen, wir werden nun noch einige mehr identifizieren und hinter die jeweilige tiefer liegende Überzeugung schauen.

*Welche Überzeugungen oder Gedanken halten mich zurück, mein volles Potenzial zu entfalten?*

*Welche negativen Muster oder Denkweisen wiederholen sich immer wieder in meinem Leben?*

*Welche tief verwurzelten Annahmen habe ich über mich selbst, andere Menschen oder die Welt im Allgemeinen?*

*Was sind die häufigsten Sätze oder Aussagen, die ich über mich selbst sage?*

*Welche Erfahrungen oder Ereignisse haben dazu beigetragen, dass ich bestimmte Überzeugungen entwickelt habe?*

*Welche inneren Kritiker oder Selbstzweifel treten regelmäßig in meinem Denken auf?*

*Welche Glaubenssätze habe ich über Geld, Erfolg, Beziehungen, Gesundheit oder andere wichtige Lebensbereiche?*

*Wie würde sich mein Leben verändern, wenn ich diese negativen Glaubenssätze durch positive und unterstützende Überzeugungen ersetzen würde?*

*Welche Glaubenssätze habe ich von meinen Eltern oder meiner Umgebung übernommen, ohne sie bewusst zu hinterfragen?*

*Welche neuen, stärkenden Glaubenssätze möchte ich stattdessen in meinem Leben verankern?*

Wenn du soweit bist und deine negativen Glaubenssätze identifiziert hast, tauchen wir in die tiefen Weiten deiner Überzeugungen ein. Eine effektive Strategie, um an die tieferliegenden Überzeugungen hinter einem Glaubenssatz zu gelangen, ist die sogenannte **"5 Why"-Methode**. Kinder haben diese Methode perfektioniert, also lasse für diese Übung dein inneres Kind frei. Sie basiert auf der Idee, dass man durch wiederholtes Fragen nach dem "Warum" schrittweise zu den Kernüberzeugungen vordringen kann. Ich gebe dir ein Beispiel, wie ich diese Methode im Phönixcoaching bei meinen KlientInnen anwende. Wähle zu Beginn einen belastenden Glaubenssatz, den du genauer untersuchen möchtest. Zum Beispiel: "Ich bin nicht gut genug."

**Frage dich selbst***: "Warum glaube ich, dass ich nicht gut genug bin?" Finde die erste Antwort, die in dir aufkommt. Zum Beispiel: "Weil ich in der Vergangenheit einige Fehler gemacht habe."*

**Frage dich nun***: "Warum glaube ich, dass Fehler bedeuten, dass ich nicht gut genug bin?" Suche nach einer tieferen Überzeugung. Zum Beispiel: "Weil ich gelernt habe, dass Perfektion erforderlich ist, um wertvoll zu sein."*

**Setze den Prozess fort**, *indem du dich immer wieder fragst: "Warum glaube ich, dass Perfektion erforderlich ist, um wertvoll zu sein?" und suche nach den nächsten Ebenen der Überzeugungen. Du könntest entdecken, dass es mit Erwartungen von anderen*

*Menschen oder einem tief verwurzelten Bedürfnis nach Anerkennung zusammenhängt.*

**Fahre fort**, *die Frage "Warum?" zu stellen, bis du das Gefühl hast, dass du zur tiefsten Überzeugung hinter dem Glaubenssatz gelangt bist.*

Durch das wiederholte Hinterfragen des "Warum" kannst du schrittweise die zugrunde liegenden Überzeugungen und Annahmen enthüllen, die den Glaubenssatz unterstützen. Dieser Prozess erfordert Geduld und Offenheit, da es manchmal Zeit braucht, um zu den tiefsten Schichten des Unterbewusstseins vorzudringen. Es kann hier wie gesagt auch hilfreich sein, diesen Prozess mit einem Therapeuten oder Coach durchzuführen, der dir zusätzliche Unterstützung und Perspektiven bieten kann. Wir machen den ganzen Tag nichts anderes und haben durch die jahrelange Erfahrung im Phönixcoaching ein Gespür für die „richtigen Fragen“ bekommen.

### Das Phönixritual - Entfache dein inneres Feuer und erhebe dich aus der Asche

Der Prozess der Identifikation ist ein entscheidender Schritt auf deiner Reise der Transformation. Wir wollen die tief verwurzelten Glaubenssätze aufspüren, die uns begrenzen, um sie anschließend in kraftvolle, positive Überzeugungen umzuwandeln. Dabei halten wir uns an zwei kleine, aber wichtige Regeln: Keine negativen Formulierungen und keine Grenzen nach oben.

Nimm dir für jeden negativen Glaubenssatz ein Zettelchen und schreibe ihn darauf nieder. Auf einem zweiten Zettelchen formulierst du das positive Gegenstück zu diesem Glaubenssatz. Hierbei sind deiner Vorstellungskraft und Kreativität keine Grenzen gesetzt. Breite deine inneren Flügel aus und schreibe das, was du wirklich glauben und manifestieren möchtest.

Jetzt bereiten wir uns auf unser mächtiges **Phönixritual** vor, das uns auf unserer Reise begleitet. Dieses Ritual machen wir bei jedem unserer Seminare, Retreats und sogar Webinare und es erfreut sich jedes Mal großer Begeisterung. Du nimmst nun einen letzten Blick auf die negativen Überzeugungen und versprichst deinem Bewusstsein feierlich, dass sie nie wieder den Weg in dein Unterbewusstsein finden werden. Spüre die Entschlossenheit in dir aufsteigen.

*Das Phönixritual - Verbrenne deine alten Anteile und erschaffe aus der Asche neues Leben.*

Nun ist es an der Zeit, den alten Psychomüll loszulassen. Du nimmst ein Feuerzeug und zündest die Zettelchen mit den negativen Glaubenssätzen an. Sie verwandeln sich in Asche, während du tief ein- und ausatmest. Fühle, wie sich mit jedem Atemzug dein Geist von den alten Begrenzungen befreit. Spüre die Leichtigkeit und den Optimismus, der in dir aufsteigt.

Du bist bereit, dein wahres Potenzial zu entfesseln und in neue Höhen aufzusteigen. Wenn du möchtest, filme es gerne und poste es anschließend auf Instagram und markiere mich (@kevinmaeckmeyer).
Ich freue mich immer mega, die transformativen Prozesse meiner KlientInnen zu re-posten.

Du hast das Feuer entfacht und bist bereit, deine positiven Glaubenssätze zu nähren und zu stärken?Vertraue auf den Prozess und sei gespannt auf die wunderbaren Veränderungen, die sich in deinem Leben entfalten werden, wenn du die nachfolgende Technik nutzt.

**Meditation - Wie du mit binauralen Beats und einer Prise Spiritualität dein Gehirn zum Tanzen bringst**

In unserem Coaching legen wir großen Wert auf die Kraft der Meditation, um uns mit unseren inneren Anteilen zu verbinden und ein tiefgreifendes transzendierendes Erlebnis zu ermöglichen. Egal, ob du bereits Erfahrung mit Meditation hast oder noch am Anfang stehst, dieses Kapitel wird dir neue Einsichten und praktische Werkzeuge bieten, denn die Epigenetik verwissenschaftlicht die moderne Spiritualität.

Meditation ist eine zeitlose Praxis, die in verschiedenen Kulturen und Traditionen weltweit seit Jahrhunderten angewendet wird. Es ist eine bewährte Methode, um den Geist zu beruhigen, die Konzentration zu fördern und eine tiefere Verbindung mit sich selbst und dem Universum zu erfahren. Im Kontext der Epigenetik gewinnt die Meditation noch mehr Bedeutung, da sie uns ermöglicht, auf wissenschaftlicher Grundlage positive Veränderungen auf zellulärer Ebene zu bewirken.

Unsere Meditationen basieren auf der Anwendung von binauralen Beats, die du bereits am Anfang dieses Buches kennengelernt hast. Diese speziell entwickelten Klangfrequenzen beeinflussen unsere Gehirnwellen und eröffnen uns den Zugang zu verschiedenen Bewusstseinsebenen. Indem wir gezielt bestimmte Gehirnwellen aktivieren, können wir unsere Erfahrungen während der Meditation vertiefen und nachhaltige Veränderungen in unserem Leben herbeiführen.

Die Wissenschaft hinter der Meditation und den binauralen Beats ermöglicht es uns, tiefe transzendierende Erfahrungen zu machen und unser Potenzial voll auszuschöpfen. Durch die gezielte Beeinflussung unserer Gehirnwellen können wir Zustände erreichen, in denen unsere Wahrnehmung erweitert wird, sich unser Bewusstsein ausdehnt und unsere neuronalen Netzwerke neu organisiert werden. Auf diese Weise können wir alte Glaubenssätze und Muster auflösen, um Platz für neue positive Überzeugungen und Verhaltensweisen zu schaffen.

Während der Meditation werden wir uns darauf konzentrieren, unsere inneren Anteile bewusst wahrzunehmen und mit ihnen in Kontakt zu treten. Es geht darum, den Raum des Beobachters einzunehmen und unsere Gedanken, Gefühle und Empfindungen ohne Urteil oder Widerstand anzunehmen. Wir werden uns unserer tieferen Überzeugungen und Glaubenssätze bewusst und haben die Möglichkeit, diese zu transformieren.

Der meditative Zustand eröffnet uns eine neue Perspektive auf uns selbst und die Welt um uns herum. Es ist ein Moment der Stille und des Innehaltens, in dem wir die Möglichkeit haben, uns von äußeren Einflüssen loszulösen und unsere innere Weisheit und Klarheit zu entdecken. Indem wir regelmäßig meditieren, können wir unseren Geist schulen, unsere Konzentration stärken und unsere Resilienz gegenüber Stress und negativen Einflüssen erhöhen.

Unsere Meditationen werden dich auf eine Reise der Selbsterforschung und Transformation führen. Sie werden dich unterstützen, deine tiefsten inneren Überzeugungen und

Glaubenssätze zu erkennen und in positive, unterstützende Kräfte umzuwandeln. Wir werden gemeinsam die Grenzen des Möglichen überschreiten und uns auf eine Reise des persönlichen Wachstums und der Bewusstseinserweiterung begeben.

Bereite dich darauf vor, die Reise zu deinem wahren Selbst anzutreten und die Schleier der Begrenzung zu lüften. Atme tief ein und spüre die Vorfreude auf das, was vor dir liegt. Du hast bereits den ersten Schritt gemacht, indem du dieses Buch in die Hand genommen hast. Nun lade ich dich ein, dich ganz auf diese Meditationen einzulassen und das volle Potenzial deines Bewusstseins zu entfalten.

Öffne dein Herz, öffne deinen Geist und lass die Meditation zu einer Quelle der Kraft, des Friedens und der Transformation werden. Du bist bereit, deine wahre Größe zu entdecken und die Fesseln der Begrenzung zu sprengen. Tauche ein in die Stille und finde dort die Antworten, die du schon immer gesucht hast.

Du hast jetzt die Möglichkeit, deine Gehirnwellen so zu beeinflussen, dass tiefe transzendierende Erfahrungen möglich sind und nachhaltige Veränderungen kein Zufallsprodukt sind, sondern ein Ergebnis der dahinter liegenden Wissenschaft.

Hinter dem folgenden QR-Code verbirgt sich eine kraftvolle Meditation, um dein Unterbewusstsein zu öffnen und deinem geistigen Garten deine neuen positiven Glaubenssätze einzupflanzen. Ich habe dir eine Meditation erstellt, welche die häufigsten Glaubenssätze abdeckt und ich bin mir sicher, dass der ein oder andere Glaubenssatz mit dir räsoniert und das Potenzial hat, dein Leben zu verändern. Solltest du dich eines Tages gerufen fühlen, in unser Coaching einzusteigen und dein Leben von Grund auf auf ein neues Level zu katapultieren, dann bekommst du eine eigens für dich entworfene Meditation, welche ausschließlich auf deine individuellen Überzeugungen abzielt, um diese ein für alle Mal umzuwandeln. Ein absoluter Gamechanger!

Scanne ganz einfach diesen QR-Code, um zur Meditation der positiven Glaubenssätze zu gelangen und lasse dich von ihrer Magie verzaubern.

## NLP - die unbändige Macht deiner Worte

Ich möchte dich jetzt in die tiefsten Geheimnisse des Neurolinguistischen Programmierens (NLP) einführen. Bist du bereit, die Wissenschaft hinter dieser kraftvollen Methode zu entdecken und zu verstehen, wie du damit deinen geistigen Garten zum Blühen bringst? Tauche ein in eine Welt voller Erkenntnisse, Möglichkeiten und grenzenloser Transformation!

**Die Wissenschaft des NLP:**

NLP ist ein multidisziplinärer Ansatz, der auf den Erkenntnissen aus Psychologie, Linguistik und Neurowissenschaften basiert. Er wurde in den 1970er Jahren von den visionären Begründern Richard Bandler und John Grinder entwickelt und hat seitdem die Herzen vieler Menschen erobert. So auch meins. Er ist aus meinem Leben nicht mehr wegzudenken. Er verbindet die Prinzipien der menschlichen Kommunikation, des Denkens und des Verhaltens, um transformative Veränderungen zu ermöglichen. Die **Psychologie** spielt eine zentrale Rolle im NLP, da sie uns Einblicke in die menschlichen Denkprozesse, Emotionen und Verhaltensweisen gewährt. Unser Unterbewusstsein spielt eine entscheidende Rolle bei der Verarbeitung von Informationen und der Konstruktion unserer Realität. Indem wir uns bewusst mit unseren Denkmustern auseinandersetzen und gezielte Veränderungen vornehmen, können wir unser Verhalten, unsere Überzeugungen und unsere Reaktionen auf die Welt um uns herum positiv beeinflussen.

Die **Linguistik**, ein weiterer wichtiger Aspekt des NLP, untersucht die Kraft der Sprache und wie sie unsere Wahrnehmung und unser Denken beeinflusst. Worte haben die Macht, unsere Realität zu formen und unsere Überzeugungen zu prägen. Indem wir unsere Sprache bewusst wählen und unsere Kommunikation verbessern, können wir eine tiefere Verbindung zu anderen Menschen herstellen und unsere Ziele effektiver verfolgen. Böse Zungen behaupten, dass du NLP auch anwenden kannst, um andere Menschen zu manipulieren. Na sowas aber auch.

Die **Neurowissenschaften** liefern uns bahnbrechende Erkenntnisse darüber, wie unser Gehirn funktioniert und wie es unsere Gedanken, Emotionen und Handlungen steuert. Fortschritte in der Hirnforschung haben gezeigt, dass unser Gehirn in der Lage ist, sich zu verändern und neue Verbindungen zu knüpfen, was als Neuroplastizität bezeichnet wird. Ich betone das immer wieder, weil es mich so fasziniert. NLP nutzt diese Erkenntnisse, um gezielte Interventionen zu entwickeln, die unsere Gehirnaktivität positiv beeinflussen und so nachhaltige Veränderungen ermöglichen.

Die Wissenschaft des NLP verfolgt einen wissenschaftlichen Ansatz, der auf dem Prinzip der Modellierung beruht. Sie untersucht erfolgreiche Menschen und analysiert deren Denkweisen, Strategien und Überzeugungen. Indem wir diese erfolgreichen Muster verstehen und für uns selbst anwenden, können auch wir ähnliche Ergebnisse erzielen. Also Gesundheit, Glück und Erfolg. NLP gibt uns Werkzeuge an die Hand, um unsere Ressourcen zu nutzen, negative Denkmuster zu überwinden und unsere persönliche Entwicklung voranzutreiben.

Die wissenschaftliche Fundierung des NLP macht es zu einer effektiven Methode, um positive Veränderungen herbeizuführen und hat deshalb einen bedeutenden Platz im Phönixcoaching. Es bietet uns eine klare Struktur und erprobte Techniken, um unser Denken und Verhalten zu optimieren. NLP ermöglicht es uns, unsere eigenen inneren Ressourcen zu aktivieren, mentale Blockaden zu überwinden und unsere Ziele mit Leichtigkeit und Freude zu erreichen.

In den folgenden Abschnitten werden wir uns konkreten Übungen und Anwendungen des NLP widmen. Du wirst die Möglichkeit haben, deine Glaubenssätze zu transformieren, dein Unterbewusstsein neu zu programmieren und dein volles Potenzial zu entfalten. Lass dich von der Begeisterung und dem Wissen, das NLP bietet, inspirieren und motivieren. Ich stehe dir zur Seite, um deine persönliche Transformation zu unterstützen und dir neue Horizonte zu eröffnen.

**Und wie genau funktioniert NLP?**

In gewisser Weise sind diese Denkmuster wie Samen, die wir in unseren geistigen Garten pflanzen. Mit NLP haben wir die Möglichkeit, bewusst auszuwählen, welche Samen wir pflanzen möchten, um unsere innere Welt nach unseren Vorstellungen zu gestalten.

Unser Unterbewusstsein spielt eine zentrale Rolle in diesem Prozess. Es ist wie ein fruchtbarer Boden, der bereit ist, die Samen unserer Glaubenssätze aufzunehmen und zu nähren. Die bisherigen Glaubenssätze, die in unserem Unterbewusstsein verankert sind, bilden die Grundlage für unser Denken, Fühlen und Handeln. Sie prägen unsere Wahrnehmung der Welt und beeinflussen unsere Reaktionen auf bestimmte Situationen.

Mit NLP haben wir die Möglichkeit, diese bisherigen Glaubenssätze zu überprüfen, sie zu transformieren und neue, positive Glaubenssätze in unser Unterbewusstsein zu pflanzen. Diese neuen Überzeugungen werden zu den Grundlagen unseres Denkens, Fühlens und Handelns. Sie eröffnen uns neue Möglichkeiten, erweitern unseren Handlungsspielraum und ermöglichen es uns, die beste Version unserer selbst zu werden.

Der Prozess der Veränderung beginnt damit, unsere Denkmuster bewusst zu erkennen und zu verstehen, so, wie wir es bereits getan haben. Indem wir uns unserer bisherigen Glaubenssätze bewusst werden, können wir ihre Auswirkungen auf unser Leben erkennen und entscheiden, ob sie uns unterstützen oder einschränken. Die Arbeit mit NLP beinhaltet also die bewusste Veränderung unserer Sprache. Worte haben eine immense Kraft und beeinflussen unsere Wahrnehmung und unsere Gedanken. Indem wir unsere Sprache bewusst wählen und positive Formulierungen verwenden, können wir unsere Denkmuster positiv beeinflussen und unsere Wahrnehmung der Welt verändern.

NLP arbeitet also auf mehreren Ebenen gleichzeitig. Es beinhaltet die bewusste Veränderung unserer Denkmuster, die Wahl positiver Glaubenssätze, die bewusste Sprachverwendung und die bewusste Nutzung unserer Sinne. Dieser ganzheitliche Ansatz ermöglicht es uns, tiefgreifende Veränderungen in unserem Geist und Verhalten zu erreichen.

In den kommenden Abschnitten werden wir konkrete Übungen und Anwendungen des NLP kennenlernen. Du wirst die Möglichkeit haben, diese Techniken in deinem eigenen Leben anzuwenden und die positiven Veränderungen zu erleben, die sie mit sich bringen. Lass dich von der Faszination und Überzeugungskraft des NLP inspirieren und eröffne dir eine Zukunft, in der du dein volles Potenzial entfalten kannst.

**Werde zum Gärtner deines geistigen Gartens**

Wie du weißt, ist dein Unterbewusstsein wie ein wunderschöner Garten, der von deinen Gedanken und Glaubenssätzen genährt wird. In diesem Garten kannst du die Pflanzen deiner Wahl anbauen - die Glaubenssätze, die deine Träume, Ziele und Potenziale unterstützen. Mit NLP hast du die Möglichkeit, alte, limitierende Überzeugungen auszureißen und neue, nährende Samen zu setzen. Indem du bewusst deine umgewandelten positiven Glaubenssätze auswählst und sie tief in dein Unterbewusstsein einpflanzt, erschaffst du eine blühende Oase der Erfüllung und des Erfolgs. Ich möchte dir jetzt ein paar einfache Strategien mit an die Hand geben, um deine Glaubenssätze mittels NLP in dein Leben zu integrieren.

**Die Integration deiner Glaubenssätze mittels NLP**

Eine sehr einfache Methode, um deine neu geschaffenen Glaubenssätze zu etablieren und tief in dein Unterbewusstsein einzuprägen, ist das morgendliche Aufsagen im Spiegel. Dieses Ritual ermöglicht es dir, deine Glaubenssätze mit Überzeugung auszusprechen und die positive Emotion zu erzeugen, die damit einhergeht. Folge den nachstehenden Schritten, um diese kraftvolle Übung in deinen Alltag zu integrieren:

**Schritt 1: Schaffe eine ruhige und positive Atmosphäre**

*Wähle einen ruhigen Ort, idealerweise vor einem Spiegel, an dem du dich morgens ungestört aufhalten kannst. Gestalte deine Umgebung angenehm, indem du vielleicht eine Kerze anzündest oder leise Musik abspielst. Schaffe eine Atmosphäre, die dich inspiriert und motiviert. Du kannst es aber auch einfach wie ich machen und wie ein Löwe in den Spiegel blicken, ohne viel Schnickschnack, und die Worte sprechen, die dein Leben verändern sollen. Die Entscheidung liegt bei dir.*

**Schritt 2: Blick in den Spiegel**

*Richte deinen Blick auf dein Spiegelbild und sieh dir selbst tief in die Augen. Lasse deinen Blick ruhig und fokussiert sein, als ob du mit deinem Innersten kommunizierst. Erinnere dich daran, dass dieser Moment eine wertvolle Zeit für dich ist, um deine neuen Glaubenssätze zu festigen.*

**Schritt 3: Wiederholung der Glaubenssätze**

*Beginne damit, deine neu geschaffenen Glaubenssätze laut auszusprechen. Sprich sie mit einer Überzeugung aus, bei der du dir selbst glaubst. Wiederhole sie immer und immer wieder, während du dir dabei in die Augen siehst. Lass die Worte mit Klarheit und Entschlossenheit aus deinem Mund kommen.*

**Schritt 4: Erzeuge positive Emotionen**

*Während du die Glaubenssätze wiederholst, erzeuge bewusst die positive Emotion, die mit ihnen verbunden ist. Stelle dir vor, wie es sich anfühlt, wenn diese Glaubenssätze bereits in deinem Leben verankert sind. Lasse die Freude, das Selbstvertrauen und die*

*Begeisterung in dir aufsteigen. Verbinde diese Emotionen intensiv mit den Glaubenssätzen.*

**Schritt 5: Fortführen des Rituals (Kontinuität)**

*Setze dieses morgendliche Spiegelritual als feste Gewohnheit in deinem Alltag fort. Wiederhole die Übung jeden Morgen, um die Wirkung zu verstärken und die Glaubenssätze tiefer in dein Unterbewusstsein einzuprägen. Je häufiger du diese Übung durchführst, desto nachhaltiger wird die Verankerung sein. Egal, ob du es morgens 5x pro Satz aussprichst oder 100x. Wichtig ist, dass du mit jedem Mal deinem Wunschzustand näher kommst. Kontinuität ist der Schlüssel.*

Dieses einfache, doch kraftvolle Ritual ermöglicht es dir, deine neuen Glaubenssätze auf eine direkte Weise in dein Unterbewusstsein zu pflanzen. Indem du sie mit Überzeugung aussprichst und positive Emotionen damit verbindest, unterstützt du den Prozess der Integration und Verinnerlichung. Nutze das morgendliche Spiegelritual als mächtige Methode, um deine neuen Glaubenssätze zu festigen und dich auf den Weg zu deinem erfüllten und erfolgreichen Leben zu bringen. Und keine Sorge: Am Anfang kommt man sich manchmal komisch vor, wenn man „Selbstgespräche" führt, doch für Zierlichkeiten ist hier kein Platz. Mach es einfach und koste vom süßen Nektar des Erfolgs.

**Setze einen unerschütterlichen Anker**

Wenn du es ein wenig anspruchsvoller magst, zeige ich dir nun noch eine weitere Methode aus dem Bereich der NLP. Es handelt sich um das sogenannte Ankern. Ankern finden in verschiedenen Bereichen Anwendung. Ich habe zum Beispiel einen starken positiv emotionalen Anker, den ich nutze, um mich vor entscheidenden Momenten in meine überzeugendste Verfassung zu katapultieren. Ich mache es vor jeder Keynote, jedem Seminar und sogar vor jedem Online-Webinar. Wie Hennar beim Wolf of Wallstreet sagt: „Ich liebe es, aber darum tue ich es nicht. Ich tue es, weil es ohne die Scheiße nicht geht." Kommen wir zur Technik der tiefen Verankerung.

Die tiefe Verankerung besteht aus mehreren Schritten und erlaubt es dir, den positiven Glaubenssatz in jedem Aspekt deines Lebens zu verankern und langfristig zu etablieren. Folge den nachstehenden Schritten, um diese transformative Methode anzuwenden:

**Schritt 1: Schaffe eine entspannte Atmosphäre (du merkst: Ich liebe entspannte Atmosphären)**

*Finde einen ruhigen und ungestörten Ort, an dem du dich vollkommen entspannen kannst. Stelle sicher, dass du für diese Übung genügend Zeit hast und dich wohl fühlst. Du kannst leise Musik oder beruhigende Klänge im Hintergrund abspielen, um eine angenehme Atmosphäre zu schaffen.*

**Schritt 2: Visualisiere den positiven Glaubenssatz**

*Schließe deine Augen und stelle dir den positiven Glaubenssatz bildhaft vor. Visualisiere ihn in Form von klaren Wörtern oder Sätzen, die leuchtend vor deinem inneren Auge erscheinen. Lasse den Glaubenssatz in lebendigen Farben und mit positiven Emotionen verbunden sein.*

**Schritt 3: Verbinde den Glaubenssatz mit einem kraftvollen Symbol**

*Finde ein Symbol oder eine Metapher, die den positiven Glaubenssatz repräsentiert und eine starke Bedeutung für dich hat. Es kann ein Bild, ein Objekt oder eine bestimmte Situation in deinem Leben sein. Verknüpfe dieses Symbol intensiv mit dem Glaubenssatz und stelle es dir in Verbindung mit deinem inneren Dialog vor.*

**Schritt 4: Verstärke die Verankerung mit positiven Gefühlen**

*Rufe bewusst positive Gefühle hervor, die mit dem Glaubenssatz verbunden sind. Stelle dir vor, wie du dich fühlst, wenn dieser positive Glaubenssatz tief in dir verankert ist. Verbinde diese Emotionen stark mit dem Symbol und dem Glaubenssatz selbst. Spüre die Kraft und das Vertrauen, die mit dieser neuen Überzeugung einhergehen.*

***Alternative:*** *Nutze einen Duft, den du im Moment der stärksten Emotion durch die Nase einatmest. Damit setzt du einen sogenannten olfaktorischen Anker, der noch intensiver funktioniert! Wichtig ist, dass du diesen Duft ausschließlich verwendest, um diesen Glaubenssatz zu aktivieren, wenn du ihn brauchst.*

**Schritt 5: Wiederhole die Übung regelmäßig**

*Wiederhole diese Übung regelmäßig, um den positiven Glaubenssatz kontinuierlich in dein Unterbewusstsein zu pflanzen. Nutze dabei das Symbol und die positiven Gefühle als Anker, um die Verankerung zu verstärken. Je häufiger du diese Übung durchführst, desto tiefer wird der positive Glaubenssatz in deinem Unterbewusstsein verwurzelt sein.*

Indem du diese Methode der tiefen Verankerung anwendest und den positiven Glaubenssatz immer wieder bewusst in dein

Unterbewusstsein pflanzt, wirst du eine nachhaltige Veränderung in deinem Denken, Fühlen und Handeln erfahren. Du wirst dich von innen heraus gestärkt fühlen und die positiven Auswirkungen auf dein Leben spüren.

Unsere Glaubenssätze prägen unsere Wahrnehmung, Bewertungen und Handlungen. Sie sind das Ergebnis unserer Erfahrungen und transgenerationalen Übertragungen. Doch wir haben die Macht, negative Glaubenssätze in positive umzuwandeln und somit unsere Realität zu verändern.

Die Meditation spielt eine zentrale Rolle in diesem Transformationsprozess. Sie ermöglicht es uns, uns mit unseren inneren Anteilen zu verbinden und tiefe Einsichten zu gewinnen. Dabei ist die Verwendung von binauralen Beats, wie sie im Phönixcoaching eingesetzt werden, besonders kraftvoll. Sie beeinflussen unsere Gehirnwellen und ermöglichen uns tiefe transzendierende Erfahrungen, die nachhaltige Veränderungen bewirken können.

NLP bietet uns weitere effektive Methoden, um unsere Persönlichkeit zu verändern. Es basiert auf der Erkenntnis, dass unsere Denkmuster und Glaubenssätze unser Verhalten und unsere Ergebnisse beeinflussen. Mit NLP können wir bewusst neue Denkmuster etablieren und positive Glaubenssätze in unser Unterbewusstsein pflanzen.

Ein einfacher Weg, um neue Glaubenssätze zu etablieren, ist das morgendliche Aufsagen vor dem Spiegel. Indem wir uns selbst in die Augen sehen und unsere positiven Glaubenssätze mit Überzeugung wiederholen, schaffen wir eine Verbindung zwischen unseren Gedanken und unserem Unterbewusstsein. Dabei ist es wichtig, die dazu passenden positiven Emotionen zu erzeugen, um den Glaubenssatz tief in uns zu verankern.

Jetzt stehen wir vor dem letzten Bereich des ewigen Kreises, der uns ermöglicht, den Kreislauf der Veränderung fortwährend aufrechtzuerhalten. Hier warten weitere spannende Methoden und Werkzeuge, um unsere Transformation zu unterstützen und unsere Wirklichkeit nachhaltig zu gestalten. Sei gespannt auf das, was noch kommen wird und tauche ein in die faszinierende Welt der fortlaufenden Entwicklung und des persönlichen Wachstums.

## Die selektive Wahrnehmung: Das trügerische Resultat deiner Glaubenssätze

Den letzten Bereich des ewigen Kreises bildet unsere selektive Wahrnehmung. Unser Gehirn hat die charmante Eigenschaft, dass es sich immer selbst bestätigen möchte. Genau wie es uns zu jedem Gedanken die passende Emotion und zu jeder Emotion den passenden Gedanken sendet, manipuliert es auch unsere Sinne, wenn es um unsere Wahrnehmung geht. Aus diesem Fakt resultiert das Sprichwort: „Du siehst die Welt nicht wie sie ist, sondern wie du bist".

Diese Worte treffen genau ins Schwarze. Die meisten Aussagen und Meinungen eines Menschen sagen mehr über ihn selbst aus als über das, worüber er gesprochen hat. Eventuell hilft dir dieser Fakt, die Aussagen deines Gegenübers nicht persönlich zu nehmen, denn sie entspringen einzig und alleine dem eigenen Selbst- und Weltbild. Erzählst du deinen Freunden beispielsweise, dass du nun in Immobilien investierst und als Antwort bekommst du nur Bedenken und Zweifel entgegengebracht, dann sagt die Person dir offen und ehrlich, dass es für sie persönlich, aus ihrer eigenen Situation, mit ihrem Fachwissen und aus ihrer persönlichen Komfortzone heraus - zu gefährlich wäre. Nicht aus deiner!

Der Thalamus, ein wichtiger Teil unseres Gehirns - ist die Schaltstelle, in die die Nervenbahnen unserer Sinnesorgane münden. Er ist das Portal zu unserem Bewusstsein und entscheidet, welche Informationen wir wahrnehmen und welche nicht. Der Thalamus ist auch dafür verantwortlich, dass wir nachts in Ruhe schlafen können und das ohne ständig wach zu werden. Er ist nämlich in der Lage, die einlaufenden Informationen zu „dimmen“ und nur für wirklich überlebenswichtige Reize seine Pforten zu öffnen. Das ist der Grund, weshalb du nachts nicht aktiv riechst oder hörst, es sei denn, der Reiz wird zu intensiv. Etwa wie ein lauter Knall oder ein aggressiver Geruch, den dir jemand unter die Nase hält.

Pro Sekunde prasseln ca. 11.000.000 Sinnenreize auf uns ein, von denen wir nur 40 bewusst wahrnehmen können. Der Rest entzieht sich unserem Bewusstsein (jedoch nicht dem Unterbewusstsein, was hier ganz deutlich angemerkt werden darf) bzw. unserer Wahrnehmung. Das ist erstaunlich! Das ist der Grund, weshalb eine Gruppe von Personen auf ein und dieselbe Situation schauen kann und verschiedene Dinge darin sieht. Bedenke nur mal, wie die Meinungen bei Corona oder anderen politischen Themen auseinander gehen. Eine Situation und unendlich viele Meinungen und Ansichten. Mich fasziniert das ungemein, weil es im Endeffekt einzig und allein ein Resultat der Glaubenssätze ist.

Durch all diese wundervollen Prozesse, die du in diesem Buch durchlaufen hast, ändert sich deine selektive Wahrnehmung maßgeblich. Das sorgt dafür, dass du in deinem Leben andere Entscheidungen triffst, deine Beziehungen anders angehst, du dein Verhalten veränderst und deine Weltansicht an dein neues Ich anpasst. Das wiederum führt zwangsläufig zu neuen Erfahrungen in deinem Leben und genau so schließt sich der ewige Kreis.

Doch wir sind noch nicht fertig, denn die machtvollste Übung habe ich dir noch nicht gezeigt. Ich habe mir sie bis ganz zum Schluss aufbewahrt, weil sie dem gesamten Prozess als magischer Hebel dient, der dich in die Stratosphäre katapultieren wird. Was jetzt noch folgt, ist so unglaublich mächtig, dass ich schon bei dem Gedanken daran Gänsehaut bekomme. Bist du bereit für kompletten Wahnsinn und Zauberei?

# Kapitel 5: Das Katapult in die Unendlichkeit: Erwecke die Macht, die dein Leben für immer verändert

*"Das Katapult in die Unendlichkeit ist die innere Entschlossenheit, die uns über unsere Grenzen hinauswachsen lässt und unsere Träume wahr werden lässt."*

*Nelson Mandela*

Der Moment, auf den du so lange gewartet hast, rückt unaufhaltsam näher. Tu mir bitte einen Gefallen, setz dir schnell Kopfhörer auf, geh auf deinen Musikbrowser und starte folgenden Song, bevor du weiter liest: *Experience von Ludovico Einaudi.*

Jetzt fang an zu fühlen und lies langsam weiter. Bisher hast du deinen Zellen so unglaublich starke Signale gesendet, dass deine Entwicklung schon jetzt absolut bemerkenswert ist. Du kannst dich bereits zu den wenigen Auserwählten zählen, denen 99% der Menschheit neidvoll hinterherschaut. Doch glaube mir, wenn ich dir sage, dass die wahre Magie erst jetzt ihren Höhepunkt erreicht. Ein Hebel, der dich in ungeahnte Höhen katapultieren kann, wird dir gleich präsentiert.

Es ist nicht bloß eine Technik, die ich dir enthüllen werde, nein, es ist eine Wissenschaft, die alles, was du dir bisher gewünscht hast, winzig erscheinen lässt. Denn du wirst erkennen, dass bahnbrechende Veränderungen innerhalb kürzester Zeit möglich sind. Das Medium, mit dem wir gleich experimentieren werden, besitzt eine Macht, die dich zwingt, deine Wünsche bis ins kleinste Detail zu definieren, denn die Umsetzung dieser Befehle erfolgt äußerst präzise, mit allen Konsequenzen. Wir werden also den Zielpunkt in dein Navigationsgerät eingeben und uns auf eine atemberaubende Reise begeben.

Dies ist der Moment, auf den du so sehnsüchtig gewartet hast. Hier wirst du entdecken, wie du dein Leben auf eine so magische und unbegreifbare Art und Weise verändern kannst, dass deine Vorstellungskraft ins Wanken gerät. Die Werkzeuge, die wir in den kommenden Kapiteln nutzen werden, sind so kraftvoll und bahnbrechend, dass selbst dein Verstand Mühe haben wird, sie zu erfassen.

Gemeinsam werden wir eine glasklare Vision von dir selbst und deiner Zukunft erschaffen, die so strahlend und inspirierend ist, dass sie bis in dein tiefstes Inneres vordringt. Durch spezielle Techniken und Übungen werden wir dein Unterbewusstsein aktivieren und deine wahren Wünsche und Träume ans Licht bringen. Du wirst erkennen, dass du SchöpferIn deines eigenen Schicksals bist und dass nichts und niemand dich davon abhalten kann, deine Ziele zu erreichen.

Diese Technik, dieses Geheimnis, hat das Potenzial, alles, was du bisher über die Realität und das Erschaffen deines Lebens gedacht hast, auf den Kopf zu stellen. Ein Geheimnis, das in den kommenden Seiten enthüllt wird und das mächtigste Werkzeug von allen ist. Es entzieht sich jeglicher menschlicher Logik und wird selbst die skeptischsten Geister in Staunen versetzen. Es ist eine Macht, die seit Ewigkeiten gegen uns verwendet wird und es ist an der Zeit, dass du sie lernst!

Bereite dich vor auf die atemberaubende Enthüllung, die in den letzten Seiten dieses Buches noch folgen wird. Die aufregende Reise zu deinem persönlichen Erfolg und deiner erfüllten Zukunft erreicht nun ihren Höhepunkt. Du bist bereit, den Schleier des Gewöhnlichen zu durchbrechen und das Unerwartete zu umarmen? Lasse dich von der Energie der Entdeckung mitreißen und öffne dich für das Unerklärliche. Die letzten Kapitel warten auf dich, um deine Grenzen zu sprengen. Sei bereit, die wahre Magie zu erleben und das Unmögliche möglich zu machen.

## Wer bist du wirklich?

Wie können wir also aus der endlosen Spirale ausbrechen und den Weg zum wahren Selbst finden? Es beginnt mit einer klaren Vision unserer Zukunft, des Menschen, der wir sein wollen. Wir müssen diese Zukunft so lebendig in unserem Geist erschaffen, dass wir bereits in der Gegenwart nach dem Bild unserer ersehnten Wirklichkeit leben. Hier geht es nicht um materielle Werte, sondern um das Wesentliche, um dein innerstes Sein, das in den Tiefen deiner Seele darauf wartet, entfesselt zu werden.

Doch wie gelingt uns das? Indem wir unserem Körper die Möglichkeit geben, unsere neuen Gedanken und Visionen immer wieder zu erleben – begleitet von den positiven Gefühlen und Emotionen, die daraus entstehen. In diesem Buch haben wir gelernt, dass unser Unterbewusstsein und unser Körper keinen Unterschied zwischen realen Geschehnissen und unseren Vorstellungen machen können. Sie nehmen alles als Realität wahr, was wir ihnen geben.

Nun stellt sich die Frage, wie wir die Sprache des Geistes, unsere Gedanken, die Sprache des Körpers und unsere Erfahrungen in Einklang bringen können, um unsere Visionen zur Realität werden zu lassen. Die Antwort liegt in der Nutzung unserer grenzenlosen Vorstellungskraft und unserer Fähigkeit zur Visualisierung. Wir erschaffen in unserem Geist ein lebendiges Abbild unserer gewünschten Zukunft und machen es für unseren Körper erfahrbar. Indem wir diese Praxis immer wieder wiederholen, konditionieren wir unseren Körper auf diese neue Realität. Die Botenstoffe unseres zukünftigen Ichs werden zur Normalität und wir steigen auf der Leiter der persönlichen Entwicklung immer höher.

Dies ist der Weg vom bloßen Denken zum tiefen Sein, bei dem wir nicht physisch handeln müssen, sondern die unerschöpfliche Macht unseres Geistes nutzen. Es ist eine kraftvolle Symbiose von Geist und Körper, die uns ermöglicht, nachhaltige Veränderungen und eine tiefgreifende Persönlichkeitsentwicklung zu erleben. Indem wir bewusst unsere Vorstellungskraft und unsere Fähigkeit zur Visualisierung einsetzen, gestalten wir unsere Realität nach unseren tiefsten Wünschen und öffnen die Tür zu einer magischen Transformation.

Bereite dich vor, denn in den kommenden Kapiteln wirst du lernen, diese Techniken in ihrer ganzen Pracht zu nutzen. Du wirst erkennen, dass du SchöpferIn deines eigenen Schicksals bist und dass nichts dich davon abhalten kann, deine Ziele zu erreichen. Die Veränderungen, die du erleben wirst, werden jenseits deiner Vorstellungskraft liegen. Bist du bereit, das Unmögliche möglich zu machen? Dann begleite mich auf dieser Reise der Selbstentdeckung und lass uns gemeinsam das Geheimnis der Transformation enthüllen.

**Wir beginnen mit einigen Fragen, die du dir über die Vorstellung deines zukünftigen Ichs beantwortest:**

*Welche Art von Person möchte ich sein und welche Eigenschaften strebe ich an?*

*Welche Emotionen möchte ich in meinem Leben verstärkt fühlen und welche Bedeutung haben sie für mich?*

*Welche Gedanken und Überzeugungen möchte ich über mich selbst pflegen, um mein Selbstbild positiv zu gestalten?*

*Welche Ziele und Träume möchte ich verwirklichen und welchen Einfluss sollen sie auf mein Leben haben?*

*Wie möchte ich mein Verhalten anpassen, um meinen Werten und Zielen entsprechend zu handeln und meine Entwicklung voranzutreiben?*

**Collage der Träume: Erschaffe dein Zukunfts-Ich und verankere deine Visionen**

Ich liebe es, meine KlientInnen dazu zu ermutigen, eine Collage ihres Zukunfts-Ichs auf Basis ihrer Antworten zu erstellen. In dieser Übung sind der Fantasie keine Grenzen gesetzt. Anfangs erschien mir diese Übung während meiner Ausbildung zum Epigenetik-Coach etwas albern, doch dann erwachte mein inneres Kind und begann zu spielen. Das Ergebnis dieser kreativen Collage dient mir heute immer wieder als Anker, wenn ich das Gefühl habe, vom Weg abzukommen. Es ist eine kraftvolle Möglichkeit, um unsere Visionen und Träume lebendig zu machen.

*Erschaffe deine Collage aus der Intuition heraus und nicht aus dem Verstand. Priorisiere dabei deinen inneren Wandel und drücke es in Bildern und Worten aus. Lasse dein inneres Kind frei.*

Wenn du dich dazu bereit fühlst, besorge dir ein paar Zeitschriften, Stifte, Kleber und drucke dir vielleicht auch einige inspirierende Bilder aus dem Internet aus. Lass dann deiner Fantasie freien Lauf und gestalte deine Collage, die dein Zukunfts-Ich verkörpert.

Eine Regel gibt es dabei: Übertreibe maßlos und dann, wenn du denkst, dass deine Wünsche übertrieben sind, multiplizierst du sie mit 10! Du kannst nicht zu groß denken, nur zu klein! Du kannst Bilder von Orten, die du bereisen möchtest, einfügen, Symbole für deine Ziele und Werte verwenden, schreibe gerne eine Summe auf, die du jährlich verdienen möchtest und einfach alles, was deine Vision von einem erfüllten Leben ausdrückt. Wichtiger ist aber, dass du deinen inneren Gedanken, Gefühlen und Verhaltensweisen Raum auf deiner Collage lässt, denn die machen, wie du gleich sehen wirst, den elementaren Unterschied.

Diese Collage wird zu einem kraftvollen Werkzeug, das dich immer wieder daran erinnert, wer du werden und welche Ziele du erreichen möchtest. Betrachte sie als eine visuelle Darstellung deiner Träume und gib ihr einen besonderen Platz in deinem Leben. Sie wird dich inspirieren und motivieren, wenn du dich auf dem Weg zu deinen Zielen etwas verirrst.

Kleiner Beziehungstipp von mir: Erstellt neben eurer eigenen Collage eine Collage eurer gemeinsamen Zukunft. Nichts schweißt euer Band stärker zusammen als eine gemeinsame Vision.
Also, nimm dir die Zeit, um diese kreative Übung zu genießen. Lass dich von deinem inneren Kind führen und erwecke deine Vorstellungskraft zum Leben. Erschaffe deine eigene Collage und lass sie zu einem lebendigen Ausdruck deiner Zukunft werden. Es ist erstaunlich, wie diese einfache Aktivität das Potenzial hat, dein Leben auf magische Weise zu verändern.

Bisher haben wir den epigenetischen und neurowissenschaftlichen Ansatz durchleuchtet und auf eindrucksvolle Weise erklärt und angewandt. Du hast gelernt, wie du deine Gedanken und Gefühle lenken und damit dein Leben gestalten kannst. Doch jetzt ist der Moment gekommen, auf den du seit Beginn des Buches sehnsüchtig gewartet hast. Es ist an der Zeit, das Geheimnis zu lüften, das deine Vorstellungskraft sprengt und dich in ungeahnte Höhen katapultiert.

Der Hebel, von dem ich spreche, ist die Quantenphysik. Wir betreten nun gemeinsam eine völlig neue Ebene des Verstehens (oder auch Nicht-Verstehens) und Handelns. Wir verlassen die Welt des Begreifbaren, des Irdischen, und tauchen ein in ein Universum voller Möglichkeiten und unvorstellbarer Kräfte. Die Quantenphysik zeigt uns, dass die Realität nicht festgelegt und starr ist, sondern dass sie von unseren Gedanken und unserer Wahrnehmung geformt wird. Sie öffnet uns die Tore zu einer unbegrenzten Schöpferkraft, die jenseits unserer Vorstellungskraft liegt. Es ist die Wissenschaft der Möglichkeiten, in der wir uns als aktive Gestalter unserer Realität erkennen.

Im kommenden Kapitel werden wir die Gesetze der Quantenphysik kennenlernen und verstehen (oder nicht verstehen), wie wir sie gezielt nutzen können, um unsere Träume und Ziele zu manifestieren. Du wirst erkennen, dass du die Schöpferkraft des Universums in dir trägst und dass nichts unmöglich ist, wenn du dich mit ihr verbindest.

Bereite dich vor, denn das, was jetzt kommt, wird deine Grenzen sprengen und dich zu ungeahnten Höhenflügen inspirieren. Die Welt der Quantenphysik eröffnet uns eine neue Dimension des Seins, in der alles möglich ist.

Lass uns gemeinsam diesen faszinierenden Weg betreten und die unglaubliche Magie der Quantenwelt entfesseln. Die Reise beginnt jetzt und ich verspreche dir, es wird atemberaubend sein.

# Quantum X - das Unfassbare

*„Alles, was dich umgibt, ist ein Produkt deiner Energie“*
*Kevin Maeck Meyer*

Das ist eins der aufregendsten Kapitel unseres Buches - Quantum X: Das Unfassbare. In den vorherigen Kapiteln haben wir bereits den epigenetischen und neurowissenschaftlichen Ansatz erkundet und gelernt, wie wir unsere Gedanken und Gefühle nutzen können, um unsere Realität zu beeinflussen. Nun ist es an der

Zeit, einen Blick auf die Welt der Quantenphysik zu werfen und zu verstehen, wie sie Selbstheilung und Erfolg beeinflusst.

Ich versuche es mal einfach zu erklären. Die Quantenphysik ist ein spannendes Forschungsgebiet, das unsere Vorstellung von Raum, Zeit und Materie auf den Kopf stellt. Sie beschäftigt sich mit den kleinsten Teilchen, aus denen alles im Universum besteht, und damit, wie sie sich verhalten. In dieser Welt der Quanten gibt es erstaunliche Phänomene, die unsere herkömmliche Logik herausfordern.

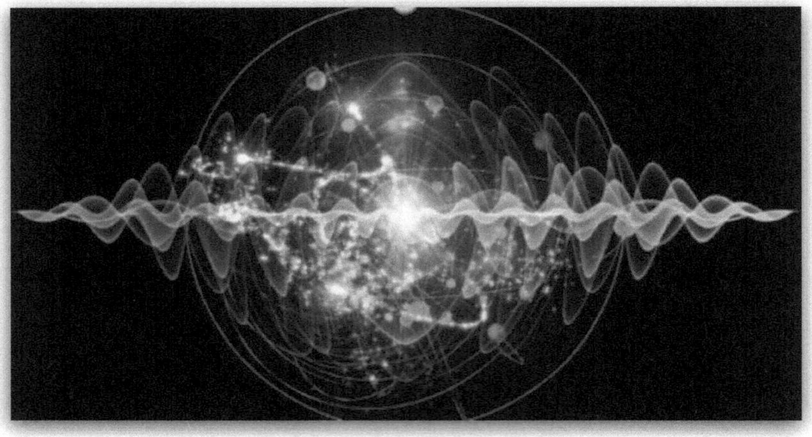

*In der Quantenphysik herrschen andere Gesetzmäßigkeiten. Wir möchten sie erlernen und für uns nutzen*

Ein grundlegendes Prinzip der Quantenphysik ist die Idee der Superposition. Das bedeutet, dass subatomare Teilchen sich in mehreren Zuständen gleichzeitig befinden können, bis sie beobachtet oder gemessen werden. Dieses Phänomen nennt sich **Beobachter-Effekt** und wurde vor über 100 Jahren durch das Doppelspalt-Experiment bewiesen. Das Experiment legt nahe, dass die Realität nicht festgelegt ist, sondern aus einer Vielzahl von Möglichkeiten besteht, die erst durch unsere Beobachtung zur konkreten Wirklichkeit werden.

Ein weiteres faszinierendes Konzept ist die **Quanten-Verschränkung**. Verschränkte Teilchen sind auf mysteriöse Weise miteinander verbunden, unabhängig von ihrer Entfernung. Eine Veränderung an einem Teilchen wirkt sich sofort auf das andere aus, als ob sie auf telepathische Weise kommunizieren würden. Dies zeigt uns, dass es eine nicht-lokale Verbindung zwischen allem im Universum gibt. Alles ist mit allem verbunden.

Was bedeutet das für Selbstheilung und unseren persönlichen Erfolg? Die Quantenphysik legt nahe, dass unsere Gedanken und Gefühle direkte Auswirkungen auf die subatomaren Teilchen haben. Indem wir unsere Aufmerksamkeit bewusst lenken und positive Absichten setzen, können wir die Superposition nutzen, um gewünschte Ergebnisse zu manifestieren. Durch unsere Verbindung mit allem im Universum haben wir die Möglichkeit, auf nicht-lokale Weise Einfluss zu nehmen.

**Quantenphysikalische Selbstheilung** bedeutet, dass wir unsere Gedanken und Gefühle bewusst auf unsere Gesundheit ausrichten. Indem wir uns eine positive Vorstellung von unserer Gesundheit machen und unsere Gedanken und Gefühle in Einklang mit Heilung und Wohlbefinden bringen, beeinflussen wir die subatomaren Prozesse in unserem Körper. Dadurch aktivieren wir die natürlichen Selbstheilungskräfte und unterstützen unseren Körper bei der Genesung.

**Erfolg** auf quantenphysikalischer Ebene bedeutet, dass wir unsere Absichten und Ziele bewusst setzen und unsere Gedanken und Gefühle mit Erfolg und Fülle in Einklang bringen. Indem wir uns eine positive Vision von unserem Erfolg vorstellen und uns mit

Erfolgszuständen verbinden, beeinflussen wir die subatomaren Prozesse im Universum. Dadurch ziehen wir synchronistische Ereignisse an, die uns auf unserem Erfolgsweg unterstützen und uns zu neuen Ebenen des Wachstums und der Entfaltung führen.

Die Welt der Quantenphysik ist faszinierend und öffnet uns die Tür zu einer erweiterten Wahrnehmung und einem tiefgreifenden Bewusstsein. In den kommenden Kapiteln werden wir uns tiefer in die Quantenphysik wagen und praktische Werkzeuge und Übungen kennenlernen, um die Kraft der Quantenrealität zu nutzen. Sei bereit, deine Vorstellungskraft zu erweitern und in ein Universum grenzenloser Möglichkeiten einzutauchen. Quantum X erwartet dich, um deine Selbstheilung und deinen Erfolg auf eine neue Dimension zu heben. Mach dich bereit für das Unfassbare!

**Ein 100 Jahres altes Phänomen - doch wieso nutzt es niemand?**

Stell dir vor, du hast eine Wand mit einem kleinen Loch darin und dahinter einen Schirm. Wenn du nun einzelne Teilchen wie zum Beispiel Elektronen oder Photonen durch das Loch schießt, erwartest du, dass sie auf dem Schirm als einzelne Punkte landen. Aber hier kommt die Überraschung: Wenn du zwei Schlitze in die Wand machst, anstatt nur ein Loch, und die Teilchen hindurch schickst, entsteht ein interessantes Muster auf dem Schirm.

Statt nur zwei Streifen zu sehen, wie es bei klassischen Teilchen der Fall wäre, entsteht ein sogenanntes Interferenzmuster, ähnlich wie bei einer Welle, die auf Wasser trifft und sich überlagert. Das deutet darauf hin, dass die Teilchen in der Superposition mehrere Wege gleichzeitig durch die beiden Schlitze genommen haben und sich danach miteinander überlagern, um das Interferenzmuster zu erzeugen. Es ist, als ob die Teilchen ihre möglichen Wege simultan erkunden.

Und jetzt kommt der faszinierende Teil: Wenn wir versuchen, zu beobachten oder zu messen, durch welchen der beiden Schlitze ein einzelnes Teilchen geht, verschwindet das Interferenzmuster und es entsteht ein einfacheres Streifenmuster auf dem Schirm.

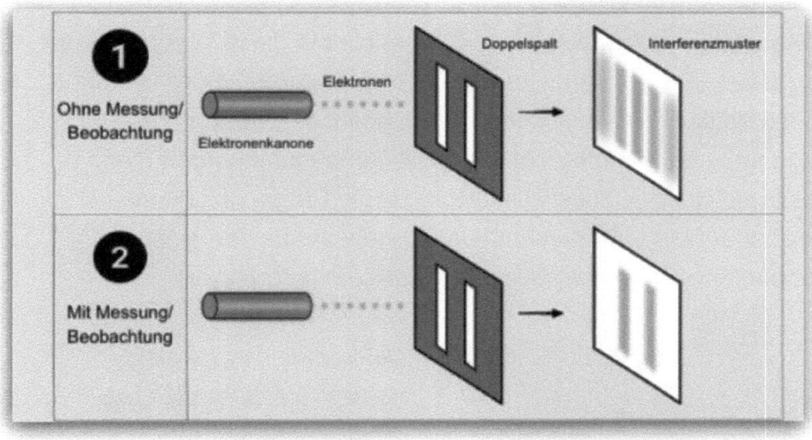


*Hier siehst du den Beobachter-Effekt. Im oberen Bild siehst du das Interferenzmuster, welches beweist, dass das Elektron als Welle (Energie) durch den Doppelspalt geschossen wird. Im unteren Bild wird an einem der beiden Spalte eine Messung durchgeführt. Dadurch wollte man überprüfen, welchen Weg das Elektron wählt und dabei zeigte sich dann, dass sich das Elektron wie ein Teilchen (Materie) verhält.*

Das Beobachten oder Messen "zwingt" das Teilchen in einen bestimmten Zustand und es verhält sich nicht mehr wie eine Welle, sondern wie ein klassisches Teilchen mit einem eindeutigen Weg. Dieser Effekt wird als der Beobachtereffekt bezeichnet. Er zeigt uns, dass unsere Beobachtung oder Messung die Realität beeinflusst und den Zustand der Teilchen festlegt. Es scheint, als ob unsere Aufmerksamkeit die Superposition aufhebt und die Teilchen zu einer bestimmten Position zwingt.

Übrigens beruht auf diesem Experiment auch die Annahme, dass wir in einer Art Matrix (Ja, wie der Film) leben. Denn wir können theoretisch alle Möglichkeiten aus dem Universum herunterladen, genau wie Dateien aus dem Internet, es kommt nur darauf an, welche Realität wir beobachten. In der Matrix-Theorie wird postuliert, dass unsere gesamte Realität, einschließlich unserer eigenen Körper und Erfahrungen, in Wirklichkeit eine komplexe Simulation oder Matrix ist.

Ähnlich wie im Doppelspaltexperiment könnte diese Theorie darauf hindeuten, dass unsere Realität auf einer tieferen Ebene nicht aus festen, materiellen Objekten besteht, sondern eher aus Informationen und Möglichkeiten, die von einem höheren System gesteuert werden. Dies lässt Raum für die Frage, ob unsere Realität auf einer fundamentalen Ebene von unseren eigenen Beobachtungen und unserem Bewusstsein geformt wird.

*Nullen und Einsen - Die Sprache unserer Computer*

Die Matrix-Theorie zieht daraus den Schluss, dass unsere Realität möglicherweise von einer übergeordneten Intelligenz oder einem Computerprogramm kontrolliert wird. Sie argumentiert, dass unsere Wahrnehmung und Erfahrung der Realität nur eine Illusion ist, die von dieser Matrix erzeugt wird.

Es ist wichtig anzumerken, dass die Matrix-Theorie ein spekulatives Konzept ist und **keine wissenschaftliche Tatsache**.

Die Quantenphysik bietet interessante Anknüpfungspunkte und Parallelen zu dieser Idee, aber sie liefert keine direkte Bestätigung für die Existenz einer Matrix.

Letztendlich bleibt die Frage nach der Natur unserer Realität und unserer Existenz offen. Die Quantenphysik eröffnet uns neue Perspektiven und zeigt uns, dass die Welt, wie wir sie wahrnehmen, möglicherweise viel komplexer ist als wir es uns vorstellen können. Sie fordert uns auf, über herkömmliche Vorstellungen hinauszudenken und unser Verständnis von Raum, Zeit und Bewusstsein zu erweitern.

Das Doppelspaltexperiment und der Beobachtereffekt lassen uns erahnen, dass unsere Wahrnehmung und unsere Handlungen eine tiefgreifende Rolle bei der Gestaltung der Realität spielen. In den kommenden Übungen werden wir lernen, wie wir diese Erkenntnisse nutzen können, um unsere Gedanken, Gefühle und Absichten bewusst zu lenken und die Quantenrealität zu beeinflussen.

Was hältst du davon, wenn du dir ein eigenes Bild machst und mir in ein paar Tagen eine Email schreibst, in der du mir von deinen bahnbrechenden Erfahrungen berichtest. Ich sage nur so viel, die meisten Emails, die mich erreichen, starten mit dem Satz: *„Kevin, du glaubst nicht was passiert ist…*“. Das ist dann der Moment, in dem ich aus dem Grinsen nicht mehr rauskomme.

**Sind wir Sklaven der Uhr?**

Im Zusammenhang mit der Quantenphysik und der Frage nach der Natur unserer Realität gewinnt „Zeit“ eine weitere Dimension.
In der klassischen Physik betrachten wir Zeit als eine unveränderliche und lineare Abfolge von Ereignissen. Sie wird oft

als eine Art "Fluss" wahrgenommen, der uns durch unser Leben trägt. Sie bestimmt, wann wir zur Arbeit gehen, wann wir wieder nach Hause gehen dürfen, wann wir dem Finanzamt unsere Steuern auszuhändigen haben und so gut wie alles was ein System braucht, um Menschen zu steuern. Doch in der Welt der Quantenphysik ist das Bild komplexer.

Gemäß der Relativitätstheorie von Albert Einstein ist Zeit keine absolute Größe, sondern relativ und abhängig von der Geschwindigkeit und der Gravitation. Das bedeutet, dass Zeit für unterschiedliche Beobachter unterschiedlich verlaufen kann. Ein Beispiel dafür ist die Zeitdilatation, bei der Zeit für Objekte in Bewegung im Vergleich zu ruhenden Objekten langsamer vergeht. Ein einfacheres Beispiel dafür ist dein subjektives Gefühl.

*Die Uhr. Ein menschengemachtes Konstrukt. Ist das alles nur Illusion?*

Verbringst du Zeit mit einem Menschen, den du liebst, vergeht die Zeit wie im Flug. Verbringst du jedoch Zeit mit einem Menschen, den du absolut nicht leiden kannst, können wenige Minuten sich wie Stunden anfühlen.

Auf quantenphysikalischer Ebene wird die Vorstellung von Zeit noch interessanter. In der Quantenmechanik gibt es das Phänomen der Verschränkung, bei dem Teilchen miteinander verbunden sind und Informationen ohne „Zeitverzug“ ausgetauscht werden, unabhängig von der Entfernung zwischen ihnen. Diese Verschränkung scheint die Idee einer linearen Zeit in Frage zu stellen und wirft Fragen auf, ob es eine objektive Abfolge von Ereignissen gibt.

Einige Theorien in der Quantenphysik deuten darauf hin, dass Zeit letztendlich emergent sein könnte, das heißt, dass sie aus tieferliegenden Phänomenen oder Strukturen hervorgeht. Es wird sogar spekuliert, dass Zeit möglicherweise eine Illusion sein könnte, die durch unser Bewusstsein erzeugt wird.

Die genaue Natur der Zeit ist jedoch immer noch ein offenes Forschungsgebiet und Gegenstand intensiver Diskussionen. Es ist ein Thema, das uns dazu einlädt, unsere gewohnten Vorstellungen zu hinterfragen und über die Grenzen unserer Erfahrung hinauszudenken. Ich sag's dir immer wieder. Es gibt kein Richtig und kein Falsch. Behalte deinen offenen Fokus bei und beobachte einfach aufmerksam.

**Alles ist mit allem verbunden - es gibt keine Trennung**

Stell dir vor, du hast zwei Quantenteilchen, die miteinander in einem geheimnisvollen Tanz der Verbundenheit sind. Wenn eines dieser Teilchen seinen Zustand ändert, geschieht etwas Unerklärliches: Das andere Teilchen, egal wie weit entfernt es ist, spürt die Veränderung und reagiert sofort darauf. Es ist, als ob sie miteinander telepathisch kommunizieren, ohne dass irgendwelche Informationen oder Signale zwischen ihnen ausgetauscht werden.

Um dies besser zu verstehen, denken wir an zwei entgegengesetzte Pole eines Magneten. Wenn wir den Nordpol eines Magneten haben, wissen wir sofort, dass das andere Ende der Magnet den Südpol haben muss. Ähnlich funktioniert die Quantenverschränkung, nur viel mysteriöser und auf einer viel kleineren Skala.

Stell dir nun vor, dass wir eines dieser verschränkten Teilchen auf einen Raumschiff ins All schicken, während das andere Teilchen auf der Erde bleibt. Egal, wie weit sie voneinander entfernt sind, sie bleiben miteinander verbunden. Wenn wir nun den Zustand des Teilchens auf der Erde messen und feststellen, dass es nach oben zeigt, wissen wir sofort, dass das Teilchen im Raumschiff nach unten zeigt. Es ist, als ob sie im Einklang schwingen, obwohl sie in unterschiedlichen Teilen des Universums sind.

Ein weiteres Beispiel können wir fast täglich beobachten, wenn wir in den Himmel schauen oder uns eine Dokumentation über unsere Ozeane anschauen. Stell dir vor, du beobachtest einen Schwarm von Fischen, der plötzlich seine Richtung ändert, als ob sie alle synchron tanzen würden. Oder denk an einen Vogelschwarm, der scheinbar mühelos die Formation ändert, als ob sie eine perfekte Choreografie ausführen würden. Wie schaffen sie das?

Die Antwort liegt in der Quantenverschränkung ähnlicher Mechanismen. In einem Fisch- oder Vogelschwarm gibt es eine unsichtbare Verbindung, die die einzelnen Individuen miteinander verbindet. Diese Verbindung ermöglicht es ihnen, in Echtzeit miteinander zu kommunizieren und als ein koordiniertes Ganzes zu handeln.

Ähnlich wie bei der Quantenverschränkung sind die Individuen im Schwarm miteinander verbunden, so dass sie auf subtile Weise miteinander "verschränkt" sind. Wenn ein einzelner Fisch oder Vogel eine Entscheidung trifft, eine Richtungsänderung vorzunehmen, wird diese Entscheidung sofort von den anderen wahrgenommen und weitergegeben. Es ist, als ob sie telepathisch miteinander kommunizieren, ohne dass sie miteinander sprechen oder Signale aussenden müssen.

Diese kollektive Kommunikation basiert auf einfachen Regeln und Wechselwirkungen zwischen den Individuen im Schwarm. Jedes

Mitglied beobachtet seine Nachbarn und passt sein Verhalten an, um die Gesamtstruktur und -richtung des Schwarms aufrechtzuerhalten. Durch diese kollektive Intelligenz und das Zusammenspiel der einzelnen Individuen entsteht das faszinierende Phänomen des synchronen Schwarmverhaltens.

Das haben wir in ähnlich eindrucksvoller Variante auch bei anderen geschichtlichen Ereignissen beobachten dürfen.
Das Beispiel der Fisch- und Vogelschwärme verdeutlicht, wie die Quantenverschränkung nicht nur in der Welt der subatomaren Teilchen existiert, sondern auch in komplexen Systemen in der Natur vorkommt. Es zeigt uns, dass es auf der fundamentalen Ebene eine tiefgreifende Verbindung zwischen den Dingen gibt, die auf den ersten Blick getrennt erscheinen.

Diese faszinierende Eigenschaft der Quantenverschränkung wirft uns in eine Welt voller Rätsel und Abenteuer. Sie fordert unser herkömmliches Verständnis von Raum und Zeit heraus und lässt uns über die Grenzen des Vorstellbaren hinausdenken. Die Quantenverschränkung ist wie ein magischer Faden, der sich durch die Tiefen der Quantenwelt zieht und uns auf eine aufregende Reise mitnimmt.

Die Quantenverschränkung ist nicht nur ein faszinierendes Phänomen, sondern hat auch immense praktische Bedeutung. Sie bildet die Grundlage für Quantentechnologien wie Quantencomputer und Quantenkommunikation, die unser Verständnis der Welt revolutionieren könnten.

**Die Illusion der Trennung**

Wenn doch alles mit allem verbunden ist, weshalb existiert dann an jeder Ecke Spaltung und Trennung? Wir erleben sie auf individueller Ebene, in unseren Beziehungen und unseren Identitäten. Doch auch auf kollektiver Ebene sehen wir Trennungen, sei es in Form von Religionen, Ländergrenzen, politischen Ideologien oder sogar in scheinbar unbedeutenden Kategorien wie Geschlecht oder Impfstatus. Doch was, wenn ich dir sage, dass diese Trennungen eine Illusion sind? Was, wenn die Quantenverschränkung, ein fundamentales Konzept in der Quantenphysik, darauf hindeutet, dass es keine wahre Trennung gibt?

**Künstliche Trennung als gesellschaftliches Konstrukt:**

Die menschliche Gesellschaft hat im Laufe der Geschichte zahlreiche Strukturen geschaffen, die Trennung und Spaltung fördern. Religionen beispielsweise definieren oft klare Grenzen zwischen Gläubigen und Ungläubigen, zwischen Himmel und Hölle. Ländergrenzen trennen Menschen aufgrund von künstlich gezogenen Linien und schaffen Unterschiede zwischen "Wir" und "Sie". Selbst in den modernen Debatten über Geschlechter oder Impfstatus erleben wir eine Trennung in Kategorien und Identitäten, die unsere Einheit in Frage zu stellen scheint.

**Die Illusion der Trennung und die Quantenverschränkung:**

Wenn wir die Quantenverschränkung auf unsere eigene Existenz übertragen, könnten wir sagen, dass wir alle miteinander verbunden sind, dass es keine wahren Trennungen gibt. Es ist eine Einladung, die Vorstellung von "Ich" und "Du" zu überwinden und die Einheit allen Seins zu erkennen. Die scheinbaren Trennungen, die wir in unserer Gesellschaft erschaffen haben, könnten als Konstrukte betrachtet werden, die uns von dieser grundlegenden Verbundenheit ablenken.

**Die Auswirkungen der Trennung auf unser Leben:**

Die Auswirkungen der Trennung auf unser Leben sind unübersehbar. Sie spiegeln sich in individuellen Belastungen und kollektiven Konflikten wider. Ist es möglich, dass das System diese Mechanismen bewusst einsetzt, um uns zu kontrollieren und zu spalten?

Betrachten wir die Vielfalt der Trennungsebenen, die in unserer Gesellschaft existieren: Religionen, Ländergrenzen, politische Ideologien, soziale Klassen, Geschlechter, Impfstatus und vieles mehr. Jeder dieser Aspekte wird oft als Grundlage für Differenzen, Vorurteile und Streitigkeiten verwendet. Doch wer profitiert davon, dass wir uns in feindliche Lager aufteilen und uns gegenseitig bekämpfen? Die provokante Frage lautet also: Wird das System bewusst genutzt, um uns in einem Zustand der Trennung zu halten und uns von unserer wahren Kraft als vereinte Gemeinschaft abzulenken?
Indem wir uns in Konflikte verstricken, sind wir abgelenkt von den wirklichen Problemen, denen wir als Gesellschaft gegenüberstehen. Unsere kollektiven Energien werden auf Spaltungen und Auseinandersetzungen verschwendet, anstatt gemeinsam nach Lösungen zu suchen und unser volles Potenzial auszuschöpfen.

Darüber hinaus erzeugt die Trennung auch kollektive Negativemotionen, die uns inkohärent und krank machen. Angst, Misstrauen, Wut und Hass durchdringen die sozialen Gefüge und beeinflussen unser individuelles Wohlbefinden. Sogar Gewalttaten und Krankenhauseinlieferungen nehmen in Zeiten kollektiver Negativemotionen konsequent zu.

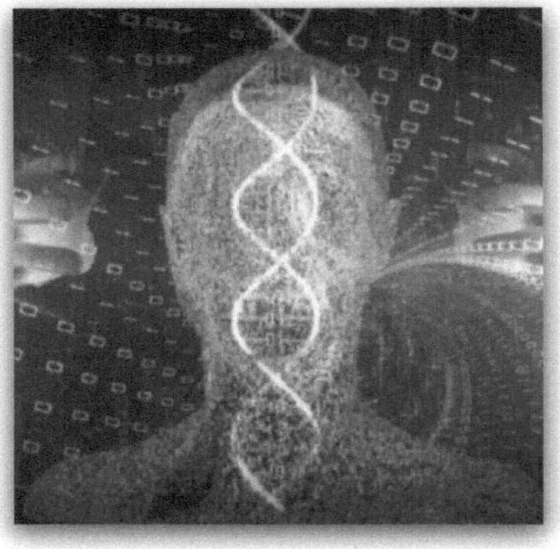

*Alles ist mit allem verbunden. Es gibt keine Trennung.*

Die Antwort auf diese Fragen kann komplex sein und erfordert eine kritische Auseinandersetzung mit den Strukturen und Interessen, die unser gesellschaftliches System prägen. Es ist wichtig, sich bewusst zu machen, dass wir eine Wahl haben. Indem wir uns für Einheit, Empathie und Zusammenarbeit entscheiden, können wir die Illusion der Trennung durchbrechen und eine neue Realität erschaffen.

Das Gemeine ist, die Regierungen nutzen verschiedene Methoden, um die Stimmung und Meinungen der Bevölkerung zu messen. Eine häufig angewandte Methode sind Umfragen, bei denen den Menschen gezielte Fragen zu bestimmten Themen gestellt werden. Diese Umfragen können in Form von persönlichen Interviews, Telefonbefragungen oder Online-Fragebögen durchgeführt werden. Interessanter wird es doch bei den neuartigeren Methoden - Social Media.

Regierungen können auch auf soziale Medienplattformen zugreifen, um Stimmungen und Trends in Echtzeit zu erfassen. Durch das Monitoring von Beiträgen, Kommentaren und Diskussionen in sozialen Netzwerken können sie einen direkten Einblick in die Meinungen und Emotionen der Menschen erhalten. Diese Daten werden oft mit Hilfe von Datenanalyse- und Sentiment-Analyse-Tools ausgewertet, um Muster und Tendenzen zu identifizieren. Sogar unsere Pupillen und unser

Schreibverhalten kann mittels modernster Technologie erfasst werden und Aufschluss über unsere Stimmung liefern.

Die Nutzung von Stimmungsbarometern durch Regierungen ist jedoch auch mit gewissen Kontroversen verbunden. Einige Kritiker argumentieren, dass die Ergebnisse manipuliert oder selektiv interpretiert werden könnten, um bestimmte politische Agenda voranzutreiben. Alles in allem eine interessante Angelegenheit, die es zu beobachten gilt.

Die Quantenverschränkung erinnert uns daran, dass es keine Trennung gibt und dass wir alle miteinander verbunden sind. Sie zeigt uns, dass unsere Handlungen und Entscheidungen Auswirkungen auf das gesamte System haben. Indem wir uns dieser Verbundenheit bewusst werden und uns gegen die Spaltung stellen, können wir die negativen Auswirkungen der Trennung überwinden.

Die Frage bleibt also: Sind wir bereit, das Spiel der Trennung zu durchbrechen und uns als vereinte Gemeinschaft zu erkennen? Oder lassen wir uns weiterhin von den Mechanismen der Trennung kontrollieren und manipulieren? Die Entscheidung liegt bei uns. Es ist an der Zeit, unsere wahre Kraft zu entfesseln und gemeinsam eine bessere Zukunft zu gestalten.

Die Erkenntnis der Quantenverschränkung und der illusionären Natur der Trennung eröffnet uns die Möglichkeit, eine tiefere Verbundenheit zu erkennen. Es erinnert uns daran, dass wir alle Teil eines größeren Ganzen sind und dass unsere Handlungen Auswirkungen auf das gesamte System haben. Es fordert uns auf, über unsere individuellen Identitäten hinauszublicken und eine ganzheitlichere Sichtweise einzunehmen.

Indem wir uns der Quantenverschränkung bewusst werden, können wir uns von den künstlichen Trennungen befreien, die uns einschränken. Wir können eine neue Vision für unsere Gesellschaft und unsere Welt erschaffen, in der Einheit und Zusammenarbeit im Vordergrund stehen. Indem wir die Vorstellung von "Wir" und "Sie" überwinden, können wir eine tiefere Ebene des Verständnisses und der Harmonie erreichen.

**Zusammenfassend lässt sich sagen:**

- *Quantenphysik zeigt uns, dass alles miteinander verbunden ist und es keine Trennung gibt.*

- *Unsere Gedanken und Emotionen (Bewusstsein) beeinflussen die Realität um uns herum.*

- *Beim Doppelspaltexperiment ändert die Art der Beobachtung das Verhalten der Teilchen.*

- *Quantenverschränkung ermöglicht eine direkte Verbindung zwischen Teilchen, unabhängig von der Entfernung.*

- *Wir haben die Macht, unsere Realität bewusst zu gestalten und unsere Ziele und Träume zu verwirklichen.*

**Ein kleiner Blick in die Zukunft**

In der Welt der Quantenphysik und der Matrixtheorie eröffnen sich immer wieder neue Perspektiven und Forschungsfelder. Eines davon beschäftigt sich mit der Übersetzung unserer DNA in die Sprache der Computer - in Nullen und Einsen. Dabei werden die 4 Basen des DNA Codes in die digitale Sprache der Computer übersetzt und diese besteht lediglich aus Kombinationen von

Nullen und Einsen. Diese bahnbrechende Entwicklung hat ein klares Ziel vor Augen: die Fortsetzung unseres Bewusstseins und unserer Existenz auch nach dem Tod.

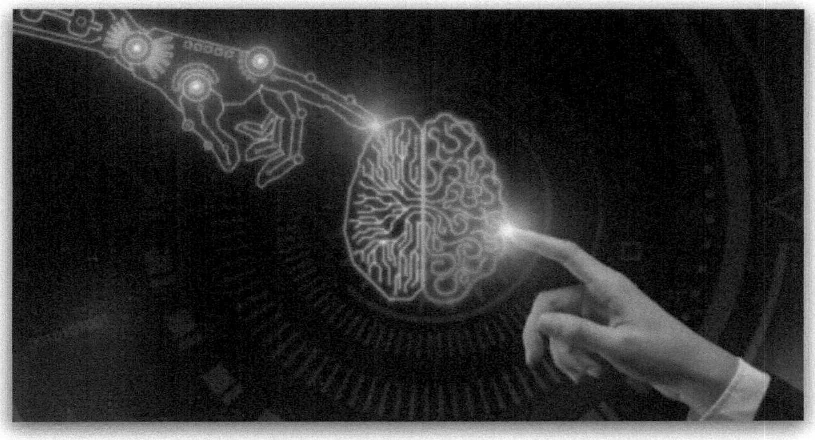

*Der Moment wenn dein DNA Code in die Computersprache übersetzt wird*

Die Idee dahinter ist, dass unsere gesamte Persönlichkeit, unsere Erinnerungen und unser Bewusstsein auf der grundlegenden Ebene unserer DNA gespeichert sind. Durch die Übersetzung dieser genetischen Informationen in eine digitale Form - eine Art "DNA-Code" - könnte es theoretisch möglich sein, uns in einem Hologramm oder Roboter wieder zum Leben zu erwecken.

Stell dir vor, du könntest als digitale Version deiner Selbst weiter existieren, deine Erinnerungen bewahren und neue Erfahrungen machen, selbst wenn dein physischer Körper nicht mehr existiert. Du könntest virtuelle Welten erkunden, mit anderen digitalen Bewusstseinen interagieren und vielleicht sogar unbegrenzte Möglichkeiten der Existenz entdecken.

Es ist jedoch wichtig zu beachten, dass diese Idee noch weitgehend spekulativ ist und von vielen ethischen, philosophischen und technologischen Fragen begleitet wird. Die Übersetzung der komplexen Informationen unserer DNA in eine digitale Form ist eine enorme Herausforderung, und die Schaffung eines vollständigen Bewusstseins innerhalb eines Hologramms oder Roboters ist ein Ziel, das noch in weiter Ferne liegt.

Dennoch lassen uns diese Forschungsfelder einen Blick in die Zukunft werfen und regen zum Nachdenken an. Sie eröffnen Diskussionen über die Natur unseres Bewusstseins, die Möglichkeit einer digitalen Unsterblichkeit und die Verbindung von Mensch und Technologie auf einer noch nie dagewesenen Ebene. Wohin uns diese Reise letztendlich führen wird, bleibt abzuwarten.

Doch eines ist sicher: Die Erforschung der Quantenphysik und der Matrixtheorie hält weiterhin spannende Entdeckungen und revolutionäre Erkenntnisse bereit, die unser Verständnis von Realität, Bewusstsein und dem Leben selbst verändern könnten. Ob mir das gefällt? Ich kann es nicht einschätzen! Meine persönliche Meinung ist absolut zwiegespalten, doch eines ist sicher: Der Fortschritt lässt sich nicht aufhalten und daher werde ich meinen offenen Fokus behalten und alles aus der Metaperspektive beobachten. Denk daran: alles hat zwei Seiten und alles ist immer nur die halbe Wahrheit.

Die Zeit ist gekommen, das Wissen über die verborgenen Kräfte des Universums zu nutzen und deine Realität zu erschaffen, als ob du ein Magier in einer Welt voller unendlicher Möglichkeiten wärst. Wir haben die Schlüssel zu den geheimnisvollen Toren der Quantenphysik in unseren Händen und es liegt an uns, sie zu benutzen, um die Grenzen unserer Vorstellungskraft zu sprengen.

Stell dir vor, du könntest mit deinen Gedanken und Emotionen die Fäden des Universums spinnen und die Realität nach deinen Wünschen formen. Alles ist miteinander verbunden, ein komplexes Netzwerk von Energien und Informationen, das darauf wartet, von dir entdeckt und genutzt zu werden. Es gibt keine Trennung, keine Begrenzung, nur endlose Möglichkeiten, die darauf warten, von dir ergriffen zu werden.

Begib dich auf eine abenteuerliche Reise, bei der du die unvorstellbare Power deiner Vorstellungskraft entfesselst. Lasse Zweifel und Ängste hinter dir und tauche ein in die Welt der puren Schöpfungskraft. Du sollst nicht „raus aus der Matrix", du sollst sie nutzen! Visualisiere lebhaft deine gewünschte Realität, spüre die Freude und das Glück, als ob sie bereits in dir verankert wären. Fühle den pulsierenden Rhythmus des Universums in deinen Adern und lasse deine Intentionen mit einer ungeahnten Macht erfüllt werden.

Du bist SchöpferIn deiner eigenen Realität, ein Architekt des Universums, der die Bausteine des Erfolgs und der Erfüllung in seinen Händen hält. Nutze das Wissen der Quantenphysik, um dein Leben zu transformieren und das Unmögliche möglich zu machen. Wage es, deine Grenzen zu überschreiten und das Unfassbare zu erleben, denn in diesem Moment bist du bereit, alles zu sein, was du dir erträumt hast.

Die Welt liegt dir zu Füßen, bereit, von dir neu gestaltet zu werden. Vertraue auf die Kräfte des Universums, die dir zur Seite stehen, und öffne dich für die magische Synchronizität, die sich entfaltet, wenn du deine Gedanken, Worte und Taten in Einklang bringst. Du bist ein Teil des großen Ganzen, ein funkelnder Stern im endlosen Universum, und es ist an der Zeit, dass du dein Strahlen zum Leuchten bringst.

Bereite dich vor, denn das Abenteuer beginnt jetzt. Lass das Wissen über die Quantenphysik zu deinem Kompass werden und stürze dich mutig in die unerforschten Tiefen deiner eigenen Möglichkeiten. Sei bereit, das Unerwartete zu erleben und deine Realität mit Leidenschaft und Entschlossenheit zu formen. Die Welt erwartet dich, bereit, von dir überrascht und verzaubert zu werden. Sei der Held deiner eigenen Geschichte und erobere das Unfassbare, bevor das Unfassbare dich erobert!

Bevor wir in die praktische Umsetzung eintauchen, möchte ich dir einige warnende, aber zugleich motivierende Worte mit auf den Weg geben. Es ist wichtig, dass du deine Zukunftsvision so präzise wie möglich definierst, dazu dienen die Fragen über dein Zukunfts-Ich. Das Universum kennt nur drei Worte: "SO SEI ES!". Sei dir bewusst, dass Veränderung weitere Veränderungen nach sich zieht. Aus diesem Grund werde ich dir ganz zum Schluss eine abschließende Übung vorstellen, die dir verdeutlichen wird, welche konkreten Veränderungen möglich sind.

Anschließend kannst du frei entscheiden, ob du weiterhin dein Leben wie bisher leben möchtest oder ob du bereit bist, deine Komfortzone zu verlassen und in das Universum voller unbegrenzter Möglichkeiten einzutauchen. Die Entscheidung liegt ganz bei dir.

## Deine Zukunftsmeditation: Das Spiel mit den unbegrenzten Möglichkeiten

Jetzt werden wir den Beobachtereffekt und die Quantenverschränkung in deinen Alltag integrieren und in die praktische Umsetzung gehen. Wir tauchen ein in die unglaubliche Welt der Zukunftsmeditation bzw. Zukunftsvisualisierung. Hierbei nutzen wir eine kraftvolle Technik, um den gewünschten Zustand in der physischen Realität Wirklichkeit werden zu lassen. Du kennst es vielleicht umgangssprachlich als "Manifestieren". Wir werden dafür sorgen, dass sich deine Beobachtungen mit deiner tatsächlichen Wirklichkeit synchronisieren und sich in deinem Alltag zeigen, sei es in Form von Gesundheit, Glück, innerem Frieden, Liebe, Erfolg, Geld oder was auch immer du dir wünschst.

Stelle dir dabei deine Gedanken vor wie elektrische Signale, die an die Möglichkeiten im Quantenfeld gesendet werden. Doch allein damit wird die Möglichkeit noch nicht zur Realität. Die wahre Kraft liegt in der Emotion, die bei dieser Technik wie ein Magnet wirkt und die Möglichkeit in deine Gegenwart zieht, um deine Beobachtung zur Wirklichkeit werden zu lassen. Wichtig ist, dass du deinen Zielzustand beobachtest und den Weg dahin offen lässt. Würdest du diesen schon bis ins kleinste Detail vorplanen, würden all die wunderbaren Möglichkeiten links und recht davon kollabieren und die Kommunikation mit dem Quantenfeld wäre dahin. Du wirst sehen, dass sich der Weg meistens komplett anders darstellt, als du es dir gedacht hast. Hab Vertrauen in das Universum.

Der Trick besteht also darin, dass wir uns innerlich so fühlen, als wäre der gewünschte Zustand bereits Realität. Durch dieses veränderte elektromagnetische Signal synchronisieren wir unsere Umwelt mit unserem inneren Zustand und lassen all unsere Wünsche Realität werden. Interessanterweise fungiert dabei unsere Zirbeldrüse als eine Art Antenne, die die Kommunikation mit dem Universum ermöglicht. Sie ist in der Lage, aus den Metaboliten (Stoffwechselprodukten) von Melatonin DMT zu

bilden, eine psychoaktive Substanz, die unser Bewusstsein erweitert und vergleichbar ist mit Drogen wie etwa LSD.
An der Stelle eine wichtige Randbemerkung: Fluorid (ein hochwirksames Nervengift), wie es in Zahnpasta und unserem Leitungswasser eingesetzt wird, verkalkt unsere Zirbeldrüse und schränkt ihre Funktion massiv ein. Gehirnscans zeigen, dass die Zirbeldrüse von Kindern im Verhältnis deutlich ausgeprägter ist, was sich auch in ihrem Ideenreichtum und ihrer Kreativität widerspiegelt. Was du mit dieser Information nun anstellst, überlasse ich dir. Ich für meinen Teil meide seit vielen Jahren Zahnpasta und ungefiltertes Trinkwasser und habe seitdem ein durchgehend präsentes Gefühl grenzenloser Intelligenz und Kreativität.

Jetzt lade ich dich ein, dich ganz auf diesen Prozess einzulassen und die folgende Zukunftsmeditation mit voller Hingabe und Vorstellungskraft zu erleben. Bereite dich darauf vor, deine Zukunft zu erschaffen und deine Visionen in die physische Realität zu bringen. Sei bereit, dich von den Möglichkeiten und dem Potenzial des Quantenfeldes überraschen und begeistern zu lassen.

Wie du mittlerweile weißt, sind meine Meditationen immer etwas ganz besonderes und unglaublich kraftvoll. Auch bei dieser Meditation arbeite ich wieder mit binauralen Beats, welche deine Gehirnwellen in die richtige Frequenz einstimmen. Diese Meditation wird ab sofort zu deiner täglichen Routine. Es gibt keine Ausreden. Ich habe absichtlich eine Meditationslänge gewählt, die sich ganz einfach in deinen Alltag integrieren lässt. Ab jetzt gibt es keinen Weg mehr zurück. Setz dich auf das Katapult und lass dich in das Universum voller Möglichkeiten katapultieren.

Wenn du dich gerufen fühlst, kannst du dir wie bei den Meditationen zuvor meine Unterstützung holen, in dem du einfach den **QR-Code scannst und dir die Meditation herunterlädst.** Wenn du die Meditation lieber mit einer zweiten Person durchführen möchtest und nicht in den Genuss der Gehirnwellenstimulation kommen magst, habe ich dir hier den Text einer von mir entwickelten Zukunftsvisualisierung bereitgestellt. Ich wünsche dir ganz viel Spaß, Erfolg und mystische Erfahrungen damit.

**Gespräch mit deinem Zukunfts-Ich**

*Schließe deine Augen und finde eine bequeme Position. Atme tief ein und aus, während du dich auf deinen Atem konzentrierst. Spüre, wie sich dein Körper mit jeder Einatmung entspannt und bei jedem Ausatmen tiefer in die Ruhe sinkt. Lasse alle Gedanken und Sorgen des Tages los und erlaube dir, in diesen Moment einzutauchen.*

*(Zeit geben)*

*Um dich herum ist nichts als Schwärze. Ein unendlich tiefer schwarzer Raum, in dem dein Körper sich aufzulösen beginnt. Du bist ein körperloser Niemand. Dein Ego hat hier keinen Platz. Es existiert nur dein Bewusstsein und die Fähigkeit der Beobachtung. Fühle in diese unendliche Weite rein.*

*(Zeit geben)*

*Und nun tauche in deine Collage hinein. Stell dir vor, sie wäre ein Portal in deine Zukunft. Stelle dir nun vor, wie du mit deinem Bewusstsein an einem schönen Ort bist, der dich mit Freude erfüllt. Es kann ein Ort aus deiner Collage sein oder ein komplett imaginärer Ort, der dich inspiriert und glücklich macht. Nimm die*

*Umgebung bewusst wahr und spüre, wie sich die Energie dieses Ortes auf dich überträgt. Fühle die warme Sonne auf deiner Haut, den sanften Wind, der durch dein Haar streicht und die beruhigenden Geräusche der Natur um dich herum. Nimm es mit allen Sinnen wahr.*

*(Zeit geben)*

*Während du diesen Ort genießt, spürst du eine Präsenz, eine Ausstrahlung von Weisheit und Erfüllung. Es ist dein zukünftiges Selbst, das dich besucht, um dir Führung und Inspiration zu schenken. Sieh vor deinem inneren Auge dein strahlendes, selbstbewusstes und erfolgreiches Zukunfts-Ich. Beobachte, wie es dich mit einem liebevollen Blick ansieht und dich einlädt, näher zu kommen. Du siehst dich in diesem Moment völlig klar.*

*Gehe langsam auf dein Zukunfts-Ich zu und spüre die Energie der Verbundenheit und Einheit. Du bist eins mit diesem höheren Selbst, das all die Weisheit und Erfahrungen deiner zukünftigen Erfolge in sich trägt. Stelle dir vor, wie du dich in dieser Gegenwart fühlst – voller Selbstvertrauen, Freude und Glückseligkeit. Stelle dir vor, wie dein Zukunfts-Ich diese innere Gewissheit und Sicherheit auf dich überträgt. Die Sicherheit, das alles so kommen wird, wie du es dir wünschst.*

*(Zeit geben)*

*Frage nun dein Zukunfts-Ich: "Was ist der nächste Schritt, den ich gehen sollte, um meine Ziele und Träume zu verwirklichen?" Höre aufmerksam auf die Antwort, die aus deinem Inneren aufsteigt. Dein Zukunfts-Ich kennt die Wege, die dich zu deinem gewünschten Erfolg führen. Lasse dich von seiner Weisheit und Intuition leiten.*

*Nimm dir einen Moment Zeit, um die Worte und Erkenntnisse deines Zukunfts-Ichs in dir aufzunehmen. Spüre, wie sich diese Informationen in dir verankern und deine innere Führung stärken. Du hast nun den Schlüssel zu deiner eigenen Erfüllung und Glückseligkeit in der Hand.*

*(Zeit geben)*

*Werde dir nun bewusst, dass du die Macht hast, diese Zukunft zu erschaffen. Visualisiere dich selbst, wie du die Schritte gehst, die dir von deinem Zukunfts-Ich aufgezeigt wurden. Spüre die Begeisterung und Motivation in dir, während du diese Vision in die Realität umsetzt. Lasse alles zu, beobachte einfach, was kommt. Mit jedem Atemzug fühlst du dich mehr und mehr eins mit deinem Zukunfts-Ich. Du spürst, wie sich diese Energie in deinem Körper ausbreitet und dich mit positiver Kraft auflädt.*

*(Zeit geben)*

*Du bist bereit, diese Meditation zu beenden und mit einem Gefühl von Zuversicht und Entschlossenheit in den Tag zurückzukehren. Langsam öffnest du deine Augen und nimmst die Umgebung um dich herum wahr. Spüre die Energie und Inspiration, die du aus dieser Meditation mitgenommen hast. Du hast jetzt den Fokus und die Klarheit, um deine Zukunft zu gestalten und deine Träume zu verwirklichen. Nutze diese Energie, um jeden Tag Schritte in Richtung deiner Vision zu gehen.*

*Vertraue darauf, dass das Universum dich auf diesem Weg unterstützt und dir die Ressourcen und Möglichkeiten bietet, die du brauchst. Du bist SchöpferIn deines eigenen Lebens und jetzt bist du bereit, dein bestes Selbst zu entfalten. Gehe mit Freude,*

*Leidenschaft und Dankbarkeit voran und lass deine Zukunft zu einem wundervollen Abenteuer werden*

## Energiezentren - erhöhe deine Energie

Ich möchte dir ein weiteres tiefgründiges Geheimnis enthüllen, und zwar wie du deine Energiezentren, auch bekannt als Chakren, aktivierst, um dein elektromagnetisches Feld zu stärken und eine neue Dimension der Kraft und Manifestation zu erreichen. Ich zeige dir nun, wie du deine Chakren, diese kraftvollen Energiewirbel entlang deiner Wirbelsäule, zum Erwachen bringst und ihre Energie zum Fließen bringst. Denn sie sind der Schlüssel, um dein elektromagnetisches Feld zu stärken und in Resonanz mit den höheren Frequenzen des Universums zu treten. Deine Chakren sind nicht nur Energiezentren, sondern auch die Verbindungspunkte zu deiner tiefsten Intuition und inneren Weisheit.

Die Zukunftsmeditation ist eine kraftvolle Praxis, die uns dabei unterstützt, unsere innere Welt zu erkunden und unsere Energiezentren zu aktivieren. Sie ermöglicht es uns, in einen Zustand höherer Bewusstheit einzutreten und eine noch tiefere Verbindung zu unserer eigenen Realität und zu den unendlichen Möglichkeiten der Zukunft herzustellen. Dabei spielt unsere Zirbeldrüse eine entscheidende Rolle. Wir haben vorhin schon ein wenig über unsere Zirbeldrüse gesprochen, doch es gibt noch so viel mehr zu erfahren.

## Das Mysterium der Zirbeldrüse

Unsere Zirbeldrüse fungiert als Antenne, um die Frequenzen, die uns umgeben, zu entschlüsseln. Durch die Aktivierung unserer Energiezentren und die Auflösung von Energieblockaden können wir unsere Zirbeldrüse von ihrer Verkalkung befreien und sie als hochsensible Antenne nutzen, um Informationen aus dem Quantenfeld "herunterzuladen". Plötzlich wirst du Erkenntnisse gewinnen, die jenseits der Grenzen deines Verstandes liegen und dich intuitiv leiten. Diese Informationen können die entscheidenden Puzzleteile darstellen, um deine Zukunftsvisualisierung wahr werden zu lassen.

Die Chakren sind die Schlüssel zu diesem tiefgreifenden Prozess. Als Energiezentren in unserem Körper, die entlang der Wirbelsäule angeordnet sind, repräsentiert jedes Chakra einen bestimmten Aspekt unseres physischen, emotionalen und spirituellen Wohlbefindens. Durch gezielte Aufmerksamkeit und bewusste Aktivierung jedes Chakras können wir die Energie in unserem Körper harmonisieren und ausbalancieren. Denn wenn Disharmonien in unseren Energiezentren vorliegen, kann die Energie nicht frei fließen und wir sind in unserer Schöpferkraft blockiert.

Es ist wichtig zu verstehen, dass jede Energie aus bestimmten Frequenzen besteht. Unsere Gedanken und Emotionen können in Frequenzen gemessen werden, die in Hertz (Hz) angegeben werden und anzeigen, wie oft die Welle pro Sekunde schwingt. Positive Emotionen wie Liebe, Dankbarkeit, Freude und Wertschätzung stehen für eine hohe Energie und somit für viele Schwingungen pro Sekunde. Negative Emotionen besitzen ein sehr niedriges Energielevel und schwingen nur ganz langsam. Dadurch schwächt sich dein innerer Magnet ab. Doch nicht nur das. Niederschwingende Emotionen wie Wut, Hass, Eifersucht, Mangel und Missgunst sorgen für starke Blockaden in deinen Energiezentren und beeinträchtigen deine Kreativität, deine Schöpferkraft und sorgen für Inkohärenz. Die gravierenden Auswirkungen der Inkohärenz kennst du bereits.

Die Aufgabe besteht also darin, uns im gegenwärtigen Moment so zu fühlen als wären unsere Wünsche bereits Realität. Somit verstärken wir unser elektromagnetisches Feld und werden zum Magneten für all unsere Manifestationen. Doch bevor ich dir die einzelnen Energiezentren oder Chakren erkläre, möchte ich dir die Zirbeldrüse noch ein wenig näher bringen. Dieses kleine Organ ist für unser gemeinsames Vorhaben von so großer Wichtigkeit, dass es vorsätzlich von mir wäre, dir seine Geheimnisse zu verschweigen.

Die Zirbeldrüse, auch bekannt als Epiphyse, ist eine kleine endokrine Drüse, die sich im Zentrum unseres Gehirns auf Höhe des sogenannten dritten Auges oder Stirnchakras befindet. Allerdings eher im hinteren Drittel des Gehirns. Sie ist etwa so groß wie eine Erbse und hat eine bedeutende Rolle in unserem Körper und Bewusstsein.

Die Zirbeldrüse erfüllt eine Vielzahl von Funktionen im Körper. Eine ihrer wichtigsten Funktionen ist die Produktion des Hormons Melatonin, das unseren Schlaf-Wach-Rhythmus und unsere innere Uhr reguliert. Melatonin wird in der Zirbeldrüse aus Serotonin produziert, wenn es dunkel ist, und signalisiert unserem Körper, dass es Zeit ist zu schlafen und sich zu erholen.

Melatonin hat einige sehr spannende, aber sehr verborgene Eigenschaften. Melatonin, das Hauptprodukt der Zirbeldrüse, hat verschiedene Metaboliten oder Abbauprodukte, die im Körper entstehen. Einer dieser Metaboliten ist 6-Methoxytryptamin, auch bekannt als 6-MT. 6-MT hat ähnliche strukturelle Eigenschaften wie das Psychedelikum Dimethyltryptamin (DMT), das auch im Körper vorkommt und mit außergewöhnlichen Bewusstseinszuständen in Verbindung gebracht wird.

DMT ist ein heilendes Molekül, das natürlicherweise im Körper und in vielen Pflanzen vorkommt. Es wird oft als "Geistmolekül" bezeichnet und ist bekannt für seine potenziell bewusstseinserweiternden Wirkungen. Es wird angenommen, dass DMT in bestimmten Situationen freigesetzt wird, wie zum Beispiel während tiefer Meditation, spiritueller Erfahrungen oder in der Nähe des Todes.

Ein kurzer Gedanke am Rande. Spannend ist also der Fakt, dass unser Körper in der Lage ist, psychoaktive Substanzen herzustellen. Noch spannender wird es, wenn wir bedenken, dass unsere Zahnpasta und unser Leitungswasser Substanzen enthalten, welche die Produktion der psychoaktiven Substanzen hemmen.

Die Auswirkungen von DMT auf das Bewusstsein sind vielfältig und können von intensiven visuellen und auditiven Halluzinationen bis hin zu spirituellen Erlebnissen und tiefen Einsichten reichen. Viele Menschen berichten von transzendentalen Erfahrungen, einer Verbindung zu höheren Dimensionen und einer erweiterten Wahrnehmung des Selbst und der Realität.

Es gibt auch Theorien, dass die Aktivierung der Zirbeldrüse und die Freisetzung von DMT während außerkörperlicher Erfahrungen oder Nahtoderfahrungen eine Rolle spielen könnten. Es wird angenommen, dass DMT dabei hilft, die Trennung zwischen Körper und Geist zu überwinden und eine erweiterte

Bewusstseinserfahrung zu ermöglichen. Über diese Phänomene gibt es unzählige Reportagen und Erfahrungsberichte.
Es ist jedoch wichtig zu beachten, dass die Erforschung von DMT und seinen Wirkungen auf das Bewusstsein noch im Anfangsstadium ist und viele Fragen offen bleiben. Die komplexe Wechselwirkung zwischen der Zirbeldrüse, Melatonin, DMT und dem Bewusstsein ist ein aufregendes Forschungsgebiet, das weiterhin erforscht wird. Ich bin sehr gespannt, was in diesem Bereich noch alles entdeckt wird.

Es ist auch erwähnenswert, dass DMT als psychoaktive Substanz in einigen Kulturen verwendet wird, um spirituelle Erfahrungen und Visionen zu induzieren. Dazu gehören traditionelle schamanische Praktiken, bei denen DMT-haltige Pflanzen wie Ayahuasca verwendet werden. Diese Praktiken haben tiefe Wurzeln in einigen indigenen Kulturen und werden oft zur Heilung, zur Kommunikation mit spirituellen Wesenheiten und zur Selbsterkenntnis eingesetzt.

Es ist wichtig anzumerken, dass die Verwendung von DMT oder psychedelischen Substanzen eine individuelle Entscheidung ist und mit Vorsicht und Respekt angegangen werden sollte. Wenn jemand Interesse daran hat, psychedelische Erfahrungen zu machen, ist es ratsam, dies unter der Aufsicht erfahrener Fachleute zu tun und die rechtlichen Bestimmungen in ihrem Land zu beachten.

Die Zirbeldrüse wird also als das spirituelle Zentrum des Körpers betrachtet. Sie wird mit intuitiven Fähigkeiten, höherem Bewusstsein und der Verbindung zur spirituellen Dimension in Verbindung gebracht. Es ist bekannt, dass die Zirbeldrüse eine Art Antenne oder Schnittstelle ist, die es uns ermöglicht, subtile Energien und Informationen aus dem Quantenfeld zu empfangen und das ist genau das, was wir für unsere Zukunftsvisualisierung brauchen.

**Der tägliche Konsum eines Nervengiftes - Fluorid**

Wie gerade kurz erwähnt, gibt es leider einige Faktoren, welche die Funktion unserer Zirbeldrüse massiv einschränken. Ein Hauptfaktor ist die Fluoridbelastung, da Fluorid die Zirbeldrüse schädigen und ihre Funktion beeinträchtigen kann. Fluorid kommt in vielen Zahnpasten und derTrinkwasserversorgung vor. Das ist der Grund, weshalb ich Fluorid weitestgehend aus meinem Leben verbannt habe.

Andere Faktoren, die die Zirbeldrüse beeinflussen können, sind Stress, schlechte Ernährung, Umweltgifte und elektromagnetische Strahlung. Bedenke nur mal kurz, wie viele deiner elektronischen Geräte in deinem direkten Umfeld Strahlung aussenden. WLAN Router, AirPods, Handys, TV, Smartwatches und noch viele mehr. Wenn du bedenkst, dass wir im Kern lediglich aus Frequenzen bestehen, kannst du dir eventuell vorstellen, dass all diese Geräte unsere eigene Frequenz stören können, uns inkohärent und krank machen. Doch kommen wir nochmal kurz auf Fluorid zu sprechen. Ein Nervengift, das die Industrie uns netterweise zur Kariesprophylaxe „schenkt".

Fluorid ist ein chemisches Element, das in einigen Formen natürlicherweise vorkommt und auch häufig in der Wasser- und Zahnpflegeindustrie verwendet wird. Es gibt jedoch kontroverse Diskussionen über die Verwendung von Fluorid und seine potenziellen Auswirkungen auf die Gesundheit.

Ein Aspekt, der häufig diskutiert wird, ist die mögliche Toxizität von Fluorid. Tatsächlich wird es in hohen Konzentrationen als

Nervengift angesehen. Eine übermäßige Aufnahme kann zu gesundheitlichen Problemen führen, insbesondere bei langfristiger Exposition.

Einige Studien haben darauf hingewiesen, dass eine übermäßige Fluoridaufnahme mit negativen Auswirkungen auf das Nervensystem, die Schilddrüse, die Knochen und andere Organsysteme in Verbindung gebracht werden kann. Insbesondere bei Kindern wird diskutiert, dass sie zu Entwicklungsstörungen des Gehirns führen könnte. Ist das gewollt? Ich weiß es nicht, dennoch stelle ich mir die Frage.

Mir ist bewusst, dass unser Trinkwasser als das „bestkontrollierteste Lebensmittel" Deutschlands gilt, doch bedenke dabei bitte einen sehr wichtigen Aspekt. Ich habe im Vorwort erwähnt, dass es immer wichtig ist, die Quelle zu hinterfragen und zu überprüfen, wer welche Statistiken inszeniert und finanziert hat. Viele giftige Substanzen, die in unserem Trinkwasser vorkommen, sind nicht Gegenstand der Testverfahren. Medikamente wie Chemotherapeutika, Antibiotika und Drogen werden in unserem Trinkwasser nicht getestet. Bei den Substanzen, die getestet werden, wie zum Beispiel Schwermetalle, Fungizide, Pestizide, Herbizide und andere Umweltgifte, existieren sogenannte Toleranzwerte. Jetzt überlege bitte kurz, wer diese Werte festlegt und dann hast du deine Antwort auf die Frage, ob unser Trinkwasser „sicher" ist.

Die gute Nachricht ist, dass es Möglichkeiten gibt, die Zirbeldrüse zu aktivieren und zu entkalken. Eine gesunde Ernährung, die reich an Antioxidantien ist, wie zum Beispiel Obst, Gemüse und Superfoods, kann helfen, die Zirbeldrüse zu entgiften und zu unterstützen. Achte dabei bitte auf die Herkunft der Lebensmittel und die Belastung mit Umweltgiften.

*Hier siehst du, wo die Energiezentren lokalisiert sind*

Eine weitere Möglichkeit, die Zirbeldrüse zu aktivieren, ist die Praxis der Meditation und spirituellen Techniken. Durch regelmäßige Meditation, Fokussierung auf das dritte Auge und das Öffnen des energetischen Flusses in diesem Bereich können wir die Zirbeldrüse stimulieren und ihre Funktionen stärken. Diese Praktiken helfen uns, unsere Intuition zu entwickeln, spirituelle Erfahrungen zu fördern und eine tiefere Verbindung zu unserem höheren Selbst herzustellen. Dazu kommen wir gleich.

Es ist wichtig zu beachten, dass die Aktivierung der Zirbeldrüse eine individuelle Erfahrung ist und Zeit und Übung erfordert. Jeder Mensch ist einzigartig, daher können die Methoden, die für eine Person funktionieren, von denen einer anderen Person abweichen. Es ist ratsam, verschiedene Techniken auszuprobieren und auf die Signale deines Körpers und deines Geistes zu achten, um herauszufinden, was für dich am besten funktioniert. Die Methode, die erfahrungsgemäß am wirkungsvollsten funktioniert, möchte ich dir hier zeigen.

Indem wir uns auf die Aktivierung und Entfaltung der Zirbeldrüse konzentrieren, öffnen wir uns für erweiterte Bewusstseinszustände, tiefere spirituelle Erfahrungen und eine intensivere Verbindung zu unserer eigenen inneren Weisheit und dem größeren Ganzen des Universums. Bist du bereit, dein wahres Potenzial zu entfesseln und die Tore zur Zukunft zu öffnen? Bist du bereit für grenzenlose Schöpferkraft? Sehr gut! Dann befassen wir uns nun mit unseren heiligen Energiezentren.

## Das Geheimnis deiner Energiezentren

### Das erste Energiezentrum

Das Wurzelchakra, auch bekannt als Muladhara in der traditionellen indischen Lehre, befindet sich am unteren Ende der Wirbelsäule, genau zwischen dem Steißbein und dem Schambein. Es bildet das Fundament unserer Energiearchitektur und ist der Schlüssel zu unserer physischen Existenz und Verbindung zur Erde.

Stelle dir das erste Energiezentrum als einen unsichtbaren Energiepunkt vor, der dich mit der Erde verbindet. Es ist wie ein unsichtbares Kabel, das deine Energien mit den tiefen Schwingungen und der Stabilität der Erde verbindet. Es ist der Sitz deiner Lebenskraft und deines Überlebensinstinkts.
Wenn das Wurzelchakra ausgeglichen und aktiviert ist, fühlst du dich geerdet, sicher und stabil. Du spürst eine Verbindung zur natürlichen Welt um dich herum und hast ein solides Fundament, um Herausforderungen im Leben zu bewältigen.

Um dieses Zentrum zu aktivieren, gibt es verschiedene Techniken, die du ausprobieren kannst. Eine effektive Methode ist die Visualisierung einer roten Energiekugel, die sich am Ende deiner

Wirbelsäule ausdehnt und stärker wird. Stelle dir vor, wie diese rote Energie dich mit Erdung, Stabilität und körperlicher Kraft erfüllt. Fühle, wie diese Energie dich fest mit der Erde verbindet und dich mit Vertrauen und Sicherheit erfüllt.

Wenn das Wurzelchakra blockiert oder unausgeglichen ist, können sich verschiedene körperliche und emotionale Symptome zeigen. Du könntest ein Gefühl der Unsicherheit, Ängste, finanzielle Probleme oder mangelndes Vertrauen in dich selbst erfahren. Körperlich können sich Beschwerden im unteren Rücken, Verdauungsstörungen oder Probleme mit den Beinen und Füßen zeigen.

Um das Wurzelchakra zu harmonisieren, kannst du auch andere Aktivitäten in deinen Alltag integrieren, wie zum Beispiel Yoga-Übungen, Meditation oder Spaziergänge in der Natur. Diese Praktiken unterstützen dich dabei, deine Erdung zu stärken und das Wurzelchakra in Balance zu bringen.

Das Wurzelchakra ist der Ausgangspunkt für deine Reise zu den höheren Energiezentren. Indem du dich mit der Stabilität der Erde verbindest und dein Wurzelchakra aktivierst, schaffst du ein solides Fundament, auf dem du weiter aufbauen kannst. Es ermöglicht dir, mit Vertrauen, Mut und Kraft deine Träume zu verwirklichen und dein volles Potenzial zu entfalten.

Das Wurzelchakra ist der erste Schritt auf dem Weg zu deiner inneren Transformation. Falls du mal Menschen beobachtest, die barfuß über eine Wiese gehen oder Bäume umarmen, dann lache sie nicht aus. Sie erhöhen die Energie ihres ersten Energiezentrums und das solltest du auch tun. Also: Bring der Person ein Lächeln entgegen und mache mit!

## Das zweite Energiezentrum

Als nächstes nehmen wir das Sakralchakra unter die Lupe, das zweite Zentrum in unserer Energiearchitektur. Bereit, tiefer in die Welt deiner Kreativität, Emotionen, Sinnlichkeit und Sexualität einzutauchen?

Das Sakralchakra, auch bekannt als Svadhisthana, liegt etwas oberhalb des Schambeins und ist das Zentrum deiner Leidenschaft, Kreativität, der Sexualität und der sinnlichen Ausdruckskraft. Es ist der Funke, der deine kreative Energie entfacht und dich in Verbindung mit deinen tiefsten Emotionen bringt.

Stell dir das zweite Energiezentrum als einen leuchtenden, orangefarbenen Wirbel vor, der sich im Bereich des Unterbauchs befindet. Dieses Energiezentrum steht in direkter Verbindung mit der Fähigkeit, Freude, Leidenschaft und Kreativität in deinem Leben zu erfahren. Es ist die Quelle deiner künstlerischen Inspiration, deiner emotionalen Tiefe und deiner sinnlichen Wahrnehmung.

Wenn das Sakralchakra harmonisch und aktiviert ist, spürst du eine lebendige Energie, die durch deinen Körper fließt. Du bist offen für neue Ideen, fühlst dich von deiner eigenen Kreativität berauscht und kannst tiefgreifende Verbindungen zu anderen Menschen aufbauen. Deine Emotionen fließen frei und du lebst in Einklang mit deiner sinnlichen Natur.

Um das Sakralchakra zu aktivieren, kannst du während deiner Meditation eine orange Energiekugel visualisieren, die sich im

Bereich deines Unterbauchs ausdehnt. Spüre, wie diese warme, lebendige Energie dich erfüllt und deine Kreativität und Lebensfreude entfacht. Tauche ein in die Farbe Orange und lasse sie in dir strahlen.

Ein blockiertes oder unausgeglichenes Sakralchakra kann sich in verschiedenen Aspekten deines Lebens bemerkbar machen. Du könntest dich in deiner Kreativität eingeschränkt fühlen, Schwierigkeiten haben, deine Emotionen auszudrücken oder dich in zwischenmenschlichen Beziehungen unwohl fühlen. Körperlich können sich Probleme im Bereich des Unterbauchs, der Fortpflanzungsorgane oder der Blase zeigen.

Um das Sakralchakra in Harmonie zu bringen, kannst du verschiedene Praktiken ausprobieren. Tanzen, kreatives Schreiben, Malen oder das Spielen eines Musikinstruments sind großartige Möglichkeiten, um deine kreative Energie zum Fließen zu bringen. Auch das Ausdrücken und Freisetzen von Emotionen kann unterstützend wirken, sei es durch körperliche Bewegung, das Schreiben in einem Tagebuch oder das Ausdrücken deiner Gefühle in einem sicheren Umfeld. Wie du deine Emotionen in Bewegung bringst (E-Motion), weißt du ja bereits.

Das Sakralchakra ist der Ort, an dem du deine Leidenschaft entfachen und deine einzigartige Kreativität zum Ausdruck bringen kannst. Es ist die Quelle deiner sinnlichen Natur und der Schlüssel zu einer tiefen Verbindung zu dir selbst und anderen. Öffne dich für die reiche Palette deiner Emotionen und entfache das Feuer deiner Kreativität. Erlaube dem Sakralchakra, dich zu inspirieren und das volle Potenzial deines wahren Wesens zu entfalten.

**Hat er gerade SEX gesagt?**

Okay, du wunderbarer Mensch, jetzt wird es interessant! Wir tauchen tief in die Welt der sexuellen Energie ein, ein Thema, das oft tabuisiert wird, aber dennoch eine immense Kraft in sich trägt. Lasst uns die Vorhänge beiseite ziehen und über die sexuelle Energie sprechen, die im zweiten Energiezentrum, dem Sakralchakra, ruht.

Sexuelle Energie ist eine der mächtigsten und schöpferischsten Energien, die uns zur Verfügung stehen. Sie ist nicht nur auf sexuelle Aktivitäten beschränkt, sondern erstreckt sich auf alle Aspekte unseres Lebens. Wenn wir sexuell ausgeglichen sind, haben wir die Möglichkeit, unser wahres Potenzial zu entfesseln und unsere kreativen Kräfte in vollem Umfang zu nutzen.

Doch wie viele Menschen da draußen sind sexuell frustriert und leben nicht die erfüllende und authentische Sexualität, die sie sich wünschen? Die Antwort darauf kennst du wahrscheinlich selbst. Unsere Gesellschaft ist oft von Scham, Schuldgefühlen und gesellschaftlichen Normen geprägt, die uns daran hindern, unsere sexuelle Energie vollständig zu leben.

Aber was wäre, wenn ich dir sage, dass sexuelle Energie nicht nur dazu dient, physische Lust zu erleben, sondern auch als Quelle der Inspiration, Kreativität und Manifestation dienen kann? Ja, du hast richtig gehört! Die sexuelle Energie ist ein wahrer Schatz, der uns ermöglicht, unsere höheren Energiezentren zu erreichen und unser volles Potenzial zu entfalten.

In der Literatur gibt es einige aufschlussreiche Werke, die sich mit diesem Thema beschäftigen und die dir die Augen öffnen können.

Eines dieser Werke ist "Think and Grow Rich" von Napoleon Hill, ein Bestseller, der intensiv auf die Transmutation sexueller Energie eingeht. Transmutation bedeutet hier, diese Energie für unsere persönliche Weiterentwicklung und Erfolg zu nutzen, anstatt von ihr beherrscht zu werden.

Die Idee hinter der Transmutation sexueller Energie ist, dass wir diese mächtige Energie nicht nur auf sexuelle Aktivitäten beschränken sollten, sondern sie bewusst lenken und für unsere schöpferischen Prozesse nutzen können. Indem wir unsere sexuelle Energie auf höhere Ziele und Vorhaben ausrichten, können wir unsere Kreativität steigern, unsere Projekte mit Leidenschaft vorantreiben und unsere Ziele schneller erreichen. Es geht nicht darum, sexuelle Energie zu unterdrücken oder zu leugnen, sondern sie bewusst zu kanalisieren und in unsere persönliche Entwicklung zu integrieren. Wenn wir lernen, unsere sexuelle Energie zu verstehen und sie auf eine positive Art und Weise zu nutzen, können wir ein erfülltes und kraftvolles Leben führen.

Also, du Feudel der Leidenschaft, öffne dich für die Schönheit und Macht deiner sexuellen Energie. Erlaube ihr, dich zu inspirieren, zu motivieren und deine kreativen Kräfte zu entfesseln. Nutze sie als Werkzeug, um deine höchsten Ziele zu erreichen und dein wahres Potenzial zu verwirklichen. Zieh deine Maske aus und entfessele die kreative Kraft, die in dir ruht.

**Wie „transmutiere" ich denn nun?**

Ein wunderbares Thema ist die Transmutation der sexuellen Energie - so fesselnd und verlockend, dass es die Sinne erwachen lässt. Bist du bereit, in die geheimnisvollen Tiefen deiner eigenen

Leidenschaft einzutauchen? Dann lass mich dir erzählen, wie du die sexuelle Energie in ungeahnte Höhen der Kreativität und Selbstverwirklichung erheben kannst.

Stell dir vor, du hast diese kraftvolle Energie in dir, die bereit ist, sich zu entfesseln. Doch anstatt sie verschwenderisch zu vergeuden oder von ihr kontrolliert zu werden, wendest du sie geschickt an, um deine kreativen Säfte zum Fließen zu bringen. Jeder Pinselstrich auf der Leinwand, jeder Takt der Musik, jeder Tanzschritt wird zum Ausdruck deiner sinnlichen Essenz.

Aber die Transmutation der sexuellen Energie geht über die künstlerische Schöpfung hinaus. Sie greift in dein Innerstes ein und beeinflusst deine Gedanken, deine Emotionen und deine spirituelle Entwicklung. Du kanalisierst diese leidenschaftliche Kraft in deine mentalen und emotionalen Zustände und spürst, wie sie dich mit einem Feuer der Inspiration erfüllt.

Und was ist mit der Welt des Erfolgs und der persönlichen Entwicklung? Die Transmutation der sexuellen Energie eröffnet dir Tore zu ungeahnten Höhen. Du nutzt diese erotisch aufgeladene Kraft, um deine Motivation zu steigern, Hindernisse zu überwinden und deine Ziele mit Leidenschaft und Entschlossenheit zu verfolgen. Du bist bereit, das Unmögliche möglich zu machen und die Welt mit deinem sexuellen Magnetismus zu erobern.

Doch lass uns nicht vergessen, dass die Transmutation der sexuellen Energie nicht bedeutet, unsere sexuellen Bedürfnisse zu unterdrücken oder zu verleugnen. Im Gegenteil, es geht darum, diese leidenschaftliche Flamme bewusst zu entfachen und sie zu einer Quelle grenzenloser Stärke, Kreativität und sexueller Erfüllung zu machen. Du umarmst deine eigene Sexualität und erkundest sie mit Neugier und Freude, während du gleichzeitig deine sexuelle Energie in Richtung deiner persönlichen Ziele lenkst.

**Spürt man sexuelle Energien?**

Beantworte dir die Frage selbst. Stell dir vor, du befindest dich inmitten einer Menschenmenge. Dein Blick schweift über die Gesichter, die Körperhaltung, die Ausstrahlung. Und plötzlich fällt dir etwas auf - da sind Menschen, die strahlen eine magnetische Anziehungskraft aus, sie wirken selbstbewusst, kraftvoll und lebendig. Ihr Gang ist stolz, ihre Präsenz ist unwiderstehlich. Du spürst förmlich, dass sie in ihrer sexuellen Kraft erblühen.

Diese Menschen sind wie majestätische Löwen in der Serengeti. Ihre Energie fließt frei, sie sind im Einklang mit ihrer sexuellen Essenz und strahlen dies unmissverständlich aus. Ihre Mähne ist prachtvoll, ihr Körper strotzt vor Stärke und ihre Ausstrahlung ist von einer magnetischen Anziehungskraft geprägt.

Im Gegensatz dazu gibt es Menschen, die wirken wie die kastrierten Löwen im Zoo. Sie schlendern durch das Leben, abgemagert, mit einer mickrigen Mähne. Ihre sexuelle Energie ist blockiert, ihr zweites Energiezentrum liegt im Dunkeln. Ihre Ausstrahlung ist gedämpft, ihre Präsenz verblasst.

Wie erkennst du also auf den ersten Blick, wer in seiner sexuellen Kraft ist? Es ist die Art und Weise, wie sie sich bewegen, wie sie sich präsentieren. Menschen in ihrer sexuellen Blüte haben einen stolzen und kraftvollen Gang. Sie gehen aufrecht durchs Leben, strahlen eine innere Stärke aus und zeigen eine gewisse sinnliche Präsenz.

Aber es geht nicht nur um Äußerlichkeiten. Menschen in ihrer sexuellen Kraft haben eine lebhafte Ausstrahlung, sie strahlen Lebensfreude, Sinnlichkeit und Selbstvertrauen aus. Ihr Blick ist intensiv und voller Leidenschaft. Sie haben eine magnetische Anziehungskraft, die andere Menschen spüren und nicht ignorieren können.

Es ist wichtig zu betonen, dass die sexuelle Kraft nicht auf bestimmte Merkmale wie Aussehen oder Alter beschränkt ist. Es ist eine innere Energie, die in jedem von uns vorhanden ist und unabhängig von unseren äußeren Umständen erblühen kann. Es geht darum, die Blockaden zu lösen, sich mit seiner eigenen Sexualität zu versöhnen und diese Energie bewusst zu nutzen. Also beobachte genau, achte auf die subtilen Signale, die Menschen in ihrer sexuellen Kraft senden. Ihre Präsenz, ihr Gang, ihre Ausstrahlung - all das verrät, dass sie in ihrer vollen sexuellen Blüte stehen. Und vielleicht, wenn du dich selbst mit dieser Energie verbindest, wirst auch du zu einem strahlenden Löwen in der Serengeti, der seine sexuelle Kraft mit Stolz und Leidenschaft verkörpert.

**Ich bin kein Sexcoach, aber...**

Häufig steige ich mit meinen Klienten in die tiefsten Geheimnisse ihrer Sexualität ein. Du glaubst gar nicht, was dort für Wunder möglich sind. Ich bin kein Sexcoach, aber das Thema ist bei jedem von uns so groß und präsent, dass es eine Schande wäre, nicht darüber zu sprechen. Ich meine, überleg doch mal. Sex bedeutet Leben. Sex ist der Grund, weshalb wir hier sitzen und dieses Buch durcharbeiten, Sex ist das Normalste der Welt und ich stehe ganz klar für mehr Offenheit und Kommunikation in diesem schöpferischen Bereich unseres Lebens.

Durch die jahrelange Erfahrung im Coaching Bereich, einige wertvolle Seminare und Coachings und natürlich die persönliche Erfahrung, möchte ich dir einige sehr wertvolle Praxistipps nennen, um die Energie zum manifestieren zu nutzen. Es gibt verschiedene Praktiken und Ansätze, um beim Sex zu manifestieren und eine tiefere Verbindung zur eigenen sexuellen Energie herzustellen. Einige davon möchte ich dir hier gerne vorstellen.

**Bewusstsein und Achtsamkeit:** *Beim Sex kannst du bewusst im Moment präsent sein und dich auf die körperlichen Empfindungen, die Atmung und die sinnlichen Erfahrungen konzentrieren. Indem du deine Gedanken loslässt und dich voll und ganz auf den gegenwärtigen Moment einlässt, schaffst du eine Verbindung zu deiner sexuellen Energie und öffnest dich für ihre schöpferische Kraft.*

**Visualisierung:** *Vor, während oder nach dem Sex kannst du dir bewusst vorstellen, welche Wünsche oder Ziele du manifestieren möchtest. Du kannst dir bildhaft vorstellen, wie diese Realität in dein Leben tritt, während du dich mit der sexuellen Energie verbindest. Die Kombination von sexueller Energie und bewusster Visualisierung kann eine kraftvolle Manifestationspraxis sein.*

**Intention setzen:** *Bevor du dich dem sexuellen Akt hingibst, kannst du eine klare Absicht oder ein Ziel formulieren, das du während des Sex manifestieren möchtest. Dies kann ein persönliches Ziel, eine Heilung oder eine Verbindung zu einem bestimmten Aspekt deines Lebens sein. Indem du deine sexuelle Energie mit dieser Intention verbindest, erzeugst du eine starke Schwingung, um deine Manifestation zu unterstützen.*

**Sexuelle Energie zirkulieren lassen:** *Statt die sexuelle Energie ausschließlich auf die physische Ebene zu beschränken, kannst* *du sie bewusst durch deinen Körper zirkulieren lassen. Du kannst lernen, diese Energie von den Genitalien aus durch den gesamten Körper zu lenken, indem du sie visualisierst oder durch gezielte Atem- und Bewegungsübungen lenkst. Diese Praxis kann dazu beitragen, die sexuelle Energie zu erweitern und sie für kreative und manifestierende Zwecke zu nutzen.*

Ich denke, ich brauche dir nicht zu sagen, dass jeder Mensch seine eigene individuelle Herangehensweise finden sollte, die für ihn am besten funktioniert. Experimentiere mit verschiedenen Praktiken, um herauszufinden, welche dir am meisten zusagt und welche Ergebnisse du damit erzielst. Wichtig ist es, dabei immer auf die eigenen Bedürfnisse, Grenzen und Zustimmung zu achten und sich mit einem vertrauenswürdigen Partner oder einer Partnerin auszutauschen. Zieh deine Maske ab, lebe dein bestmögliches Sexualleben und koste von den süßen Früchten, die das Leben dadurch für dich bereit hält.

## Das dritte Energiezentrum

Im dritten Energiezentrum geht es um wahre Macht und Selbstbewusstsein, das deine Persönlichkeit zum Strahlen bringt. Der Solarplexus liegt nicht umsonst auf Höhe deiner Nebennieren, welche unsere Kampfhormone Noradrenalin und Adrenalin ausschütten. Lokalisiert ist er einige Zentimeter über deinem Bauchnabel.

Der Solarplexus ist der Motor, der deine Persönlichkeit antreibt. Er ist der Ort, an dem dein Selbstwertgefühl und Selbstvertrauen erblühen. Hier findest du den Mut, deine eigenen Grenzen zu setzen und deine Ziele entschlossen zu verfolgen. Ein starker Solarplexus versorgt dich mit der nötigen Energie, um

Herausforderungen anzunehmen und dein volles Potenzial zu entfalten. Er macht jedes Kätzchen zum Löwen.

Doch Vorsicht! Ein blockiertes Solarplexus-Chakra kann dich ausbremsen und deine Macht einschränken. Mangelndes Selbstvertrauen, Unsicherheit und ein Gefühl der Machtlosigkeit können dich wie ein Schatten umgeben. Doch lass dich davon nicht einschüchtern! Es ist an der Zeit, dein inneres Feuer zu entfachen und dein wahres Potenzial zu entfesseln.

Wie erlangst du diese grenzenlose Macht?
Zuerst musst du dich selbst erkennen. Schau tief in dich hinein und entdecke deine einzigartigen Stärken und Talente. Vertraue auf deine Fähigkeiten und erinnere dich an Momente, in denen du dich stark und selbstbewusst gefühlt hast. Lass diese Erinnerungen wie eine lodernde Flamme in dir aufflammen. Erinnere dich an all die Erkenntnisse, die du im Verlauf des Buches über dich erlangt hast und setze eine schöpferische Kettenreaktion in Gang.

Nimm die Zügel deines Lebens selbst in die Hand. Du allein trägst die Verantwortung für dein Schicksal. Löse dich von der Kontrolle über andere und konzentriere dich darauf, die Kontrolle über dich selbst zu gewinnen. Setze klare Grenzen und stehe zu deinen Entscheidungen. Das ist der Schlüssel zur inneren Autorität. Lerne aber auch, Dinge, die du nicht kontrollieren kannst, loszulassen.

Auch hier kannst du dir wieder vorstellen, wie eine Energiekugel positiv geladener Emotionen dein Chakra mit frischer Energie auflädt und alte Energien vertreibt. Bewege deinen Körper, um deine Energie freizusetzen! Sport und körperliche Aktivitäten bringen deinen Solarplexus zum Glühen. Spüre die Kraft in deinen Muskeln und den Rhythmus in deinem Herzen. Yoga, Tanz oder

Martial Arts können dir helfen, dein inneres Feuer zu entfachen und dich in die Energie des Solarplexus hineinzubegeben. Worte haben Macht, also wähle sie weise. Nutze positive Affirmationen wie "Ich bin stark und selbstbewusst" oder "Ich bin MeisterIn meines eigenen Schicksals". Programmiere dein Unterbewusstsein auf Erfolg und stelle dir lebhaft vor, wie du strahlend und selbstbewusst deinen Weg gehst.

Der Solarplexus-Chakra ist der Ort, an dem dein wahres Selbst erstrahlt. Hier findest du die Macht, deine Träume zu verwirklichen und dein Leben zu gestalten. Erkenne deine innere Stärke und werde zum Meister deiner Persönlichkeit. Befreie dich von den Ketten der Unsicherheit und erstrahle in deiner vollen Pracht! Wir kommen nun zu den höheren Energiezentren. Diese können nur erreicht werden, wenn die Energie der drei unteren Zentren in einem harmonischen Fluss ist.

**Wie Markus seine Oberbauchschmerzen ohne Operation und Medikamente überwand**

Ich möchte dir die faszinierende Erfolgsgeschichte von Markus (Name geändert) erzählen, einem meiner außergewöhnlichen Klienten, den ich auf seinem Weg begleitet habe. Markus war 36 Jahre alt, als er zu mir kam, und war Vertriebsleiter eines erfolgreichen IT-Unternehmens in Deutschland. Er hatte jahrelang unter unerträglichen Oberbauchschmerzen gelitten, die kein Medikament lindern konnte, außer dem starken Opiat Tilidin. Trotz zahlreicher Arztbesuche und Untersuchungen konnten die Ärzte keine konkrete Ursache für seine Schmerzen im rechten Oberbauch finden. Es schien, als sei Markus von einem unerklärlichen Leiden geplagt, das sein Leben stark einschränkte und seine Hoffnung auf Heilung schwand immer weiter.

Als Markus zu mir kam, faszinierte mich sofort seine Entschlossenheit, eine alternative Lösung zu finden. In unserem Coaching richteten wir den Fokus auf das Thema Gedanken und Emotionen und erkundeten gleichzeitig die faszinierende Welt der Energiezentren. Dabei konzentrierten wir uns insbesondere auf das dritte Energiezentrum, den Solarplexus.

Zusätzlich führte ich bei Markus verschiedene DNA Tests durch, wobei ich eine Organfehlfunktion von Leber und Galle (welche im rechten Oberbauch lokalisiert sind) feststellen konnte. Das Bild über seinen Zustand wurde immer klarer.
Im Verlauf unserer Sitzungen tauchten tiefe Emotionen von Wut, Schuld und Scham auf, die im Solarplexus-Zentrum verankert waren. Es wurde klar, dass Markus' körperliche Beschwerden eng mit diesen unterdrückten Gefühlen zusammenhingen. Gemeinsam machten wir uns auf den Weg, diese belastenden Emotionen zu erkunden und zu transformieren.

Durch eine Kombination von Meditation, Atemarbeit und gezielten Fragestellungen half ich Markus dabei, einen sicheren Raum zu schaffen, in dem er seine tiefsten Ängste und Emotionen anerkennen und ausdrücken konnte. Es war ein intensiver Prozess, der uns in die tiefsten Ecken seines Unterbewusstseins führte. Markus erlangte ein tieferes Verständnis für seine eigenen Gedankenmuster und den Einfluss, den sie auf seinen Körper und seine Gesundheit hatten. Zusätzlich unterstützten wir seinen Organismus mit Mikronährstoffen wie etwa Cholin, um sein fehlerhaft laufendes Gen mit dem Namen MTHFD1, zu unterstützen und den Gallenfluss zu verbessern.

Mit jeder Sitzung spürte Markus eine schrittweise Linderung seiner Oberbauchschmerzen. Die Belastungen und Blockaden im Solarplexus-Zentrum begannen sich zu lösen und machten Platz für eine neue Energie und Freiheit. Markus konnte allmählich die starken Schmerzmittel hinter sich lassen und fand Erleichterung auf natürliche Weise, ohne den riskanten operativen Eingriff, der ihm zuvor vorgeschlagen wurde.

Es war ein unglaublicher Moment, als Markus eines Tages feststellte, dass die Schmerzen vollständig verschwunden waren. Sein Oberbauch fühlte sich leicht an, und er konnte endlich wieder ein normales, schmerzfreies Leben führen. Aber das war nicht alles - durch die intensive Arbeit an seinem Solarplexus und der Befreiung von unterdrückten Emotionen erlebte Markus eine tiefgreifende Transformation.

Markus erkannte, dass seine Gedanken und Emotionen einen erheblichen Einfluss auf sein körperliches Wohlbefinden hatten. Er entwickelte ein tieferes Bewusstsein für seine eigenen Denkmuster und begann, sie bewusst zu lenken und in positive Bahnen zu lenken. Er lernte, seine Emotionen auf gesunde und konstruktive Weise auszudrücken und zu verarbeiten.

Heute ist Markus ein strahlendes Beispiel dafür, wie die Verbindung von Coaching und der Arbeit mit den Energiezentren wahre Wunder bewirken kann. Er hat nicht nur seine körperlichen Beschwerden überwunden, sondern auch eine neue Lebendigkeit und inneren Frieden gefunden. Markus sieht nun Chancen in jeder Krise und hat gelernt, seine Energiezentren als Quelle von Kraft und Wachstum zu nutzen.

Seine Geschichte inspiriert nicht nur mich, sondern auch andere Menschen, die nach alternativen Ansätzen zur Heilung und persönlicher Entwicklung suchen. Markus ist ein Zeuge dafür, dass wir durch die bewusste Arbeit mit unseren Energiezentren und der Befreiung von belastenden Emotionen ein erfülltes und schmerzfreies Leben führen können. Er ist ein wahrer Pionier auf seinem Weg der Transformation und ein lebendiges Beispiel für die Kraft, die in uns allen ruht, um unser volles Potenzial zu entfalten.

## Das vierte Energiezentrum

Das Herzchakra erstrahlt wie ein leuchtendes Juwel in einem warmen, strahlenden Grün. Es ist das Tor zu einer Welt, in der Liebe die einzige Währung ist. Hier erfährst du die Schönheit und Tiefe der zwischenmenschlichen Verbindungen, die Gewissheit, dass wir alle miteinander verbunden sind. Das Herzchakra ist ein Raum, in dem du bedingungslose Liebe für dich selbst und andere empfangen und teilen kannst.

Wenn das Herzchakra weit geöffnet ist, fließt die Energie frei und entfaltet sich in all ihrer Pracht. Du spürst eine berauschende Wärme, die dein Innerstes erhellt und dich ermutigt, aus vollem Herzen zu lieben. Mit einem offenen Herzchakra bist du fähig, Mitgefühl zu zeigen, Vergebung zu gewähren und bedingungslos zu akzeptieren. Es ist, als würde sich ein unsichtbares Netzwerk der Liebe um dich herum weben und dich mit anderen Seelen verbinden.

Doch sei gewarnt! Ein blockiertes Herzchakra kann dich emotional erkalten lassen und dich von der wahren Essenz der Liebe abschneiden. Negativität, Ängste und Misstrauen können deine Seele erdrücken und deine Fähigkeit, bedingungslos zu lieben, erstickt erscheinen lassen. Doch verzage nicht, denn das Herzchakra ist eine Einladung zur Heilung und zum Wachstum. Es ruft dich dazu auf, dich selbst zu lieben, alte Verletzungen loszulassen und dich für die Liebe zu öffnen, die in dir und um dich herum fließt.

Das Herzchakra ist eine Quelle der Transformation. Es erlaubt dir, dein volles Potenzial zu entfalten und deine Herzenswünsche zu manifestieren. Es ist ein Kraftzentrum, das dir ermöglicht, die Welt mit den Augen der Liebe zu sehen und einen positiven Einfluss auf andere zu haben. In der unendlichen Weite des Herzchakras liegt die Fähigkeit, Harmonie, Frieden und Verbundenheit zu erschaffen. Denk dran: Liebe ist immer die Antwort!

Um dein Herzchakra zu aktivieren, nutze ich gerne Meditationen zur Herzöffnung, zur Dankbarkeit und zur Vergebung. In einem meiner Seminare haben wir die Energie so hochgetrieben, dass einige unserer TeilnehmerInnen einen Herzorgasmus hatten (mich eingeschlossen). Das war einer der magischsten Momente meines Lebens. Lassen wir die Energie weiter fließen und kommen zum fünften Energiezentrum.

## Das fünfte Energiezentrum

Das fünfte Energiezentrum, auch bekannt als das Halschakra oder Vishuddha-Chakra, ist ein bemerkenswertes Zentrum der Kommunikation und des Selbstausdrucks. Es befindet sich in der Nähe der Halsregion und wird oft als ein energetischer Knotenpunkt beschrieben, der mit dem Sprechen, Zuhören und der Ausdrucksfähigkeit in Verbindung steht. Das Halschakra bildet die Brücke zwischen unseren inneren Gedanken und Gefühlen und der äußeren Welt um uns herum.

Wenn das Halschakra harmonisch und aktiv ist, ermöglicht es uns, unsere Gedanken und Gefühle klar und authentisch auszudrücken. Es eröffnet die Türen für ehrliche Kommunikation, sowohl mit uns selbst als auch mit anderen. Ein ausgeglichenes Halschakra ermöglicht es uns, unsere Wahrheit zu sprechen, unsere Ideen und Meinungen kraftvoll zum Ausdruck zu bringen und uns selbstbewusst auszudrücken.

Ein starkes und gesundes Halschakra ermöglicht uns auch, anderen zuzuhören und ihre Perspektiven zu verstehen. Es fördert Mitgefühl und Empathie, da wir in der Lage sind, die Bedürfnisse und Gefühle anderer zu erkennen und angemessen darauf zu reagieren. Ein offenes Halschakra ermutigt uns, aktiv zuzuhören, ohne zu urteilen, und uns auf eine authentische und respektvolle Weise auszutauschen.

Wenn das Halschakra blockiert oder unausgeglichen ist, können verschiedene Probleme auftreten. Sprachliche Schwierigkeiten wie Stottern oder Schwierigkeiten beim Ausdruck von Gedanken, können auf eine Blockade im Halschakra hinweisen. Auch das Gefühl, nicht gehört oder verstanden zu werden, kann auf eine Ungleichgewicht in diesem Energiezentrum hindeuten. Manchmal können wir uns auch zurückhalten oder uns nicht trauen, unsere Meinungen offen mitzuteilen. Reflektiere mal. Hast du oft Halsschmerzen oder kennst du jemandem, bei dem das so ist?

Um das Halschakra zu stärken und auszugleichen, gibt es verschiedene Praktiken, die helfen können. Eine Möglichkeit besteht darin, bewusstes und achtsames Sprechen zu üben. Nimm dir Zeit, um deine Gedanken zu sammeln, bevor du sprichst, und drücke dich klar und deutlich aus. Eine regelmäßige Meditationspraxis, bei der du dich auf den Atem konzentrierst und den Körper entspannst, kann ebenfalls dazu beitragen, das Halschakra zu öffnen und den Energiefluss zu fördern.

Konzentriere dich dabei auf deinen Kehlkopf und flute ihn gedanklich mit neuer und positiver Energie.
Kreative Ausdrucksformen wie Singen, Tanzen oder Schreiben können ebenfalls dazu beitragen, das Halschakra zu aktivieren und den Selbstausdruck zu fördern. Finde eine künstlerische Tätigkeit, die dir Freude bereitet, und nutze sie als Ventil, um deine Gedanken und Gefühle auszudrücken. Bei mir ist es die Musik. Auch wenn es nicht in das Bild eines Epigenetik-Experten passt, ist der Deutschrap für mich genau das Ventil, um ein Teil meiner Wahrheit zu leben.

Das Halschakra ist ein kraftvolles Energiezentrum, das uns befähigt, unsere Stimme zu finden und unsere Wahrheit zu teilen. Indem wir das Halschakra ausbalancieren und stärken, können wir unsere Kommunikationsfähigkeiten verbessern, tiefere Verbindungen zu anderen aufbauen und unseren individuellen Ausdruck in der Welt entfalten. Das ist wichtig, denn deine Stimme wird in diesen Zeiten mehr denn je gebraucht.

## Das sechste Energiezentrum

Das sechste Energiezentrum, auch bekannt als das Stirnchakra oder das Dritte Auge, ist ein faszinierendes Zentrum der Intuition, des Wissens und der inneren Weisheit. Es liegt in der Mitte der Stirn, etwas oberhalb der Augenbrauen, und wird oft als das "Auge der Erkenntnis" beschrieben. Das Stirnchakra ist der Sitz unseres inneren Sehvermögens und die Verbindung zur spirituellen Dimension.

Wenn das Stirnchakra ausgeglichen und aktiv ist, ermöglicht es uns, unsere innere Weisheit und Intuition zu nutzen. Es öffnet unsere Wahrnehmung für subtile Energien und erweitert unseren geistigen Horizont. Ein aktiviertes Stirnchakra ermöglicht uns, über das Offensichtliche hinauszublicken und verborgene Zusammenhänge und tieferes Verständnis zu erkennen.

Das Stirnchakra ist eng mit dem geistigen Auge verbunden, das in der Lage ist, mentale Bilder und Visionen zu empfangen. Es ist der Ort, an dem wir unsere intuitiven Eingebungen und Einsichten erhalten. Ein ausgeglichenes Stirnchakra ermöglicht es uns, auf unsere innere Stimme zu hören, unsere Intuition zu vertrauen und Entscheidungen auf der Grundlage unserer inneren Führung zu treffen.

Ein blockiertes oder unausgeglichenes Stirnchakra kann sich durch mangelnde Klarheit, Verwirrung oder einem Gefühl der Trennung von unserer inneren Weisheit zeigen. Wir könnten uns unsicher fühlen und Schwierigkeiten haben, Entscheidungen zu treffen oder unseren Lebensweg zu erkennen. Es kann auch zu Kopfschmerzen, Konzentrationsproblemen und einer Einschränkung der Vorstellungskraft führen.

Um das Stirnchakra zu aktivieren und auszugleichen, gibt es verschiedene Praktiken, die helfen können. Eine effektive Methode ist die Meditation, insbesondere die Praxis der Achtsamkeit und der Visualisierung. Indem du dich auf deine Atmung konzentrierst und deinen Geist beruhigst, kannst du dich für intuitive Einsichten öffnen und deine innere Weisheit empfangen. Auch der Fokus auf diesen Punkt bewirkt hier wahre Wunder.

Das Erkunden deiner Kreativität kann ebenfalls helfen, das Stirnchakra zu aktivieren. Malen, Zeichnen oder das Schreiben in einem Journal können deine Vorstellungskraft und intuitiven Fähigkeiten stimulieren. Das Lesen inspirierender Bücher, das Studieren von spirituellen Lehren oder das Aufsuchen von

Weisheitslehrern können ebenfalls dazu beitragen, das Stirnchakra zu öffnen und dein geistiges Bewusstsein zu erweitern. Die wichtigste Praxis ist allerdings eine, die du bereits durchführst. Deine Zukunftsvisualisierung! Hier förderst du nämlich deine Kreativität und sprengst deine Grenzen des Möglichen.

Es ist wichtig, auch auf deine körperliche Gesundheit zu achten, da sie einen direkten Einfluss auf das Stirnchakra hat. Eine ausgewogene Ernährung, regelmäßige Bewegung und ausreichend Schlaf fördern das allgemeine Wohlbefinden und unterstützen die Aktivierung des Stirnchakras. Das sechste Energiezentrum ist ein Portal zur inneren Weisheit und zur Verbindung mit der universellen Intelligenz. Indem wir uns auf dieses Energiezentrum konzentrieren und es pflegen, können wir unsere intuitive Fähigkeiten entwickeln, unsere innere Führung stärken und ein tieferes Verständnis für uns selbst und die Welt um uns herum erlangen.

**Das siebte Energiezentrum**

Das siebte Energiezentrum, auch bekannt als das Kronenchakra, ist das höchste Energiezentrum in unserem Energiesystem. Es befindet sich am Scheitelpunkt des Kopfes und ist eng mit unserer spirituellen Verbindung und unserem Bewusstsein verbunden. Das Kronenchakra ist das Tor zur höheren Dimension und zur Erkenntnis unserer eigenen spirituellen Natur.

Das Kronenchakra repräsentiert die Einheit und den universellen Bewusstseinszustand. Es ist die Quelle der Erleuchtung und der spirituellen Erkenntnis. Wenn das Kronenchakra aktiv ist und in Harmonie schwingt, erfahren wir ein tiefes Gefühl der Verbundenheit mit allem, was existiert. Es eröffnet uns den

Zugang zu höheren Bewusstseinsebenen, jenseits der Begrenzungen des Egos.

Ein ausgeglichenes Kronenchakra bringt spirituelle Erfahrungen, Erkenntnisse und ein Gefühl von innerem Frieden und Glückseligkeit mit sich. Wir fühlen uns inspiriert, erleuchtet und erfüllt von einem tiefen Sinn und Zweck in unserem Leben. Das Kronenchakra erinnert uns daran, dass wir Teil eines größeren Ganzen sind und dass es eine transzendente Kraft gibt, die uns alle verbindet.

Ein blockiertes oder unausgeglichenes Kronenchakra kann sich durch ein Gefühl der spirituellen Leere oder Trennung von einer höheren Kraft äußern. Wir können uns verloren, verwirrt oder entfremdet fühlen. Es kann zu spiritueller Desorientierung und einem Mangel an Sinn und Zweck führen. Körperliche Symptome können sich als Kopfschmerzen oder Spannungen im Kopf- und Nackenbereich zeigen.

Die Aktivierung und Harmonisierung des Kronenchakras erfordert eine bewusste Verbindung mit unserer spirituellen Natur. Meditation ist eine kraftvolle Praxis, um das Kronenchakra zu öffnen und mit der transzendentalen Dimension in Kontakt zu treten. Durch regelmäßige Meditation können wir uns für die höheren Ebenen des Bewusstseins öffnen und eine tiefere Verbindung zu unserer inneren Weisheit und spirituellen Führung herstellen.

Das Praktizieren von Achtsamkeit und Hingabe unterstützt ebenfalls die Aktivierung des Kronenchakras. Indem wir uns dem gegenwärtigen Moment öffnen und uns mit einer höheren Kraft verbinden, können wir die Energie des Kronenchakras aktivieren. Das bedeutet, dass wir uns dem Fluss des Lebens hingeben und uns auf die göttliche Führung verlassen, anstatt uns vom Ego und den Begrenzungen des Verstandes leiten zu lassen.

Das Studium spiritueller Lehren, das Lesen inspirierender Texte und das Austauschen mit anderen Suchenden können ebenfalls dazu beitragen, das Kronenchakra zu aktivieren und unser spirituelles Bewusstsein zu erweitern. Es ist wichtig, sich der eigenen Spiritualität bewusst zu sein und Zeit für Reflexion und Innenschau zu nehmen, um eine tiefere Verbindung mit dem Kronenchakra herzustellen.

Das Kronenchakra ist das Tor zur höheren Dimension und zur Erkenntnis unserer spirituellen Natur. Indem wir uns auf dieses Energiezentrum konzentrieren und es in Einklang bringen, können wir unsere spirituelle Reise vertiefen, unsere wahre Natur erkennen und eine tiefere Verbindung mit dem Universum herstellen.

## Das achte Energiezentrum

Das achte Energiezentrum, auch bekannt als das Seelenstern-Chakra, ist ein transpersonales Energiezentrum, das sich über unseren Körper hinaus erstreckt. Es ist nicht direkt mit dem physischen Körper verbunden, sondern repräsentiert die Verbindung zu unserer spirituellen Essenz und zur universellen Weisheit. Das Seelenstern-Chakra steht für die Erweiterung des Bewusstseins und die Verbindung mit höheren Ebenen des Seins.

Im Gegensatz zu den vorherigen sieben Energiezentren, die sich im Körper befinden, existiert das Seelenstern-Chakra außerhalb der physischen Grenzen. Es wird oft als ein leuchtender Punkt oder eine Lichtkugel über dem Kopf wahrgenommen. Dieses

Energiezentrum ist das Tor zu unserer Seelenessenz, zu unserem höheren Selbst und zur Quelle allen Seins.

Das Seelenstern-Chakra repräsentiert die Verbindung mit unserer göttlichen Essenz und der universellen Weisheit. Es ist der Ort, an dem wir die Einheit aller Dinge erkennen und unsere eigene Göttlichkeit erfahren. In diesem Energiezentrum erfahren wir uns als Teil eines größeren Ganzen und fühlen uns mit allem verbunden.

Die Aktivierung und Bewusstwerdung des Seelenstern-Chakras erfordert eine Öffnung für höhere Bewusstseinsebenen und eine tiefere Verbindung mit unserer spirituellen Natur. Es geht darum, die Begrenzungen des Egos zu überwinden und sich dem transpersonalen Aspekt unseres Seins zu öffnen.

Meditation ist eine kraftvolle Praxis, um das Seelenstern-Chakra zu aktivieren und unsere Verbindung zur universellen Weisheit zu stärken. Indem wir uns auf das Licht oder die Energie über unserem Kopf konzentrieren, öffnen wir uns für die höheren Ebenen des Bewusstseins und lassen die Verbindung zur spirituellen Essenz in uns wachsen. Du merkst schon. Übung macht den Meister. Also gleich nach dem Kapitel eine schnelle Meditation durchführen.

Die Arbeit mit Heilsteinen und Kristallen kann ebenfalls unterstützend sein, um das Seelenstern-Chakra zu aktivieren. Steine wie Selenit, Amethyst oder Bergkristall können verwendet werden, um die Energie in diesem Bereich zu verstärken und das Bewusstsein für das transpersonale Selbst zu erweitern.

Das Seelenstern-Chakra eröffnet uns die Möglichkeit, die Tiefen unserer eigenen Seele zu erkunden und uns mit unserer wahren

Natur zu verbinden. Es ermöglicht uns, uns als spirituelle Wesen zu erfahren und eine tiefere Verbindung mit dem universellen Bewusstsein herzustellen.

Es ist wichtig zu beachten, dass das Seelenstern-Chakra ein fortgeschrittenes Energiezentrum ist und dass die Arbeit mit diesem Chakra eine gewisse spirituelle Reife und Bewusstsein erfordert. Es ist ein Bereich, der sich über die individuelle Persönlichkeit hinaus erstreckt und uns in eine erweiterte Dimension des Seins führt.

Die Aktivierung und Bewusstwerdung des Seelenstern-Chakras kann eine transformative Erfahrung sein, die uns ermöglicht, unsere wahre Essenz zu erkennen und unsere spirituelle Entwicklung voranzutreiben. Es ist eine Einladung, uns dem transpersonalen Aspekt unseres Seins zu öffnen und uns mit der universellen Weisheit zu verbinden, die jenseits unserer individuellen Erfahrungen liegt.

Während du deine Energiezentren aktivierst und dein elektromagnetisches Feld stärkst, öffnest du dich für die Weisheit der Quantenphysik. Die Quantenphysik enthüllt, dass alles in unserem Universum aus subatomaren Teilchen und miteinander verbundener Energie besteht. Indem wir unsere Aufmerksamkeit auf unsere Energiezentren richten, verstärken wir unser eigenes Energiefeld und treten in Resonanz mit den höheren Frequenzen des Universums.

In diesem Zustand erhöhter Bewusstheit und tiefgreifender Verbundenheit kannst du deine Wünsche und Absichten für die Zukunft manifestieren. Durch Ausrichtung auf positive Gedanken, Gefühle und Visionen sendest du elektromagnetische Schwingungen aus, die in Resonanz mit den entsprechenden

Energien des Universums treten. Auf diese Weise gestaltest du deine eigene Realität und beeinflusst aktiv die Möglichkeiten der Zukunft. Deine Umwelt synchronisiert sich mit deiner Innenwelt und deine visionären Träume werden lebendig.
Genau wie jedes der höheren Chakren Einfluss auf die darunter liegenden Energiezentren hat, so haben auch die logischen Ebenen Einflüsse von großer Tragweite auf darunter liegende Ebenen. Ich sage dir immer wieder, dass der Weg, den du nun gehst, mit großen Veränderungen einhergeht. Welche Auswirkungen diese auf deine verschiedenen Lebensbereiche haben, zeige ich dir jetzt.

## Die logischen Ebenen

Wie ich vorhin erwähnte sorgt Veränderung für…? Richtig, Veränderung. Wie ich vorhin erwähnte, gibt es eine faszinierende Möglichkeit, die tiefgreifenden Veränderungen deines Lebens abzuschätzen und einzuordnen. Wenn du bereit bist, dich auf diese Reise einzulassen, wirst du überrascht sein, wie sich die verschiedenen Aspekte deines Seins miteinander verbinden und harmonisieren können.

Wovon ich spreche? Von den logischen Ebenen. Im 1-zu-1 Coaching/Mentoring ist die Arbeit mit den logischen Ebenen eine kraftvolle Methode, um tiefgreifende Veränderungen zu bewirken. Meine KlientInnen sind immer wieder erstaunt darüber, wie sich ihr Leben von heute auf morgen verändert, wenn sie Modifikationen in ihren logischen Ebenen vornehmen. Die logischen Ebenen bauen aufeinander auf. Jede Veränderung einer höheren logischen Ebene verändert zwangsläufig die Ebene darunter.

*Bei den logischen Ebenen verschmelzen die Persönlichkeitsentwicklung, die Epigenetik und die Quantenphysik*

Obwohl die Intensität dieser Übung allein bei weitem nicht so stark ist wie unter professioneller Anleitung, möchte ich sie dir dennoch zur Verfügung stellen, damit du dein Leben selbst verändern kannst.

Die logischen Ebenen umfassen verschiedene Aspekte unseres Seins, die eng miteinander verbunden sind. Sie sind wie die Bausteine, aus denen unser Leben besteht. Lass uns also einen Blick darauf werfen:

Stell dir vor, du betrittst einen Raum voller Möglichkeiten, in dem jeder Baustein deines Lebens eine einzigartige Rolle spielt. **Die Umwelt**, in der du dich bewegst, ist wie die Kulisse, die dein persönliches Theaterstück umgibt. Sie schafft den Rahmen, in dem sich deine Geschichte entfaltet. Sie beinhaltet physische Dinge wie den Ort, an dem du dich aufhältst, und die Menschen, die dich umgeben.

**Dein Verhalten**, deine Handlungen und Entscheidungen sind die lebendigen Ausdrucksformen deiner inneren Welt. Sie sind die Pinselstriche auf der Leinwand deines Lebens und haben die Kraft, ein Meisterwerk zu erschaffen. Dazu zählen Dinge, die andere Menschen von außen an dir beobachten können. Etwa wie du dich bewegst, wie du aussiehst und wie du dich anderen Menschen gegenüber verhältst.

**Deine Fähigkeiten** sind wie verborgene Schätze, die darauf warten, entdeckt und entfesselt zu werden. Sie sind die Werkzeuge, mit denen du deine Ziele erreichen und deine Visionen zum Leben erwecken kannst. In diesen Bereich fallen Stärken und Skills, welche du in deinem Zukunfts-Ich beherrschst.

Doch es sind nicht nur äußere Faktoren, die dein Leben formen. Deine tief verwurzelten **Glaubenssätze**, **Werte** und **Überzeugungen** haben eine immense Wirkung auf dein Denken, Fühlen und Handeln. Sie sind die unsichtbaren Kräfte, die dein inneres Navigationssystem lenken. Wie du gelernt hast, beinhalten sie, was du für wichtig und wahr hältst, und formen somit deine Realität und deine selektive Wahrnehmung.

**Deine Identität** ist der Kern deines Seins. Es ist das, was dich einzigartig macht und dich von anderen unterscheidet. Wenn du deine wahre Identität erkennst und annimmst, öffnest du die Tür zu einer grenzenlosen Entfaltung deines Potenzials. Hier verbirgt sich dein Selbstbild. Nehmen wir Identitäten an, die uns nicht entsprechen oder die wir nicht innerlich bejahen, erzeugt das großen Stress, welcher uns auf Dauer krank macht.

**Die Zugehörigkeit** zu verschiedenen Gemeinschaften und Beziehungen ist wie das Gewebe, das uns alle miteinander verbindet. Es ist der Kitt, der uns stärkt und unterstützt, während wir gemeinsam unsere Träume und Ziele verfolgen. Gemeint ist die Zugehörigkeit zu etwas „Höherem". Das Universum, die Natur, eine Religion oder ähnliche Dinge, aber auch größere Gruppierungen wie Fangemeinden, Sekten oder Unternehmervereinigungen.

Und dann ist da noch der Bereich des **Sinns** und der **Spiritualität**, der uns in die tiefsten Tiefen unseres Seins führt. Es ist die Suche nach einem höheren Zweck, nach einem tieferen Verständnis des Universums und unserer Rolle darin. Diese Ebene zeigt uns unsere höhere Mission und bildet die Grundlage unserer Existenz.

Wenn du bereit bist, dich auf den Weg der Veränderung zu begeben, wirst du feststellen, dass jede Veränderung auf einer dieser Ebenen Auswirkungen auf die anderen hat. Es ist wie das Verschieben von Puzzleteilen, die sich miteinander verbinden und ein neues Bild formen. Das ist der Grund, weshalb ich vorhin die ausdrückliche Warnung ausgesprochen habe, aber wie ich sehe, bist du immer noch dabei und das zeigt mir, dass du die Veränderung wirklich willst! Das freut mich sehr!

Doch wie nutzt du das Wissen über die logischen Ebene nun? Sie einfach nur zu kennen wird nichts verändern. Du musst sie einsetzen und deshalb gehen wir jetzt direkt in die Umsetzung. Die Grundlage dafür bietet dein Bild von deinem Zukunfts-Ich. Bereit?

**Verbinde dich mit deinem Zukunfts-Ich**

Jetzt ist der Moment gekommen, in dem du dich mit deinem zukünftigen Selbst verbindest und auf jeder logischen Ebene Antworten und Transformation findest. Bereite dich darauf vor, dich auf eine tiefgreifende Erfahrung einzulassen, die dein Leben nachhaltig verändern kann. Suche dir einen ruhigen Ort und verbinde dich in einem Ritual mit deinem Zukunfts-Ich. In meinen Coachings versetze ich die KlientInnen dazu in einen meditativen Zustand und schreibe die Antwort auf die folgenden Fragen mit. So kann ich gewährleisten, dass die KlientInnen sich voll und ganz dem Prozess hingeben können und sich nicht auf das Speichern der Antworten konzentrieren müssen. Das macht das Unterbewusstsein anschließend ganz alleine.

Während du dich in deiner Verbindung mit deinem Zukunfts-Ich befindest und es richtig intensiv fühlst, lässt du alle dazugehörigen Emotionen zu und beantwortest aus der Sicht deines neuen Ichs die folgenden Fragen.

**Umwelt:**
*Wie sieht deine Umgebung aus, in der du dich entfaltest und gedeihst?*
*Wo genau befindest du dich jetzt in diesem Moment?*
*Wie hat sich dein unterstützendes Umfeld verändert, um dich auf deinem Erfolgsweg zu begleiten? Wer umgibt dich?*

**Verhalten:**
*Welche Gewohnheiten und Routinen zeichnen dich aus, um kontinuierlich dein volles Potenzial zu entfalten?*
*Welche Verhaltensweisen können andere Menschen von außen an dir beobachten?*
*Welche Routinen hast du entwickelt, um dich selbst zu motivieren, konsequent an deinen Zielen zu arbeiten und Gesundheit in dein Leben einzuladen?*

**Fähigkeiten:**
*Welche Fähigkeiten hast du erfolgreich entwickelt und beherrschst sie nun meisterhaft?*
*Welche Ressourcen, Kurse oder Mentoren haben dir geholfen, diese Fähigkeiten zu erlernen und zu verbessern?*
*Wie hast du kontinuierlich an deinen Fähigkeiten gearbeitet und neue Herausforderungen angenommen, um stetig zu wachsen?*

**Glaubenssätze / Werte / Überzeugungen:**

*Welche positiven Glaubenssätze haben sich fest in deinem Mindset verankert und unterstützen dich bei der Verwirklichung deiner Träume?*
*Welche Werte lebst du hier?*
*Was glaubst du über deinen persönlichen Erfolg?*

**Identität:**
*Wie siehst du dich selbst in deinem zukünftigen Zustand und wie nimmst du dich wahr?*
*Welche Eigenschaften und Merkmale zeichnen dich aus und prägen deine Identität?*
*Wer bist du hier und wie nennt man so jemanden?*

**Zugehörigkeit:**
*In welchen Gemeinschaften und Gruppen bist du aktiv, die dich auf deinem Weg zu Erfolg und Erfüllung unterstützen?*
*Von welcher größeren Idee bist du ein Teil?*
*Wie inspirierst und unterstützt du aktiv andere Menschen in deinem sozialen Umfeld, um gemeinsam zu wachsen und erfolgreich zu sein?*

**Sinn oder Spiritualität:**
*Wie lebst du nun deinen höheren Zweck und deine tiefste Motivation im Leben?*
*Was ist der Sinn deines Lebens?*
*Welche spirituellen Praktiken und Rituale bereichern deinen Alltag und halten dich im Einklang mit dem Universum?*

Vergiss nicht, jede Veränderung einer logischen Ebene verändert zwangsläufig die darunter liegenden Ebenen. Ich gebe dir ein einfaches Beispiel. Angenommen, eine Person möchte in ihrem Leben mehr finanziellen Erfolg erlangen. Sie beginnt, die logischen Ebenen bewusst zu beeinflussen:

Umwelt:

Die Person gestaltet ihren Arbeitsplatz und ihr Zuhause so um, dass sie ein produktives und inspirierendes Umfeld schafft. Sie organisiert ihren Schreibtisch, schafft einen Bereich für kreative Arbeit und umgibt sich mit motivierenden Gegenständen und Bildern von Erfolg.

Verhalten:

Die Person analysiert ihr aktuelles Verhalten im Umgang mit Geld und erkennt, dass sie bisher oft impulsiv ausgegeben hat. Sie entwickelt neue Gewohnheiten wie das Führen eines Budgets, das Sparen eines festen Prozentsatzes ihres Einkommens und das bewusste Planen von größeren Ausgaben. Diese veränderte Struktur führt dann ggf. zu Veränderungen in ihrer Umwelt, weil sie dadurch neue Leute kennenlernt oder sogar eine neue Wohnung anmietet, welche kostengünstiger ist.

Fähigkeiten:

Die Person erkennt, dass sie in einigen finanziellen Bereichen noch Wissenslücken hat. Sie beschließt, sich weiterzubilden und Fähigkeiten wie Geldmanagement, Investitionen oder Unternehmertum zu erlernen. Sie besucht Seminare, liest Bücher und findet einen Mentor, der sie in ihrem Wachstum unterstützt. Die neuen Fähigkeiten führen automatisch zu neuen Verhaltensweisen und diese wiederum zu einer veränderten Umwelt mit neuen sozialen Kontakten usw.

Glaubenssätze / Werte / Überzeugungen:

Die Person reflektiert ihre tief verwurzelten Überzeugungen über Geld und Erfolg. Sie erkennt, dass sie limitierende Überzeugungen wie "Geld ist knapp und schwer zu verdienen" hat und ersetzt sie bewusst durch positive Überzeugungen wie "Ich bin es wert, finanziellen Erfolg zu haben" und "Geld fließt mühelos in mein Leben“. Ich denke, das Prinzip ist klar. Der Vollständigkeit halber führe ich das Beispiel noch bis zum Schluss aus.

Identität:

Die Person beginnt, sich selbst als eine erfolgreiche, finanziell unabhängige Person zu sehen. Sie übernimmt die Verantwortung für ihr finanzielles Wachstum und identifiziert sich mit den Eigenschaften und Werten eines erfolgreichen Unternehmers oder Investors.

Zugehörigkeit:

Die Person erkennt, dass ihr finanzieller Erfolg auch mit ihrem sozialen Umfeld und den Menschen, mit denen sie sich umgibt, zusammenhängt. Sie sucht bewusst nach positiven und unterstützenden Beziehungen zu Menschen, die ähnliche Ziele und eine ähnliche Einstellung zum Erfolg haben. Sie tritt vielleicht einem Netzwerk oder einer Community bei, in der sie sich mit Gleichgesinnten austauschen und voneinander lernen kann. Diese Zugehörigkeit stärkt ihr Selbstvertrauen, inspiriert sie und bietet ihr ein unterstützendes Umfeld auf ihrem Weg zum finanziellen Erfolg.

Sinn oder Spiritualität:

Die Person erkennt, dass finanzieller Erfolg nicht nur materielle Werte betrifft, sondern auch eine tiefere spirituelle Dimension haben kann. Sie reflektiert über ihre eigenen Werte und überlegt, wie sie ihr finanzielles Wachstum mit ihrem persönlichen Sinn und ihrer Spiritualität in Einklang bringen kann. Sie definiert, welche Bedeutung Geld für sie hat und wie sie es nutzen möchte, um nicht nur sich selbst, sondern auch anderen und der Welt Gutes zu tun. Diese Verbindung zwischen Geld und Sinn gibt ihr eine zusätzliche Motivation und Zufriedenheit auf ihrem Weg zum finanziellen Erfolg.

Durch diese bewussten Veränderungen auf den verschiedenen logischen Ebenen beginnt die Person, eine bemerkenswerte Transformation zu erleben. Sie findet neue berufliche Möglichkeiten, erhöht ihr Einkommen, baut Vermögen auf und entwickelt ein positives Verhältnis zu Geld. Ihr Selbstvertrauen und ihre Lebensqualität steigen deutlich an, während sie ihr finanzielles Potenzial voll ausschöpft. Dieses Beispiel verdeutlicht, wie die Veränderung auf einer logischen Ebene Auswirkungen auf die anderen Ebenen hat und schließlich zu einem umfassenden Wandel im Leben führt. Dieses Beispiel kannst du natürlich auf jeden beliebigen Lebensbereich beziehen. Indem wir bewusst in die logischen Ebenen eingreifen, können wir die Grundlage für eine nachhaltige Veränderung in jedem gewünschten Bereich unseres Lebens schaffen.

Mit dem Abschluss der logischen Ebenen hast du einen entscheidenden Meilenstein auf deiner Reise erreicht. Du hast die Grundlagen gelegt, um Veränderungen auf allen Ebenen deines Lebens zu bewirken und ein erfülltes, glückliches und erfolgreiches Dasein zu erschaffen.

Ich möchte an dieser Stelle meine tiefste Anerkennung und meinen Stolz zum Ausdruck bringen. Du hast mit Hingabe und Entschlossenheit an dir selbst gearbeitet, hast dich den Herausforderungen gestellt und bist über dich selbst hinausgewachsen. Du hast die wertvollen Werkzeuge der Psychoepigenetik in die Hand genommen und bist bereit, sie in deinem Leben anzuwenden.

Ich bin unglaublich stolz auf dich. Du hast bewiesen, dass du mutig genug bist, dich selbst zu hinterfragen, alte Muster loszulassen und neue Wege einzuschlagen. Du hast die Verantwortung für dein eigenes Glück und deine persönliche Entwicklung übernommen. Und das ist etwas, das nicht jeder Mensch wagt.

Nun ist der Moment gekommen, in dem du das Erlernte in die Tat umsetzt. Du hast die Fähigkeiten und das Wissen, um dein Leben nach deinen eigenen Vorstellungen zu gestalten. Du bist bereit, deine Umwelt zu formen, dein Verhalten zu lenken, deine Fähigkeiten zu erweitern und deine tiefsten Überzeugungen zu transformieren. Du hast jetzt die Möglichkeit, frei zu sein. Nutze sie! Ich bin fest davon überzeugt, dass du mit deinem Engagement und deiner Entschlossenheit nicht nur dein eigenes Leben, sondern auch die Welt um dich herum verändern kannst. Indem du deine eigenen Grenzen überwindest und nachhaltige Veränderungen in dir selbst bewirkst, öffnest du die Tür für eine bessere Zukunft. Bleibe offen für Neues, sei bereit, dich weiterzuentwickeln und lass dich von deinem inneren Kompass leiten. Du hast es verdient, ein erfülltes, glückliches und erfolgreiches Leben zu führen. Du hast es verdient, all deine Träume zu verwirklichen und die beste Version deiner Selbst zu sein.

Sei stolz auf dich und lass uns gemeinsam die letzten Schritte dieser aufregenden Reise gehen. Denn es wird Zeit, sich zu verabschieden.

# Kapitel 6: Aller Abschied ist schwer

*„Was sind 70 Jahre Lebenszeit, verglichen mit der Ewigkeit“*
*Kollegah*

Nicht nur wir beide werden uns hier bald verabschieden, sondern auch eines Tages unsere physischen Körper von diesem Planeten. Was ich meine, ist der Tod.  Das Leben, das wir führen, ist vergänglich und flüchtig. Es gleitet uns wie feiner Sand zwischen den Fingern hindurch und wir spüren seine Präsenz erst, wenn es uns schon entglitten ist. Wir leben in einer Welt, die den Tod verdrängt und ihm die Farben und Konturen nimmt, bis er nur noch ein verschwommener Schatten in der Dunkelheit ist.

Doch der Tod ist kein düsterer Abgrund, der uns das Leben raubt. Nein, er ist ein Schlüssel, der uns zu wahrer Intensität und Lebendigkeit führen kann. Wenn wir uns wagen, den Tod anzunehmen, seine Präsenz zu spüren und seine heilende Kraft zu entdecken, öffnen sich Türen zu einem Leben, das in jeder Faser unseres Seins vibriert.

Doch in unserer westlichen Gesellschaft wird der Tod immer weniger sichtbar. Er wird verbannt in dunkle Ecken, wo er unbeachtet und ignoriert dahin dümpelt. Nur wenn er mit Schlagzeilen die Oberfläche durchbricht, werden wir daran erinnert, wie zerbrechlich und vergänglich wir sind. Dann werden Ängste laut, die wir so lange unterdrückt haben. Ängste vor dem

Unbekannten, vor dem Verlust und vor unserer eigenen Sterblichkeit.

Wir versuchen, den Tod zu kontrollieren, als könnten wir sein Schicksal in unsere Hände nehmen. Doch je mehr wir uns in den verzweifelten Versuch verstricken, das Unvermeidliche zu beherrschen, desto mehr entgleitet uns das Leben selbst. Unsere Lebendigkeit schwindet und die Angst vor dem Tod nimmt zu. Warum haben wir solch eine große Angst vor dem Tod? Weil wir uns nicht wagen, wirklich lebendig zu sein. Wir halten uns zurück, verstecken uns hinter Masken und unterdrücken unser wahres Wesen, aus Angst, nicht akzeptiert oder geliebt zu werden. Wir klammern uns an das Leben, das nur eine vage Hoffnung bleibt, und der Tod rückt mit jedem Jahr näher.

Der Tod ist unser ständiger Begleiter, doch wir blenden ihn aus, als wäre er ein unerwünschter Gast. Wir sind nie bereit, uns ihm zu stellen. Marc Aurel hat einmal gesagt: "Nicht den Tod sollen wir fürchten, sondern, dass man nie beginnen wird zu leben." Wie wahr sind seine Worte. Solange wir uns nicht erlauben, wirklich zu leben und unser volles Potenzial auszuschöpfen, wird die Angst vor dem Tod uns beherrschen.

Die Angst vor dem Tod ist tief in uns verwurzelt, subtil und dennoch allgegenwärtig. Sie beeinflusst unser tägliches Leben und unsere Entscheidungen. Denn hinter vielen unserer Ängste im Alltag verbirgt sich letztendlich die tief sitzende Angst vor dem Tod. Doch wir können diese Ängste loslassen, wenn wir uns dem Tod bewusst stellen.

Wir müssen den Tod als Teil des Lebens akzeptieren und seine heilende Kraft erkennen. Auch der Tod kann Freiheit und Frieden bedeuten. Es ist an der Zeit zu überprüfen, ob wir auf der richtigen

Spur unseres Lebens sind und zu erkennen, dass das Leben jetzt gerade in diesem Moment stattfindet.
Wenn wir uns mit der Endlichkeit des Lebens auseinandersetzen, gewinnt unser Leben an Bedeutung. Jede Entscheidung, die wir treffen, bekommt eine andere Gewichtung. Je früher wir uns mit dem Tod auseinandersetzen, desto zufriedener werden wir in unserem Leben sein, bis zum Ende.

Also frage dich: Bist du bereit, den Tod zu umarmen? Bist du bereit, dich von ihm lebendig machen zu lassen? Denn erst wenn wir den Tod akzeptieren, können wir wirklich beginnen zu leben.

**Ein tragischer Unfall**

Es war im Juni 2022, knapp ein Jahr bevor ich begann, die erste Auflage dieses Buches zu schreiben. An einem warmen Frühsommertag wurde meine Welt plötzlich durch einen Anruf meiner Mutter erschüttert. Ich stand im Wachgebäude der Feuer- und Rettungswache, blickte aus dem Fenster in den Garten und nahm den Anruf entgegen. Mit einem "Hallo" begann unser Gespräch, und dann fragte sie mich, ob ich von Dennis' Motorradunfall gehört hätte. Dennis, mein 29-jähriger Schwager und Vater meines zu dem Zeitpunkt 1,5 Jahre alten Neffen Emilio.

Die Nachricht traf mich wie ein Blitz und ich war schockiert. Meine Mutter hatte keine weiteren Informationen, weder wo sich der Unfall ereignet hatte, noch, was genau passiert war.
Auch meine Schwester Sina konnte mir keine genauen Details geben. Als ich sie anrief, erzählte sie mir, dass der Kollege, der mit Dennis auf dem Heimweg gewesen war, sie angerufen hatte. Dennis war mit seinem Motorrad ungebremst in einen LKW gerast. Sina konnte Dennis im Hintergrund schreien hören, aber sie dachte zunächst, er hätte nur Arm- und Beinbrüche erlitten.

Weitere Informationen hatte sie zu diesem Zeitpunkt nicht. Als ich hörte, dass er wohl noch geschrien hatte, fiel mir erst ein Stein vom Herzen. Mein Rettungsdienst-Gehirn sagte mir „zum Glück nicht bewusstlos“! Puh.

Da meine Schwester den genauen Unfallort nicht kannte, begann ich, Feuerwehrleitstellen anzurufen, um herauszufinden, wo sich der Unfall ereignet hatte. Weder in Düsseldorf, noch in Köln konnte man mir Auskunft geben. Erst in Neuss erhielt ich die Bestätigung, dass gerade ein Hubschrauber landete, um den Patienten nach Köln Merheim zu fliegen. Ich war überrascht von der Hubschrauber-Beteiligung und fragte nach, wie schwer der Unfall gewesen sei. Die Antwort lautete, ich solle meine Nummer hinterlassen, damit mich die RTW-Besatzung, die diesen Einsatz durchführte, zurückrufen konnte, sobald der Einsatz abgeschlossen war.

Gesagt, getan. Etwa 20 Minuten später klingelte mein Handy, und die RTW-Besatzung meldete sich. Ein junger Mann mit zittriger Stimme sprach am anderen Ende der Leitung. Ich gab mich als Kollege zu erkennen, und er fragte höflich, ob ich die geschönte Wahrheit oder den Einsatz aus rettungsdienstlicher Sicht hören wollte. Ich bat ihn, mir bitte den kompletten Einsatz von Anfang bis Ende zu erklären, und er bat mich, mich hinzusetzen.

Was ich dann erfuhr, ließ mein Blut in den Adern gefrieren. Die Welt schien plötzlich stillzustehen. In meinem Kopf tobte ein Dialog zwischen gutgläubiger Hoffnung und purer Verzweiflung. Wie sollte ich das meiner Schwester nur sagen? Laut der RTW-Besatzung war Dennis mit Höchstgeschwindigkeit ungebremst in einen LKW gefahren. Sein Helm zerbrach, sein Schädel war mehrfach frakturiert, begleitet von steigendem Hirndruck und offenen Knochenbrüchen an den Extremitäten.

Ein Schock durchzog meinen Körper. Zu diesem Zeitpunkt war meine Schwester immer noch der Meinung, dass es sich lediglich um kleinere Verletzungen handelte. Ich beschloss, Ruhe zu bewahren und die ersten Diagnosen des Krankenhauses abzuwarten. Ich selbst war im Dienst und musste mich auf meine eigenen Einsätze konzentrieren. Also hieß es warten. Hier lernte ich erneut, dass Zeit relativ ist. Die zwei Stunden bis zum ersten Anruf des Krankenhauses bei meiner Schwester fühlten sich an wie Tage.

Am nächsten Tag begleitete ich gemeinsam mit meiner jüngsten Schwester Dana meine Schwester ins Krankenhaus. Dennis lag intubiert und beatmet auf der Intensivstation. Sein Körper war mit Fixateuren übersät, die seine Arme, Beine und Hüfte stabilisieren sollten. Sein Gesicht war entstellt. Selbst für meine jüngste Schwester, die als Krankenschwester arbeitet, und für mich, der jahrelange Erfahrung im Rettungsdienst hat, war der Anblick erschreckend.

In den folgenden Tagen befanden sich unsere Gefühle auf einer Achterbahn der Hölle. Wir schwankten zwischen kleinen Hoffnungsschimmern und mehreren Reanimationen aufgrund der Polytraumatisierung und des Blutverlustes. Es wurden Teile seiner Schädeldecke entfernt, um den Hirndruck zu senken. Wir erlebten emotionale Höhen und Tiefen. Doch unser ständiger Begleiter war der starke Zusammenhalt unserer Familie und die Hoffnung, die wir einander schenkten. Unsere Familie wurde enger zusammengeführt.

Am Morgen des 10. Juni 2022, gerade als ich bei der Dienstübergabe war, rief meine Schwester gegen 6:30 Uhr an. Sie teilte mir mit, dass das Krankenhaus angerufen habe und wir gebeten wurden, vorbeizukommen. Sie fragte mich, ob das ein gutes Zeichen sei, ob Dennis vielleicht aufgewacht sei. Doch jeder, der solche Situationen kennt, weiß, dass ein Anruf des Krankenhauses zu dieser Uhrzeit nichts Gutes bedeutet. Ein seltsames Gefühl machte sich in mir breit. Ein Gefühl, dass mir neu war. Es fühlte sich an wie die Vorbereitung auf etwas sehr Schlimmes, womit meine Psyche gleich konfrontiert werden würde. Wir klingelten wie jeden Tag an der Tür zur Intensivstation, doch dieses Mal wurden wir vertröstet. Man sagte uns, dass der Arzt gleich zu uns kommen würde. Es vergingen gefühlte zehn Minuten (die sich wie zwei Stunden anfühlten), bis zwei Ärzte aus der Station kamen und uns baten, ihnen zu folgen. Sie führten uns in einen Raum mit einigen Stühlen, auf die wir uns setzten.

Die Ärzte teilten uns mit, dass Dennis vor etwa 30 Minuten verstorben sei. Am 10.06.2022 um 07:00 Uhr. Während ich das hier gerade schreibe, verspüre ich am ganzen Körper Gänsehaut, denn das war der schlimmste Moment meines Lebens.
Der Arzt begleitete uns zurück auf die Station in Dennis' Zimmer, um Abschied zu nehmen. Als wir seinen leblosen Körper dort liegen sahen, mit einem Bild von Emilio im Hintergrund, das ihm Kraft schenken sollte, brach meine Schwester Sina zusammen. Sie warf sich auf ihren nun verstorbenen Freund und Vater ihres gemeinsamen Kindes. Der Anblick und das Weinen meiner Schwester Sina treffen meine Schwester Dana und mich bis heute mitten ins Herz. Es war der schlimmste Moment meines Lebens. Wir wurden mit der Grausamkeit und Endlichkeit des Lebens konfrontiert. Ich kannte diese Situationen aus meinem Beruf, doch dieses Mal war es näher. Es war auf einmal real.

Ich blickte aus dem Fenster der Intensivstation. Die Zeit schien für uns stehen geblieben zu sein. Nichts schien mehr von Bedeutung zu sein. Doch draußen ging das bunte Treiben der Welt weiter. Die Welt drehte sich weiter, während wir in unserem Schmerz gefangen waren. Wie sollte es nun weitergehen? Emilio würde ohne Vater aufwachsen. Wir alle, und besonders Sina, würden eine extrem schwere Phase der Depression und Trauer durchleben. Dennis hatte so viele Pläne gehabt, er war ein unglaublich ambitionierter und fleißiger junger Mann. Aber nun war alles vorbei. Von einem Moment auf den anderen war Stillstand eingetreten.

In den kommenden Tagen erkannten wir alle, was im Leben wirklich zählt. Familie, bedingungslose Liebe und unerschütterlicher Zusammenhalt. Doch nicht nur das. Die Konfrontation mit der Endlichkeit des Lebens ließ mich erneut erkennen, dass der beste Zeitpunkt immer JETZT ist. Egal, was du im Leben vorhast, der richtige Zeitpunkt ist immer jetzt. Warte nicht darauf, dass im Außen etwas passiert. Sei du die treibende Kraft der Veränderung! Es könnte jeden Tag zu spät sein und am Ende bleibt von uns nur Staub und Asche. Hinterlasse jetzt deinen Fußabdruck für die Nachwelt. Tue die Dinge, die dich glücklich machen, liebe bedingungslos, drücke deine Gefühle aus, ziehe deine Maske ab, sei verrückt, entspreche nicht der Norm und lebe die beste Version deiner selbst.

Der Verlust von Dennis hat uns auf brutale Weise vor Augen geführt, wie kostbar das Leben ist und wie schnell es vorbei sein kann. Es hat uns gezeigt, dass wir nicht auf morgen warten dürfen, um unsere Träume zu verwirklichen und unsere Lieben zu umarmen. Jeder Atemzug zählt, jeder Moment ist ein Geschenk. Der Schmerz und die Trauer werden uns noch lange begleiten, aber wir sind entschlossen, aus dieser Erfahrung zu lernen und gestärkt daraus hervorzugehen. Wir werden Emilio ein liebevolles Zuhause geben und ihm helfen, seinen Vater auf seine eigene Art und Weise kennenzulernen. Wir werden uns gegenseitig unterstützen und uns daran erinnern, wie kostbar das Leben ist.

Dennis' Tod hat uns gelehrt, dass wir uns nicht von der Routine des Alltags gefangen nehmen lassen sollten. Wir müssen bewusst leben, jeden Tag schätzen und die Menschen, die uns wichtig sind, umarmen. Denn eines ist sicher: Das Leben kann sich von einer Sekunde zur anderen verändern, und es liegt an uns, das Beste daraus zu machen.

In Gedenken an Dennis werden wir unsere Träume verwirklichen, unsere Ängste überwinden und uns mutig den Herausforderungen stellen. Wir werden uns daran erinnern, wie zerbrechlich das Leben ist und wie wichtig es ist, im Hier und Jetzt zu leben.
Möge Dennis' Erinnerung in unseren Herzen weiterleben und uns dazu inspirieren, das Leben in vollen Zügen zu genießen. Mögen wir seine Energie und seinen Enthusiasmus weitertragen und die Welt zu einem besseren Ort machen.

Dies ist unsere Geschichte, eine Geschichte voller Schmerz und Verlust, aber auch voller Hoffnung und Erkenntnis. Möge sie diejenigen erreichen, die sie lesen, und sie dazu ermutigen, ihr eigenes Leben bewusst zu leben und jeden Moment zu schätzen.
Das Leben ist kurz, aber es kann erfüllt und bedeutsam sein, wenn wir es in vollen Zügen leben.

# Deine persönliche Konfrontation mit der Endlichkeit

Während wir uns dem Ende unseres Buches nähern, möchte ich eine Übung mit dir teilen, die mich tief berührt und mein Herz erfüllt hat. Diese Übung erfordert Mut und Ehrlichkeit, aber ich versichere dir, dass sie eine außergewöhnliche Wirkung auf dich haben wird.

Wir alle wissen, dass unser Leben endlich ist. Doch wie oft schieben wir diese Realität beiseite und lassen uns von den Anforderungen des Alltags mitreißen? Wir vergessen, dass unsere Zeit hier auf Erden begrenzt ist und dass wir die Möglichkeit haben, unser Leben bewusst zu gestalten.

Die letzte Übung, die ich dir ans Herz lege, ist das **Verfassen deiner eigenen Grabrede**. Ja, ich weiß, es ist eine ungewöhnliche Vorstellung, sich selbst in dieser Art und Weise zu betrachten. Doch erlaube mir, dir zu versichern, dass es eine unglaublich kraftvolle und emotionale Erfahrung sein kann.

Stell dir vor, du stehst vor deinem eigenen Grab, umgeben von den Menschen, die dir nahestehen. Du hast die Möglichkeit, dich selbst zu beschreiben, deine einzigartige Persönlichkeit, deine Stärken und Schwächen. Du kannst berührende Momente und wichtige Lebensabschnitte teilen, die dich geprägt haben. Es ist eine Zeit der Selbstreflexion, in der du die Möglichkeit hast, deine Vergangenheit zu ehren und deine Zukunft zu gestalten.

Während du deine Grabrede verfasst, bitte ich dich, dich vollständig auf den Moment einzulassen. Lass all deine Emotionen zu, sei verletzlich und ehrlich mit dir selbst. Denke an die Menschen, die du liebst, und überlege, was du ihnen gerne sagen möchtest. Vielleicht gibt es ungesagte Worte der Liebe, des Dankes oder der Vergebung, die du ihnen noch mitteilen möchtest. Erzähle den Gästen auch von all deinen Vorhaben, die du aus den verschiedensten Gründen nicht realisiert hast und von den Träumen, die du nicht verwirklicht hast.

Diese Übung ist so wirkungsvoll, weil sie uns mit unserer Endlichkeit konfrontiert und uns dazu bringt, den Wert unseres Lebens und unserer Beziehungen zu erkennen. Sie erinnert uns daran, dass wir nicht für immer hier sein werden und dass es wichtig ist, den Moment zu nutzen, um unser Leben nach unseren Werten und Träumen zu gestalten.

Es mag schwer sein, sich mit unserer eigenen Vergänglichkeit auseinanderzusetzen. Doch in diesem Prozess der Selbstreflexion und des Abschieds liegt auch eine große Chance. Eine Chance, unseren Lebensweg zu überdenken, unsere Prioritäten neu zu setzen und den Mut zu finden, uns selbst treu zu bleiben.
Lass deine Worte aus tiefstem Herzen kommen. Verfasse deine Grabrede und lass dich von deinen eigenen Gedanken und Gefühlen berühren. Nimm dir die Zeit, um dich mit dem, was wirklich zählt, zu verbinden. Mögest du in dieser Übung Erkenntnis, Trost und Inspiration finden. Möge sie dich dazu ermutigen, den richtigen Weg für dich zu erkennen und mutig voranzuschreiten.

Ich lege dir diese Aufgabe aus ehrlicher Verbundenheit und tiefster Wertschätzung ans Herz. Ich persönlich wiederhole diese Übung ca. alle 6 Monate. Das Leben ist im stetigen Wandel und so habe ich eine gute Möglichkeit, meinen Weg immer wieder zu justieren und meine Träume zu verwirklichen.

# Time to say goodbye

Lieber Leser, liebe Leserin

Wenn ich ehrlich bin, dann gibt es eine Sache, die ich nicht gut kann: Abschied nehmen. Unsere gemeinsame Zeit war intensiv und vielleicht sogar die prägendste Zeit unseres Lebens. Wir sind gemeinsam durch den Schmerz gegangen, haben das Tal der Tränen durchschritten und uns anschließend bis ins Universum katapultiert. Von hier oben wirkt alles ganz leicht, oder?

Es fühlt sich an, als hätten wir gemeinsam Berge erklommen und die Sterne berührt. Die Herausforderungen, denen wir begegnet sind, haben uns gestärkt und zu dem gemacht, was wir heute sind. Wir haben gelernt, dass wir über uns hinauswachsen können, wenn wir unseren Ängsten ins Auge sehen und uns auf das Unbekannte einlassen.

Nun bist du ein Phönix. Dein Durchhaltevermögen und deine Hingabe berühren mein Herz zutiefst. Von ganzem Herzen danke ich dir, dass du dieses Buch gelesen hast. Du bist ein wahrer Held, denn durch deine engagierte Teilnahme besteht die Möglichkeit, dass diese Welt ein besserer Ort wird.

Deine Entscheidung, dich auf diese Reise der persönlichen Veränderung einzulassen, ist ein wahrer Segen. Deine Bereitschaft, die elementarsten Prinzipien der Gesundheit, des Lebensglücks und des Erfolgs zu erforschen und in dein Leben zu integrieren, zeigt dein außergewöhnliches Potenzial.

Ich wünschte mir, dass dieses Buch zur Pflichtlektüre in Schulen wird. Denn dort, wo die Jugend die grundlegenden Prinzipien für ein erfülltes Leben erlernt, können wir eine nachhaltige Veränderung erreichen. Indem wir ihnen das Werkzeug geben, um bewusst zu denken und ihr volles Potenzial auszuschöpfen, legen wir den Grundstein für eine bessere Zukunft.

Dein Durchhaltevermögen und deine Begeisterung bedeuten mir alles. Du bist der Funke, der das Feuer der Veränderung entfacht. Dein Einsatz, dieses Wissen zu verbreiten und anderen zu helfen, ist von unschätzbarem Wert. Durch dich können wir eine Lawine des positiven Wandels in Gang setzen, die das Leben vieler Menschen berühren wird. Wenn dir das Buch gefallen hat, freue ich mich sehr über eine 5 Sterne Rezension bei Amazon. Damit ermöglichst du durch die bessere Sichtbarkeit einem breiten Publikum Zugang zu diesem wertvollen Wissen.

Ich werde nicht aufhören, diese wichtigen Strategien zu lehren und zu teilen. Es ist meine Leidenschaft und meine Bestimmung, Menschen wie dir zu dienen und ihnen zu helfen, ihr volles Potenzial zu entfalten. Dein Vertrauen in meine Arbeit gibt mir die Kraft, immer weiterzugehen und neue Wege zu finden, um dich zu inspirieren und zu unterstützen.

Bitte teile dieses Buch mit anderen Menschen, damit auch sie die Chance haben, ihr Leben zu transformieren. Gemeinsam können wir eine Kettenreaktion des Wachstums und der positiven Veränderung auslösen, die die Welt in ihrem Kern erschüttert.
Die Persönlichkeitsentwicklung ist ein nie endender Prozess. Wir haben dir ein sehr robustes Fundament gelegt, auf dem du nun dein Traumleben bauen kannst. Arbeite immer weiter an dir, denn Stillstand heißt Rückschritt.

Ich sehne mich danach, dich persönlich kennenzulernen. Auf meinen Seminaren werden wir mit einer magischen Energie arbeiten, um deine Gene zu aktivieren und dein Leben von Grund auf zu verbessern. Ein 1-zu-1-Coaching mit dir wäre eine Ehre für mich, denn ich glaube fest daran, dass wir gemeinsam Großes erreichen können.

Nochmals danke ich dir von ganzem Herzen. Dein Einsatz und deine Unterstützung bedeuten mir mehr als ich in Worte fassen kann. Durch dich habe ich Hoffnung, dass wir eine Zukunft erschaffen können, in der Gesundheit, Glück und Erfolg für jeden Menschen erreichbar sind und auch wenn wir uns jetzt vorerst verabschieden, denk dran - Im Quantenfeld existiert keine Trennung.

Mit tiefer Dankbarkeit und großer Vorfreude,

Kevin Maeck Meyer

# Du hast noch nicht genug? Gut!

Gesundheit und Erfolg bedeuten lebenslanges Wachstum und Lernen. Für mich waren Coachings, Mentorings, Seminare, Retreats und Webinare absolut lebensverändernde Faktoren. Gerade dann, wenn du auf die Überholspur wechselst, wird es umso wichtiger, nicht in einer ignorant selbstsicheren Position zu verharren, sondern sich weiterzuentwickeln. Stillstand heißt Rückschritt und so schnell wie die Gesundheit und der Erfolg kamen, nimmt das Universum sie dir wieder weg. Ist ja logisch, denn du beginnst, dadurch wieder dein elektromagnetisches Feld zu verändern und das Universum antwortet. Immer.

**Der „Denke anders - Podcast“**

Wenn dir die Inhalte gefallen haben und du gerne Podcasts hörst, möchte ich dir meinen "Denke anders - Podcast" wärmstens ans Herz legen.

Jeden Sonntag veröffentliche ich eine neue Folge zu den verschiedensten Themen, die unsere Gedanken, unsere Gesundheit und unseren persönlichen Erfolg beeinflussen.

Die Folgen sind bewusst kurz und prägnant gehalten, denn ich weiß, dass Zeit unser kostbarstes Gut ist. Bei mir erwartet dich eine hohe Dichte an wertvollem Inhalt.

Kein "Bla Bla", sondern konkretes und anwendbares Wissen für deinen Alltag. Lass dich inspirieren und entdecke neue Perspektiven!

Scanne einfach den QR-Code und du wirst zu Spotify weitergeleitet. Wenn du lieber Apple Podcast nutzt, kannst du dort einfach „Denke anders - Kevin Maeck Meyer eingeben".

**Kostenlose Inhalte**

Auf meiner Homepage *https://www.kevinmaeckmeyer.com/* findest du regelmäßig kostenlose Inhalte, die dir dabei helfen, ein gesundes, glückliches und erfolgreiches Leben zu führen. Meine Inhalte entstehen aus meiner Intuition heraus und bieten dir eine Vielzahl nützlicher Ressourcen. Egal, ob es sich um Meditationen, Checklisten, E-Books oder Rabatte auf DNA-Tests handelt, es ist immer etwas dabei, das dir weiterhilft. Trage dich einfach in meinen Newsletter ein und verpasse keine Neuigkeiten mehr. Sei versichert, dass ich absolut kein Freund von Email-Spam bin. Bei mir erhältst du ausschließlich wertvolle Inhalte, die dich auf deinem Lebensweg voranbringen.

**Ich möchte deine Erfolgsgeschichte hören!**

Ich bin voller Vorfreude darauf, von deinen Erfolgen und persönlichen Durchbrüchen zu erfahren! Deine Geschichte ist einzigartig und inspirierend, und ich würde mich freuen, wenn du sie mit mir und meinem Team vom Phönixcoaching teilst.

Schicke uns eine E-Mail an info@KevinMaeckMeyer.com und lasse uns an deinen persönlichen Triumphen teilhaben. Wir sind hier, um dich zu ermutigen, zu unterstützen und gemeinsam an deinem Wachstum und Erfolg zu arbeiten. Jede Nachricht, die wir erhalten, ist für uns eine Ehre und eine Chance, dich auf deiner Reise zu begleiten. Also zögere nicht länger und teile deine Geschichte mit uns – wir können es kaum erwarten, von dir zu hören!

**DNA Tests**

Du bist neugierig darauf, deinen genetischen Code zu entschlüsseln und deine individuellen Gegebenheiten zu verstehen? Dann lade ich dich herzlich ein, mich in dem Labor in Helsinki zu besuchen.

Scanne einfach den QR-Code und entdecke die spannende Welt der DNA-Analyse. Ich nehme dich mit auf eine kleine Reise, bei der du erfahren wirst, wie ein DNA-Test abläuft und welche vielfältigen Möglichkeiten es gibt.

Unser engagiertes Team steht dir zur Seite und hilft dir dabei, den für dich sinnvollsten Test auszuwählen, damit du das Zeitalter der personalisierten Medizin voll auskosten kannst.

Komm vorbei und lass dich von den Möglichkeiten überraschen, die sich durch die Erforschung deines genetischen Codes eröffnen!

## 1 zu 1 Coachings/Mentorings

Bist du bereit, dich auf eine transformative Reise zu begeben und dein volles Potenzial zu entfesseln? Wenn du nach Unterstützung suchst, um deine Ziele zu erreichen und bereit bist, in die Tiefen der Psycho-Epigenetik einzutauchen, dann lade ich dich herzlich ein, dich für das Phönixcoaching zu bewerben.
Hier bieten wir dir die einzigartige Möglichkeit, ein völlig neues Level der Gesundheit, der Verbindung und des Erfolges in dein Leben einzuladen. In einem intensiven Impulsgespräch, sei es mit mir oder einem meiner Experten, wirst du inspiriert und erhältst wertvolle Einblicke in unendlichen Weiten deiner persönliche Entwicklung.

Wir helfen dir dabei, deine inneren Blockaden zu überwinden, negative Gedankenmuster zu transformieren und deine wahre Stärke zu entfalten.

Gemeinsam werden wir an deinem persönlichen Wachstum arbeiten und dir die Werkzeuge an die Hand geben, um deine Ziele zu verwirklichen.

Bewirb dich noch heute für das Phönixcoaching und eröffne dir eine Welt voller Möglichkeiten und Erfolg. Sei mutig und ergreife die Chance, dein Leben auf ein neues Level zu heben. Wir freuen uns darauf, dich auf deinem Weg zu begleiten und gemeinsam Großes zu erreichen.

**"Aus Asche wird Leben" Onlineprogramm**

Wenn du einen umfangreichen, aber sanften Einstieg in dieses faszinierende Thema suchst, dann ist das "Aus Asche wird Leben" Onlineprogramm genau das Richtige für dich. In diesem Programm wirst du deine alten Anteile verbrennen und aus der Asche neues Leben erschaffen - eine Zukunft voller Gesundheit und Fülle.

Tauche ein in die Videolektionen, die dich Schritt für Schritt durch die Grundlagen der Psycho-Epigenetik führen. Du wirst verstehen, wie sich deine Gedanken und Emotionen auf deine Gene auswirken und wie du diese positiv beeinflussen kannst. Mit dem 70-seitigen Workbook hast du zudem die Möglichkeit, das Gelernte zu vertiefen und deine Erkenntnisse festzuhalten.

Das "Aus Asche wird Leben" Onlineprogramm bietet dir auch vier kraftvolle Meditationen, die dich dabei unterstützen, alte Muster loszulassen und deine innere Transformation zu vollziehen. Diese Meditationen sind ein wertvolles Werkzeug, um deine persönliche Entwicklung zu fördern und in dir eine tiefe Verbindung zu deinem wahren Selbst herzustellen.

Warte nicht länger und ergreife die Chance, dein Leben in die Hand zu nehmen.

Mit dem "Aus Asche wird Leben" Onlineprogramm wirst du nicht nur umfangreiches Wissen erlangen, sondern auch praktische Werkzeuge erhalten, um dein volles Potenzial zu entfalten. Starte noch heute und erschaffe eine Zukunft voller Gesundheit und Fülle. **Für die LeserInnen des Buches gibt es das Programm zum absoluten Sonderrabatt.** Durch den Erwerb dieses Buches erhältst du **700€** Rabatt auf deinen Zugang.

MOTIVATIONAL ART

# HOL DIR DIE POSITIVE ENERGIE DES BUCHES ALS WANDBILD IN DEIN ZUHAUSE

Ich bin stolz darauf, zusammen mit Motivational Art dieses wundervolle Bild kreiert zu haben. Wie du gelernt hast sind auch Bilder, Worte und Symbole in der Lage, Frequenzen zu senden. Dein Umfeld bestimmt einen großen Teil deiner Realität. Bilder programmieren mit jedem Blick dein Unterbewusstsein und richten dich auf Erfolg aus.

Scanne jetzt den QR-Code und spare 10% beim Kauf deines Bildes mit dem Rabattcode: MAECKI

Scan Me

motivationalart.de

10% RABATT
MIT DEM CODE:
MAECKI

HealVersity
Bist du fasziniert von der spannenden Verbindung zwischen Umwelt, Genetik und Lebensstil?
DANN KÖNNTE DIE AUSBILDUNG ZUM EPIGENETIK-COACH GENAU DAS RICHTIGE FÜR DICH SEIN!
Als Epigenetik Coach wirst du lernen, wie du die neuesten Erkenntnisse aus der Epigenetik nutzen kannst, um individuelle Gesundheits-Pläne zu erstellen und Menschen dabei zu begleiten, ihr Wohlbefinden zu optimieren.
Du wirst verstehen, wie Umweltfaktoren auf unsere Gene wirken und wie wir durch gezielte Maßnahmen unsere genetischen Voraussetzungen positiv beeinflussen können.
*Keine Vorkenntnisse erforderlich!
DTMD
BDVT GEPRÜFTE FORTBILDUNG 2021
DGName
Inhalte der Ausbildung
im Rahmen einer 6-monatige Online-Ausbildung in der D-A-CH-Region: Wissensvermittlung und Grundlagen der Epigenetik, Durchführung von Coaching Interventionen, Methoden zur Analyse von genetischen Profilen, Entwicklung von Gesundheits-Plänen und eigene Persönlichkeitsentwicklung.
Vereinbare ein Beratungsgespräch mit unserem Team unter: www.epigenetikcoach.de
oder kontaktiere uns per Email kontakt@healversity.com

# Über den Autor

In einer bezaubernden Gegend namens Tannenhof erblickte Kevin Maeck Meyer das Licht der Welt. Schon früh wurde deutlich, dass er nicht wie die anderen war. Umgeben von liebevollen Eltern, Jürgen Meyer und Nicole Meyer, genoss er eine behütete Kindheit und entfaltete seine kreative Ader mit Leidenschaft. Zusammen mit seinen beiden kleinen Schwestern Sina und Dana, geht er bis heute durch dick und dünn. Sein unstillbarer Durst nach Freiheit und die Fähigkeit, Grenzen zu überschreiten, begleiteten ihn von Anfang an.

Als Teenager wagte Kevin den Sprung in die Musikwelt und tauchte ein in die aufregende Welt des Deutschraps. Als Deutschrapper fand er in seiner "Badboy"-Identität einen Raum, in dem er seine Gefühle und kreative Gedanken zum Ausdruck bringen konnte. Die Musik wurde zu seinem persönlichen Zufluchtsort und inneren Antrieb.

Doch Kevin war von Anfang an dazu bestimmt, mehr zu sein als nur ein Musiker. Sein unerschütterlicher Ehrgeiz und seine unbändige Entschlossenheit führten ihn auf ungewöhnliche Pfade. Nach seinem Fachabitur in Sport, Gesundheit und Soziales warf er sich in eine völlig neue Herausforderung: die Bundeswehr. In atemberaubender Geschwindigkeit erlangte er verschiedene Auszeichnungen und setzte sich als einer der jüngsten Soldaten der Feldjägertruppe in einem Auslandseinsatz für sein Vaterland ein. Diese Erfahrungen formten seinen Charakter und legten den Grundstein für seine außergewöhnliche Karriere.

Motivation, Disziplin und persönliche Entwicklung wurden zu Kevins unverzichtbaren Begleitern. Nach seinem Dienst bei der Bundeswehr verschrieb er sich einer neuen Berufung und begann seine Ausbildung zum Brandmeister bei der Feuerwehr Düsseldorf. Doch das war erst der Anfang. Der wahre Wendepunkt sollte noch kommen.

In einem Akt purer Entschlossenheit absolvierte er das anspruchsvolle 3,5-jährige Staatsexamen zum Notfallsanitäter mit Bestnoten. Doch damit nicht genug. Er wurde zum Praxisanleiter und Dozent an der renommierten Rettungsdienstschule in Düsseldorf, um sein Wissen und seine Leidenschaft mit anderen zu teilen. Die Krankheit seiner Mutter und seine Einsätze im Rettungsdienst öffneten Kevin die Augen für die Missstände im deutschen Gesundheitssystem. Es war ein Weckruf, der ihn dazu antrieb, eine Veränderung herbeizuführen. Eine Veränderung, die beim Denken der gesamten Bevölkerung beginnt.

Doch es sollte noch etwas geben, das Kevin auf die nächste Stufe katapultierte. Durch seine Mutter erfuhr er von der Epigenetik, einer faszinierenden Wissenschaft, die das Potenzial hat, Leben zu verändern. Begierig nach Wissen und Erkenntnis absolvierte er zusammen mit seiner Mutter eine intensive Ausbildung bei der Healversity in München. Dort legte er eine Prüfung vor der deutschen Gesellschaft für Naturstoffmedizin, funktionelle Medizin und Epigenetik ab und absolvierte sie mit Bravour.

Dieser entscheidende Moment markierte den Beginn einer neuen Ära in Kevins Leben. Das Phönixcoaching erhob sich aus der Asche und wurde zur Verkörperung all dessen, was er liebt und über die Jahre erlernt hat. Mit seinen außergewöhnlichen Fähigkeiten, Menschen zu motivieren und eine einzigartige Energie auszustrahlen, leitet er seine Klienten auf dem Weg in die

Freiheit. Sein Ziel ist es, allen Menschen ein gesundes, glückliches und erfolgreiches Leben zu ermöglichen.

Kevin Maeck Meyer war schon immer anders. Alles, was er anpackte, hatte einen Hauch von Magie und Erfolg. Doch seine Energie wurde von vielen als Bedrohung empfunden. Ständig mit Widerständen konfrontiert, hatte er die Fähigkeit, diese zu überwinden und sie letztendlich in Dankbarkeit umzuwandeln. Sein außergewöhnlicher Weg führte ihn zum Bodybuilding, wo er nach unzähligen Wettkämpfen das Siegerpodest erklomm. Entgegen aller Vorurteile und unbegründeten Anschuldigungen, dass er für das Bodybuilding nicht geschaffen sei und dass er es ohne unerlaubte Substanzen nicht schaffen würde, erreichte er seinen Erfolg auf natürliche Weise. Sein Glaube an sich selbst und an die Kraft des Geistes war unerschütterlich.

Auch im Ninja-Sport setzte Kevin neue Maßstäbe. Durch die legendäre Show "Ninja Warrior Germany" erlangte er landesweite Bekanntheit. In insgesamt vier Staffeln und zwei "Ninja Warrior Allstars"-Staffeln beeindruckte er das Publikum mit seinem Können, seinen unterhaltsamen Interviews und erreichte sogar das Finale. Trotz der Zweifel, dass sein muskulöser Körper für den Parcours zu massiv sei, bewies Kevin, dass der Geist die Grenzen des Körpers überwinden kann.

Heute lebt Kevin Maeck Meyer seinen Traum. Als Experte für Epigenetik und leidenschaftlicher Public Speaker erfüllt er seine Berufung. Er hilft Menschen, ihre Gesundheit, ihr Glück und ihren Erfolg zu finden. Mit jedem Atemzug führt er sie auf den Pfad der persönlichen Wahrheit und in ein Leben ohne Maske. Seine Visionen sind so groß, dass sie dem normalen Verstand unerreichbar erscheinen. Doch genau das zeichnet diesen überaus ambitionierten und talentierten Jungunternehmer aus.

Das Phönixcoaching wächst unaufhaltsam, und Kevin liebt jede einzelne Sekunde dieser unglaublichen Reise.
Die Geschichte des Autors Kevin Maeck Meyer ist eine fesselnde Erinnerung daran, dass wir alle die Macht haben, unsere Träume zu verwirklichen und unser volles Potenzial zu entfalten. Durch seine einzigartigen Erfahrungen, seine Leidenschaft und seinen unbezwingbaren Willen zeigt er uns, dass nichts unmöglich ist, wenn wir an uns selbst glauben. Kevin Maeck Meyer ist bereit, die Welt zu verändern, und wir können es kaum erwarten, gemeinsam mit ihm die nächsten Kapitel dieser außergewöhnlichen Reise zu schreiben.


# Danksagung

Hinter jedem Buch steckt eine ewig lange Geschichte mit Höhen und Tiefen und hinter jedem Autor stehen Menschen, welche in genau diesen Phasen immer zur Stelle sind. So auch bei mir.
Mama und Papa, ihr seid die tollsten Eltern, die ich mir hätte vorstellen können. Ihr habt es verstanden, einen aufgeweckten Jungen so in seiner Kreativität zu fördern und in seinem unkonventionellen Denken zu bestärken, dass es in diesem Leben keine Grenzen für mich gibt. Ihr habt die nötige Liebe, aber auch die nötige Härte an den Tag gelegt, um mich im Leben durchsetzen zu können, meinen Weg zu gehen und trotzdem stets für andere Menschen da zu sein und jedes Lebewesen dieses Universums mit Respekt zu behandeln. Ich danke euch aus tiefstem Herzen. Ich liebe euch.

Nun zu euch, liebe Sina, liebe Dana. Ihr seid meine Schwestern und wart immer an meiner Seite. Bis heute seid ihr meine größten

Fans und Supporter und das, obwohl ihr wisst, dass durch mich Gegenwinde und Stürme von außen vorprogrammiert sind. Doch ihr habt die Stärke, all das abzufangen und mich vor negativen Energien zu schützen. Ihr seid mein Fels in der Brandung. Der tödliche Unfall von Dennis (meinem Schwager, Sinas Freund und Vater von Emilio) hat unser sowieso schon unzertrennliches Band so stark gemacht, dass es für unendlich viele Leben reicht. Ihr beide seid so groß, dass ich mit Ehrfurcht zu euch hinauf blicke.

Emilio, mein Neffe. Du bist gerade erst 2,5 Jahre jung, doch schon jetzt aufgeweckter als ich es je war. Ich bin stolz, dein Patenonkel zu sein und ich werde immer für dich da sein und dich in deiner Entwicklung fördern, damit du schon in jungen Jahren lernst, deinen freien Geist zu trainieren und im Leben Grenzenloses zu vollbringen. Du hast die stärkste Mutter auf diesem Planeten. Nach dem Tod deines Papas waren alle ihre Akkus leer und trotzdem war sie jeden Tag die beste Version ihrer Selbst, um deine Kindheit so perfekt wie möglich zu machen. Ich bewundere sie! Dein Papa Dennis war ein grandioser Mann. Wir waren uns sehr ähnlich und ich habe ihn geliebt wie einen Bruder. Er war intelligent, fleißig, gutaussehend und wahnsinnig charismatisch und das erkenne ich heute schon in dir. Ich vermisse ihn und freue mich, dass er durch dich weiter unter uns weilt.

Hinter jedem erfolgreichen Mann steht eine Göttin, welche ihm die nötige Energie und den Antrieb verleiht, Unmenschliches zu vollbringen. Ohne meine Seelenverwandte Amelie wären diese Seiten niemals mit so viel Liebe, Leidenschaft und Hingabe entstanden. Deine Liebe, deine emotionale Intelligenz und dein unerschütterlicher Glaube an mich, sind der Treibstoff, der meinen Motor auf Hochtouren laufen lässt. Ich wünschte mir, dass du dich durch meine Augen sehen könntest, denn das würdest du das bezauberndste Wesen sehen, was dieses Universum je geschaffen hat. Ich liebe dich. Du inspirierst mich jeden Tag aufs Neue mit deiner Art zu denken, deiner Einstellung und deiner Weitsicht. Du wirst die beste Mutter sein, die ich mir für unser Baby je hätte wünschen können. Danke, dass es dich gibt und dass ich ein Teil deines Lebens sein darf.

Mein eigener Coach und Wegbegleiter Michaela Bolinski. Du führtest mich auf den Weg der Heilung. Durch dich konnte ich die Reise in mein Inneres beginnen und du warst immer an meiner Seite, um meine Hand zu halten und mir in meinen dunkelsten Tagen das Licht am Ende des Tunnels zu zeigen. Danke.

Meine gute Freundin Charlotte. Wir sind gemeinsam in unseren komplett neuen Lebensweg gestartet und sind seitdem treue Weggefährten. Deine Denkweise fasziniert mich jedes Mal aufs Neue. Für mich bist du die Größte und ich bin stolz und dankbar, dass du ein bedeutender Teil meines Weges bist.

Danke an meinen alten Klassenlehrer Holger Fischer und seine Familie für das Lektorat. Meine Schreibschwäche hast du damals zwar nicht in den Griff bekommen, dafür hast du aber meine Stärken gesehen und gefördert und das werde ich dir nie vergessen.

Zu guter Letzt noch einige wichtige Zeilen an unseren ungeborenen Schatz. Hallo mein Schatz, während ich in diesem Moment diese Zeilen für dich schreibe, bist du noch in Mamas Bauch. Wir erwarten dich sehnsüchtig. Ich habe dieses Buch geschrieben, weil es mein größter Wunsch ist, die Menschen so zu bewegen, dass du die Chance hast, in einer gesünderen Welt aufzuwachsen. Du warst der Impuls, der mir fehlte, mein Vorhaben in die Tat umzusetzen. Mama und Papa erwarten dich sehnsüchtig, weil wir wissen, dass du unser Familienglück perfekt machst. Wir lieben dich.

# Literaturverzeichnis


***Kapitel 1:***

*Du bist das Placebo: Bewusstsein wird Materie - Dr. Joe Dispenza 15. Auflage 2014*

*Schulungsunterlagen - Deine Mindbase 2022 (Healversity)*

*Biologie für Mediziner (Springer-Lehrbuch) - Werner Buselmaier, Joana Haussig 14. Auflage 2018*

*Notfallsanitäter Heute - Jürgen Luxem, Klaus Runggaldier 7. Auflage 2020*

Mensch Körper Krankheit für den Rettungsdienst - *Frank Flake und Stephan Dönitz* 4. Auflage 2022

**Kapitel 2:**

*Schulungsunterlagen - Deine Mindbase 2022 (Healversity)*

***Kapitel 3:***

*Das innere Bild: Wie Vorstellungen das Leben verändern können - Vera F. Birkenbihl 1. Auflage 2002*

*Schulungsunterlagen - Deine Mindbase 2022 (Healversity)*

*Du bist das Placebo: Bewusstsein wird Materie - Dr. Joe Dispenza 15. Auflage 2014*

*Werde übernatürlich - Dr Joe Dispenza 9. Auflage 2021*

*Das Robbins Powerprinzip - Anthony Robbins 1. Auflage 2004*

*HearthMath - Gehirnfitness Programm - Deborah Rozman, Ph. D. Rollin McCraty, Ph. D.*

*Wirksamkeit von Emotional Freedom Techniques (EFT) bei psychischen Störungen: Eine Übersichtsarbeit - Birgit Wenzel, Rainer Röhrig Zeitschrift: Psychotherapie, Psychosomatik, Medizinische Psychologie (PPmP)*

***Kapitel 4:***

*Das innere Bild: Wie Vorstellungen das Leben verändern können - Vera F. Birkenbihl 1. Auflage 2002*
*Think and grow rich - Napoleon Hill Auflage 2018*
*Das Robbins Powerprinzip - Anthony Robbins 1. Auflage 2004*
*Ein neues Ich: Wie Sie Ihre gewohnte Persönlichkeit in vier Wochen wandeln können - Dr. Joe Diszpenza Ausgabe 10/2012*

***Kapitel 5:***

*Doppelspaltexperiment und die Quantenverschränkung:*

*https://youtube.com/watch?v=7BV0Fs4eM0I*

*Alles was Sie wisse sollten, Ihnen aber nie jemand erzählt hat - David Icke 1. Auflage 2020*
*Schulungsunterlagen - Deine Mindbase 2020 (Healversity)*
*Werde übernatürlich - Dr Joe Dispenza 9. Auflage 2021*
*Grundlagen und Anwendungen der Quantenphysik - Prof. Dr. Harald Weinfurter Zeitschrift: Physik Journal Ausgabe: 4 Erscheinungsjahr: 2015*

***Kapitel 6:***

*Schulungsunterlagen - Deine Mindbase 2022 (Healversity)*

NAME Kevin Maeck Meyer
ADRESSE Oppelner Weg 6 40627 Düsseldorf
Web:www.kevinmaeckmeyer.com
E-Mail:info@kevinmaeckmeyer.com
Tel: 015773737363


Auflage 1
Autor: KEVIN MAECK MEYER

**Bildrechte & Lizenzen**
Bilder wurden mit entsprechenden Lizenzen über: Canva erworben.

Cover Bild: Cristina Cutova, Sebastian Siemer, Kevin Maeck Meyer